多媒体光盘使用说明

　　本书所配光盘是专业、大容量、高品质的交互式多媒体学习光盘，讲解流畅，配音标准，画面清晰，界面美观大方。本光盘操作简单，即使是没有任何电脑使用经验的人也都可以轻松掌握。

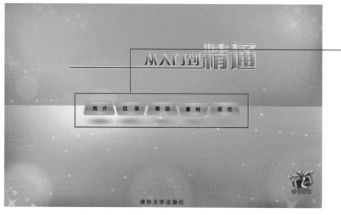

图1　光盘主界面

光盘的主要模块按钮，可逐一单击，进入对应界面

1. 运行光盘，进入光盘主界面。将光盘放入光驱，光盘会自动运行。若不能自动运行，可在"我的电脑"窗口中双击光盘盘符，或在光盘根目录下双击Autorun.exe文件即可运行。程序运行后进入光盘主界面，如图1所示。

2. 进入多媒体教学演示界面。在光盘主界面中单击"目录"按钮，在出现的界面中选择相应的章节内容，即可进入多媒体教学演示界面，按照多媒体讲解进行学习，并可方便地控制整个演示流程，如图2所示。

教学演示界面

目录菜单

功能按钮、进度条、调音按钮、解说字幕

图2　多媒体教学演示界面

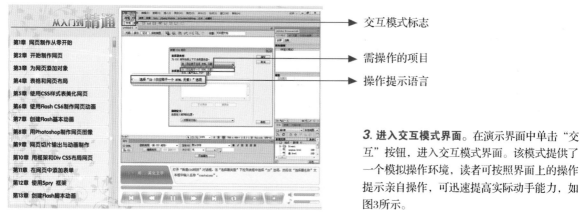

图3　交互模式界面

交互模式标志

需操作的项目

操作提示语言

3. 进入交互模式界面。在演示界面中单击"交互"按钮，进入交互模式界面。该模式提供了一个模拟操作环境，读者可按照界面上的操作提示亲自操作，可迅速提高实际动手能力，如图3所示。

多媒体光盘使用说明

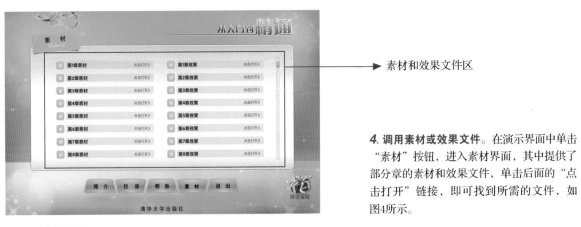

素材和效果文件区

4. 调用素材或效果文件。在演示界面中单击"素材"按钮，进入素材界面，其中提供了部分章的素材和效果文件，单击后面的"点击打开"链接，即可找到所需的文件，如图4所示。

图4 素材界面

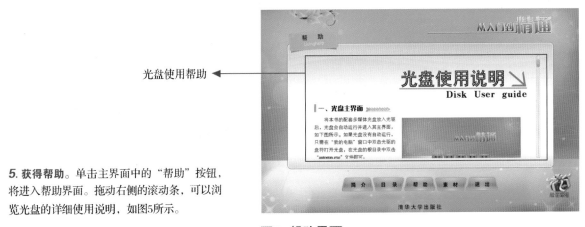

光盘使用帮助

5. 获得帮助。单击主界面中的"帮助"按钮，将进入帮助界面。拖动右侧的滚动条，可以浏览光盘的详细使用说明，如图5所示。

图5 帮助界面

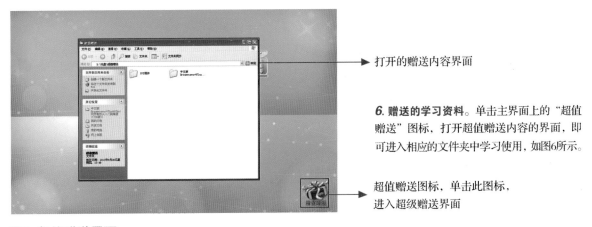

打开的赠送内容界面

6. 赠送的学习资料。单击主界面上的"超值赠送"图标，打开超值赠送内容的界面，即可进入相应的文件夹中学习使用，如图6所示。

超值赠送图标，单击此图标，进入超级赠送界面

图6 超值赠送界面

学电脑从入门到精通

中文版Dreamweaver CS6 网页制作从入门到精通

九州书源

常开忠　唐　青　编著

清华大学出版社

北　京

内 容 简 介

本书以Dreamweaver CS6版本为例,从用户学习网页制作的实际需求出发,结合网页制作的基本知识和操作方法,以浅显易懂的语言介绍Dreamweaver CS6制作网页的相关知识。全书共分4篇,从认识网页开始,一步步讲解了网页及网页制作工具、站点的创建、管理和发布、用文本和图像充实网页、添加炫目的动态元素、超级链接的使用、表格在网页中的应用、使用AP Div及Div+CSS布局网页的方法、CSS美化网页的方法、模板的制作、框架式网页布局、网页制作的技巧、动态网页的制作和网页特效等知识。本书实例丰富,包含了网页制作的基本操作和综合实例,可帮助读者快速学会Dreamweaver CS6的基本操作,并将其应用到实际的网页制作过程中。

本书案例丰富、实用,且简单明了,可作为刚刚开始接触网页制作用户的参考用书,也可作为网页制作专业培训班的教材。

图书在版编目(CIP)数据

中文版Dreamweaver CS6网页制作从入门到精通/九州书源编著. —北京:清华大学出版社,2014
(2021.8重印)
(学电脑从入门到精通)

ISBN 978-7-302-33749-2

I. ①中⋯ II. ①九⋯ III. ①网页制作工具 IV. ①TP393.092

中国版本图书馆CIP数据核字(2013)第204486号

责任编辑:朱英彪 贾小红
封面设计:刘 超
版式设计:文森时代
责任校对:王 云
责任印制:宋 林

出版发行:清华大学出版社
  网 址:http://www.tup.com.cn,http://www.wqbook.com
  地 址:北京清华大学学研大厦A座   邮 编:100084
  社 总 机:010-62770175   邮 购:010-62786544
  投稿与读者服务:010-62776969,c-service@tup.tsinghua.edu.cn
  质量反馈:010-62772015,zhiliang@tup.tsinghua.edu.cn

印 装 者:北京富博印刷有限公司
经 销:全国新华书店
开 本:190mm×260mm   印 张:24   字 数:584千字
     (附DVD光盘1张)
版 次:2014年1月第1版   印 次:2021年8月第9次印刷
定 价:69.80元

产品编号:049521-02

前言
PREFACE

本套书的故事和特点 >>>>>>>>

"学电脑从入门到精通"系列图书从2008年第1版问世，到2010年再版，共两批30余种图书，涵盖了电脑软、硬件各个领域，由于其知识丰富，讲解清晰，使得广大读者口口相传，成为大家首选的电脑入门与提高类图书，并得到了广大读者的一致好评。

为了使更多的读者受益，成为这个信息化社会中的一员，为自己的工作和生活带来方便，我们对"学电脑从入门到精通"系列图书进行了第3次改版。改版后的图书将继承前两版图书的优势，并对不好的地方进行更改和优化，将软件的版本进行更新，使其以一种全新的面貌呈现在大家面前。总体来说，新版的"学电脑从入门到精通"系列图书有如下特点。

◆ 结构科学，自学、教学两不误

本套书均采用分篇的方式写作，全书分为入门篇、提高篇、精通篇和实战篇，每一篇的结构和要求均有所不同，其中入门篇和提高篇重在知识的讲解，精通篇重在技巧的学习和灵活运用，实战篇主要讲解该知识在实际工作和生活中的综合应用。除了实战篇外，每一章的最后都安排了实例和练习，使读者综合应用本章的知识制作实例并进行自我练习，所以不管本书是用于自学，还是用于教学，都可以获得不错的效果。

◆ 知识丰富，达到"精通"

本书的知识丰富、全面，将一个"高手"应掌握的知识分门别类地放在各篇中，在每一页的下方都添加了与本页或邻页相关的知识和技巧，与正文相呼应，对知识进行补充与提升。同时，除精通篇和实战篇外，在每一章最后都添加了"知识问答"和"知识关联"版块，将与本章相关的疑点、难点再次进行提问、解答，并将一些特殊的技巧教予大家，从而最大限度地增加本书的知识含量，让读者达到"精通"的程度。

◆ 大量实例，更易上手

学习电脑的人都知道，实例更利于学习和掌握。本书实例丰富，对于经常使用的操作均以实例的形式展示出来，并将实例以标题的形式列出，方便读者快速查阅。

◆ 行业分析，让您的实际操作更方便

本书实战篇中的大型综合实例除了讲解该实例的制作方法以外，还讲解了与该实例相关的知识，如本书第19章讲解的"制作个人博客网站"中，在"行业分析"部分讲解了个人博客网站的定义、作用，以及制作该网站的注意事项等，从而让读者真正明白这个实例"背后的故事"，增加知识面，缩短书本知识与实际操作的距离。

本书有哪些内容 >>>>>>>>>

本书分为4篇、共19章，其主要内容介绍如下。

◆ **入门篇（第1~5章，Dreamweaver的基础操作）**：主要讲解Dreamweaver网页制作的基础知识。包括认识网页及网页制作工具，站点的创建和发布、用文本和图像充实网页、添加炫目的动态元素和超级链接等知识。

◆ **提高篇（第6~12章，Dreamweaver的高级应用）**：主要讲解通过Dreamweaver进行网页制作的布局方法和模板及表单的应用。包括表格在网页中的应用、使用AP Div布局网页、使用CSS美化网页、使用Div+CSS灵活布局网页、网页模板快速建站、框架式网页布局、表单和行为的应用等知识。

◆ **精通篇（第13~16章，Dreamweaver的更多应用）**：主要讲解Dreamweaver进行网页制作的更多应用。包括网页制作技巧及辅助软件、认识和制作动态网页、为网页添加特效、移动设备网页及应用程序的创建等知识。

◆ **实战篇（第17~19章，Dreamweaver的制作案例应用）**：主要讲解使用Dreamweaver进行网页制作的相关知识。包括制作植物网站、制作汽车世界网站和制作个人博客网站等知识。

光盘有哪些内容 >>>>>>>>>

本书配有多媒体教学光盘，容量大，内容丰富，其主要包含如下内容。

◆ **素材和效果文件**：光盘中包含了本书中所有实例使用的素材和进行操作后的效果文件，使读者可以根据这些文件轻松地制作出与本书实例相同的效果。

◆ **实例和练习的视频演示**：将本书所有实例和课后练习的内容以视频文件的形式显示并提供出来，以帮助读者学习其制作方法。

◆ **PPT教学课件**：以章为单位精心制作了本书对应的PPT教学课件，课件的结构与书本讲解的内容相同，能更好地辅助老师教学。

如何快速解决学习的疑惑 >>>>>>>>>

本书由九州书源组织编写，为保证每个知识都能让读者学有所用，参与本书编写的人员在电脑书籍编写方面都有较高的造诣。他们是常开忠、唐青、宋晓均、张春梅、杨学林、李星、丛威、范晶晶、羊清忠、董娟娟、彭小霞、何晓琴、陈晓颖、赵云、张良瑜、张良军、宋玉霞、牟俊、李洪、贺丽娟、曾福全、汪科、任亚炫、余洪、廖宵、杨明宇、刘可、李显进、付琦、刘成林、简超、林涛、张娟、程云飞、杨强、刘凡馨、向萍、杨颖、朱非、蒲涛、林科炯和阿木古堵。如果您在学习的过程中遇到什么困难或疑惑，可以联系我们，我们会尽快为您解答。联系方式是网址：http://www.JZbooks.com；QQ群：122144955、120241301。

入门、提高、精通、实战，步步精要，
知识、实践、拓展、技能，样样在行。

目录
CONTENTS

入门篇

入门、提高、精通、实战，步步精要，
知识、实践、拓展、技能，样样在行。

入门、提高、精通、实战,步步精要,
知识、实践、拓展、技能,样样在行。

提高篇

入门、提高、精通、实战，步步精要，
知识、实践、拓展、技能，样样在行。

入门、提高、精通、实战,步步精要,

知识、实践、拓展、技能,样样在行。

入门、提高、精通、实战，步步精要，
知识、实践、拓展、技能，样样在行。

精通篇

入门、提高、精通、实战，步步精要，
知识、实践、拓展、技能，样样在行。

实战篇

入门、提高、精通、实战，步步精要，
知识、实践、拓展、技能，样样在行。

入门、提高、精通、实战，步步精要，
知识、实践、拓展、技能，样样在行。

●●●●

<<<RUDIMENT

入门篇

Dreamweaver CS6是Adobe公司最新发布的一款网页制作软件。它操作简单，界面简洁，还能为不同需求的用户量身打造界面，适合广大网页制作爱好者使用。本篇将先对网页及网页制作工具，站点的创建、管理和发布，文本、图像和动态元素的使用，超级链接的添加方法进行介绍，使用户对Dreamweaver CS6有一个大体了解。

第1章 ●●●

认识网页及网页制作工具

网页基础知识
网页类型 专业术语
网页基本组成元素

网站的开发流程
网页制作的原则和技巧

认识Dreamweaver CS6
Dreamweaver CS6新功能

Dreamweaver 中网页的基本操作
认识HTML和HTML 5

本章导读

　　一个完整的网站是由一个个单独的网页组成的。因此，要制作网站，要先学会制作网页。在制作网页之前，需要对网页、网页制作工具以及制作网站的一些基本流程和技巧有所了解。只有了解了网页基础知识、网站建设的流程、原则和技巧以及网页编辑工具的相关知识，才能顺利地完成后续的网站制作。下面就网页制作的一些基本知识及目前使用最为广泛的网页编辑软件——Dreamweaver CS6 的相关知识作一些初步介绍。

1.1　网页制作基础知识

网络现已成为人们生活和工作中不可缺少的一部分，所以，网页制作也成为了一个备受关注的新型领域。在开始学习网页制作之前，先了解一下什么是网页，以及与网页相关的一些专业术语，是十分有必要的。

1.1.1　认识网页

网页又称为 Web 页，是通过浏览器来阅读网络信息的文件。浏览网页时，在浏览器中看到的一个个页面就是网页，其中包括各种各样的网页元素，如文本、图像、表单、动画和超级链接等，如图 1-1 所示。

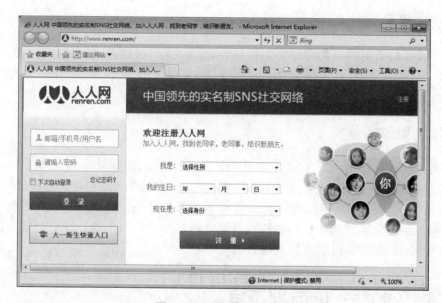

图 1-1　浏览器中的网页

1.1.2　认识网站

由一个或多个网页组成的一个完善的整体称为网站，如新浪、百度等。按网站内容的不同，可将网站分为门户网站、个人网站、专业网站和职能网站等几种类型，其各自的特点如下。

- 门户网站：是一种综合性网站，这类网站一般规模较大、门类较多。它包括很多网页频道，如新浪网站就包括新闻、娱乐、游戏、女性、旅游、法治、体育、搜索、房产、军事、教育、星座、天气、读书、科技和汽车等频道，供不同的人群选择浏览。

在网页中，文本内容是最常见的，早期的网页就是全部由文本构成的。随着时代的进步，技术的发展，网页中逐步添加了图像、音乐、动画等内容，大大增强了网页的可视效果。

- **个人网站**：个性化较强，是以个人名义开发创建的网站，其内容由个人自行设置，而且其内容、样式、风格等都是非常有个性的。如今非常流行的博客就属于个人网站。
- **专业网站**：是针对某一现实行业而创建的网站。如文学网站——榕树下网站即是一个专门提供文学相关内容的网站。
- **职能网站**：具有专门的功能，如政府职能网站、电子商务网站等，主要专注于某一职能。

1.1.3　网页的类型

网页的类型有多种，可按其在网站中的位置进行分类，也可按其表现形式进行分类。下面分别进行讲解。

1．按位置分类

网页按其在网站中的位置可分为主页和内页。主页一般指进入网站时看到的第一个页面，也称为首页，有时也称为形象页；内页是指与主页相链接的其他页面，也称为网站的内部页面。

2．按表现形式分类

按网页的表现形式分类，可将网页分为静态网页和动态网页两类。静态网页是指用 HTML 语言编写的网页，其制作方法简单易学，但缺乏灵活性。动态网页是指用 ASP、PHP 或 JSP 等语言编写的网页，该类网页先在 Web 服务器端执行，然后再将执行结果返回客户端并通过浏览器进行显示。其最大的特点是可以动态生成网页内容，可根据客户端提交的不同信息而动态地生成不同的网页内容。

1.1.4　网页制作中的专业术语

在网页制作过程中常常会遇到一些专业名词，如 URL、文件传输协议、IP 地址、域名、发布、浏览器、超级链接、导航条和超文本标记语言等。下面分别进行介绍。

- **URL（Universal Resource Locator）**：中文全称为统一资源定位器，简单地说，URL 就是网络服务器主机的地址，也称作网址，其主要由通信协议、主机名和所要访问的文件路径及文件名组成。如"http://www.sina.com.cn/index.html"，其中"http"为通信协议；"www.sina.com"为主机名，即新浪网站的主机地址，也可用 IP 地址表示；"/index.html"表示所要访问的文件路径及文件名，它指明要访问资源的具体位置，在主机名与文件路径之间，一般用"/"符号隔开。
- **文件传输协议（File Transfer Protocol）**：简称 FTP，是一种快速、高效且可靠的信息传输方法。通过这个协议，可以把文件从一个地方传到另外一个地方，真正地实

行家提醒

一些网站的首页并不是主页，其只充当一个欢迎页面或展示某些主题的页面，目前国内较著名的门户网站包括搜狐（http://www.sohu.com）、网易（http://www.163.com）和新浪（http://www.sina.com.cn）等。

现资源共享。FTP 是基于客户/服务器（C/S）模型的 TCP/IP 协议（传输控制协议/Internet 协议）的应用，它通过在客户端和服务器端建立 TCP/IP 连接，相互传输文件资源。

- **IP 地址**：是一组 32 位的数字号码，用于标识网络中的每一台电脑，如 "61.172.20.101"、"192.168.0.5"，在浏览器中输入网站所在服务器的 IP 地址就可以访问该网站。

- **域名**：就如同是网站的名字，任何网站的域名都是全世界唯一的。也可以说域名就是网站的网址，如搜狐网站的域名为 "www.sohu.com"。域名由固定的网络域名管理组织进行全球统一管理，用户需向各地的网络管理机构进行申请才能获取域名。域名的一般书写格式为：机构名.主机名.类别名.地区名。如新浪网的域名为 "www.sina.com.cn"，其中 "www" 为机构名，"sina" 为主机名，"com" 为类别名，"cn" 为地区名。

- **发布**：即是指把制作好的网页上传到网络的过程，有时也称为上传网站。

- **浏览器**：是一种把网页文档翻译成网页的一种软件，通过浏览器，可以快速连接 Internet。一般 Windows 操作系统中都集成了 IE 浏览器，除此之外，还有很多其他网页浏览器可供用户安装和使用。

- **超级链接**：能将不同页面链接起来，它可以是同一站点页面之间的链接，也可以是与其他网站页面之间的链接。超级链接有文本链接、图像链接等。在浏览网页时单击超级链接就能跳转到与之相链接的页面。

- **导航条**：在一个完整的网站中，导航条链接着各个页面，就如同一个网站的路标，只要单击导航条中的超级链接就能进入相应的页面。

- **超文本标记语言**（Hyper Text Markup Language）：简称 HTML，网页就是通过超文本标记语言创建的，其最基本的特征就是超文本和标记，使用 HTML 语言编写的网页文件的扩展名一般为 htm 或 html。

1.1.5 网页页面的基本组成元素

网页是由多种元素组成的，文本和图像是网页中最基本的元素，它们在网页中起着非常重要的作用，是网页主要的信息载体。除文本和图像外，网页中还经常包含动画、音乐等多媒体元素。

1. 文本

文本是网页中最基本的组成元素之一，是网页主要的信息载体，通过它可以非常详细地将要传达的信息传送给浏览者。文本在网络上传输速度较快，用户可很方便地浏览和下载文本信息。

网页中文本的样式繁多、风格不一，吸引浏览者的网页通常都具有美观的文本样式。文本的样式可通过对网页文本的属性进行设置修改。

操作提示

如果要将制作好的网页上传到服务器，就必须使用 FTP 协议；如果要下载网页，也需要使用 FTP 协议。

2．图像

图像也是网页中不可或缺的元素，它具有比文本更直观和生动的表现形式，并且可以传递一些文本不能传递的信息。

3．多媒体元素

音乐、动画等多媒体元素是丰富网页效果和内容的常用元素，在网页中运用非常广泛。多媒体元素的加入，可以使平静的网页变得生机勃勃。

网页中常用的音乐格式有 MID 和 MP3，MID 为通过软件合成的音乐，不能被录制；MP3 为压缩文件，其压缩率非常高，且音质也不错，是背景音乐的首选。

网页中常用的动画格式主要有两种，一种是 GIF 动画，另一种是 SWF 动画。GIF 动画是逐帧动画，相对比较简单，而 SWF 动画则更富表现力和视觉冲击力，还可结合声音和互动功能，给浏览者强烈的视听感受。

1.2　网站的一般开发流程

制作网站前需要进行许多准备工作，如收集资料、素材和规划站点等，做好这些准备工作后，就可以开始制作网页，最后还需测试站点并进行网站的发布，以及对发布站点进行更新和维护等操作。

1.2.1　收集资料和素材

在着手制作网站前，需收集和整理与网站内容相关的文字资料、图像和动画素材等。如制作个人网站，则应收集个人简历、爱好等方面的材料；如制作影视网站，就需收集大量中外电影的信息和演员资料等；如制作学校网站，则需要学校提供文字材料，如学校简介、招生对象说明和与学校有关的图片等。收集资料时应对各种资料进行分类保存，方便制作网站时使用。

1.2.2　规划站点

在创建站点之前需要对站点进行规划，站点的形式有并列、层次和网状等，需根据实际情况进行选择。

在规划站点时应按站点所包含的内容进行频道的划分，如要制作一个综合性网站，其包含的内容非常多，如军事、文学、社会、时政、体育和情感等多个方面，在各主频道下面又有很多的小栏目，各小栏目下面又包括许多的网页，设计网站时需要考虑到各个网页的内容及版式。

网页中支持的图像格式主要包括 JPEG、GIF 和 PNG 3 种，其中，JPEG 格式用于照片图像时使用，GIF 格式支持动画和背景透明，PNG 格式也支持背景透明，但一般不太常用。

1.2.3 制作网页

完成站点规划后，便可具体到每一个页面的制作，在制作网页时，首先要做的就是设计版面布局，就像传统的报刊杂志制作一样，可将网页看作一张报纸进行排版布局。版面指的是在浏览器中看到的完整的页面大小。因为不同的显示器分辨率不同，所以，同一个页面的大小可能出现 800×600 像素、1024×768 像素等不同尺寸。由于现在显示器的分辨率一般都在 1024×768 以上，要达到浏览网页的最佳效果，可以设置宽为 1000 像素，网页的高度可不做限制。

布局网页就是以最适合浏览的方式将网页元素排放在页面的不同位置，这是一个创意的过程，需要一定的经验，初学者也可以参考一些优秀的网站来寻求灵感。

版面布局完成后，就可以着手制作每一个页面了，通常可从首页做起，制作过程中可以先使用表格或 AP Div 对页面进行整体布局，然后将需要添加的内容分别添加到相应的单元格中，并随时预览效果并进行调整，直到整个页面完成并达到理想的效果，然后使用相同的方法完成整个网站中其他页面的制作。

1.2.4 测试站点

在制作好网页后，不能马上就发布站点，还需对站点进行测试。站点测试可根据浏览器种类、客户端以及网站大小等要求进行测试，通常是将站点移到一个模拟调试服务器上对其进行测试或编辑。

1.2.5 发布站点

发布站点之前需在 Internet 上申请一个主页空间，以指定网站或主页在 Internet 上的位置，然后将网站的所有文件上传到服务器空间中。上传网站通常使用 FTP（远程文件传输）软件将其上传到申请的网址目录下。使用 FTP 软件上传文件速度较快，也可使用 Dreamweaver 中的发布站点命令进行上传。

1.2.6 更新和维护站点

站点上传到服务器后，并不是就一劳永逸了，网站维护人员需要每隔一段时间对站点中的某些页面进行更新，保持网站内容的新鲜感以吸引更多的浏览者，还应定期打开浏览器检查页面元素显示是否正常、各种超级链接是否正常链接等，防止网站出现浏览故障或链接故障等问题影响访客的浏览。

另外，为了扩大网站的影响力，还需要对站点进行推广和宣传，如将网站注册到各大搜索网站中以便提高网站的访问量等。

在站点建设过程中，应不断地对站点进行测试，以便尽早发现并解决问题，避免上传以后重复出错而增加维护难度。

1.3　网页制作的原则和技巧

在制作网页的过程中，需遵循一定的原则和技巧，以提高网页的质量，使网页在一定程度上有更好的视觉和体验效果，这也是一位网页设计师所必须具备的相关知识和技能。

1.3.1　网页制作的基本原则

网页制作并不是简单的内容堆积，为了使网页达到一定的效果，在制作过程中需遵守一些基本的原则。下面对需遵循的原则进行介绍。

- ▷ **整体规划**：合理安排站点中的各项内容，制作网页之前需对整个站点进行有条理的规划。
- ▷ **站名要有创意**：名称对于网站来说非常重要。有创意的站名能给浏览者留下较深的印象，利于网站的宣传和推广。给站点取名的原则是简洁、易记以及与站点内容相关，并且最好还能给人耳目一新的感觉。
- ▷ **鲜明的主题**：网页中标题内容不能太长、太复杂，需简单明了，主题内容需要醒目抢眼，具有较强的针对性。
- ▷ **通用的网页**：为了让大多数浏览者可正常地浏览网页，在制作网页时还需考虑满足 800×600 像素的显示器。使用漂亮的网页背景可填充左右两侧多余的空白空间，使 800×600 像素的网页在分辨率高的显示器中也显得较为美观。
- ▷ **动画不能过多**：网页中动画不宜过多，动画元素虽能使网页更加炫丽，但动画文件通常比较大。若网页中动画过多会降低网页下载速度，使网页打开速度慢，甚至出现不能打开网页的情况，适得其反。
- ▷ **导航要明朗**：主页导航条上的链接项目不宜太多，最好只限于几个主要页面，通常 6~8 个导航链接较为合适，大型网站可适当增加导航链接数。
- ▷ **图像优化**：在网页中图像太多、文件太大也会影响网页下载的速度，可使用图像处理软件对图像进行优化，以便在图像大小和显示质量两个方面取得一个平衡，网页中的图像大小最好保持在 10KB 以下。
- ▷ **定期更新**：定期更新页面内容或更改主页的样式，才能让浏览者对网站保持一种新鲜感，从而提高浏览率。

1.3.2　网页基本元素的标准及使用技巧

大部分的网页都有 Logo、Banner、导航栏、按钮、文本和图像等网页元素，这些元素又被称为网页的基本元素。下面对其相关标准及使用技巧分别进行介绍。

为了了解浏览者对网站的体验感觉，可以在网页中制作一个调研表单，收集浏览者对网站色彩、内容、速度等方面的意见，以便网站管理者对网站相应内容进行调整。

1．Logo

Logo 是网站的标志，通过形象的 Logo 可以让浏览者记住网站的主体和品牌，如图 1-2 所示为央视网的 Logo。

图 1-2　央视网 Logo

Logo 的位置通常在网页的左上角，也可根据需要将它置于其他任意位置。一些站点的 Logo 可以设计为动态的，但不是所有的站点都适合用动态 Logo，即使是动态的 Logo，其动的频率也不能太大。

2．Banner

Banner 是指网站中的横幅广告，它的尺寸标准有许多，如 468×60 像素（全尺寸 Banner）、392×60 像素（全尺寸导航条 Banner）、234×60 像素（半尺寸 Banner）、125×125 像素（方行按钮）、120×90 像素（按钮类型 1）、120×60 像素（按钮类型 2）、88×31 像素（小按钮类型）和 120×240 像素（垂直 Banner）等。其中，468×60 像素和 88×31 像素的 Banner 用得最多，468×60 像素的 Banner 应大致在 15KB 左右，最好不要超过 22KB，而 88×31 像素的 Banner 最好在 5KB 左右，不要超过 7KB。

3．导航栏

导航栏的作用是引导浏览者进行网页浏览。根据导航栏放置的位置可将其分为横排和竖排两种；根据表现形式，导航栏有图像导航、文本导航和框架导航等。导航栏也可以是动态的，如用脚本编写的导航栏或 Flash 导航栏。

导航栏的制作要点可归纳为以下几点：

◐ 图片导航可以随意设计，设计的图片导航虽漂亮，但占用的文件空间较大，影响网页下载。

◐ 在导航栏目不多的情况下，通常是一排；如果导航栏目太多，就要考虑分两排甚至

一般在设计网站前都需要精心设计一个网站 Logo，这对于大型网站来说，更是一种网站"商标"。

多排进行横向排列。

- 内容丰富的站点可以使用框架导航，这样不管进入哪个页面都可以快速跳转到另一个栏目。

4．按钮

按钮的大小和形状没有具体的规定，如图 1-3 所示为各种不同形状和大小的按钮。在制作按钮时需注意，按钮要和网页的整体效果协调，不能太抢眼，制作按钮时一般按照背景颜色较淡，字体颜色较深的原则来设计。

图 1-3　各种各样的按钮

5．文本

网页内容中最主要的元素就是文本，进行文本编辑对网页的整体美感起着决定性的作用。文本制作的技巧如下：

- 同版面中的文本样式最好在 3 种以内。
- 文本的颜色要与背景有区别，保证浏览者可以清楚地看到文本，但是又不能使其太抢眼。
- 每行文字的长度最好为 40～60 个字符（即 20～30 个中文字），段落与段落间应空一行，首行应设置缩进，以便于阅读。

6．图像

图像是网页中不可或缺的元素，使用图像时首先要考虑它对网络速度的影响。使用图像需注意以下几点：

- 图像的主题最好清晰可见，图像的含义要简单明了。
- 图像所含的文字要求清晰可辨，背景与主体明度对比应大致在 3:1～5:1 之间。
- 图像采用淡色系列的背景较好，能与主题分离的则用浅色标志或文字背景。

1.3.3　用色的技巧

色彩能够直接给人最强的视觉冲击，要很好地表现一个网页，色彩搭配非常重要。色彩应用的原则是：总体协调，局部对比，即网页的整体色彩效果应该和谐，只有局部的、小范围的地方可以有一些强烈的色彩对比。在同一页面中，可以使用相近色来设置页面中的各种元素。制作网页时可使用如下用色技巧：

- 在制作网页时，应首先确定整个站点的主色调。确定主色调需从网站的类型以及网站所服务的对象出发。如创建校园类站点可以选用绿色；旅游类站点可以选用草绿色搭配黄色；游戏站点可以选用黑色；政府类站点可以选用红色和蓝色；新闻类站

网页中的中文字体通常采用宋体，正文为 12 像素大小，标题文本可以设置为 14 像素或 16 像素。

点可以选用深红色或黑色再搭配高级灰等。如图 1-4 所示为黄龙风景区的网页。

图 1-4　旅游类站点

- 在同一页面中，要在两种截然不同的色调之间过渡时，需在它们中间搭配上灰色、白色或黑色，使其能够自然过渡。
- 侧栏不是所有的网页都有，它通常用于显示附加信息，网页底部可以考虑和侧栏相同的颜色，或稍微淡一些的颜色。
- 网页中的文字与背景要求较高的对比度，通常用白底黑字、淡色背景、深色字体。可以先确定背景色，再在背景色的基础上加黑成为文字的颜色。
- 站点 Logo 一般要用深色，要有较高的对比度，使其比较醒目，让浏览者很容易地就能看到并记住其形象。Logo 的标题可以使用与网页内容差异较大的字体和颜色，也可以采用与网页内容相反的颜色。
- 对于导航栏所在区域，通常是将菜单背景颜色设置暗一些，然后依靠较高的颜色、比较强烈的图形元素或独特的字体将网页内容和菜单准确地区分开来。
- 如果有一些需要突出显示的内容，则可以采用一些鲜艳的颜色来吸引浏览者的视线。
- 如果是创建公司站点，还应该考虑公司的企业文化、企业背景、CI、VI 标识系统和产品的色彩搭配等。

1.4　认识 Dreamweaver CS6

制作网页需要在网页编辑器中进行，Adobe 公司研发的 Dreamweaver 就是一款最常用、最方便的网页编辑软件。下面就来了解 Dreamweaver CS6，它是目前较新的 Dreamweaver 版本。

1.4.1　Dreamweaver CS6 简介

Dreamweaver CS6 是 Adobe 公司推出的一套拥有可视化编辑界面，用于制作并编辑网

操 作 提 示

Dreamweaver 从其字面意思可译为"织梦者"，意为编织自己的梦，也就是编辑自己理想中的网页。

站和移动应用程序的网页设计软件。它支持代码、拆分、设计、实时视图等多种方式来创作、编写和修改网页，即使是初级的网页设计人员，也可以无须编写任何代码就能快速创建 Web 页面，其代码编辑工具则更适用 Web 开发高级人员。

Dreamweaver CS6 是继 Dreamweaver CS3 之后的又一经典版本，通过 CS4、CS5 版本的不断升级和完善，CS6 版本使用了自适应网格版面创建页面，在发布前使用多屏幕预览审阅设计，大大提高了工作效率，同时也增加了很多新功能。

1.4.2　启动和退出 Dreamweaver CS6

Dreamweaver CS6 的启动和退出同其他程序没什么大的区别。安装 Dreamweaver CS6 后，会在"开始"菜单的"所有程序"列表中添加启动程序菜单，只需选择【开始】/【所有程序】/【Adobe Dreamweaver CS6】命令即可启动 Dreamweaver CS6 软件，用户也可自己添加桌面快捷方式来启动 Dreamweaver CS6。退出 Dreamweaver CS6 的方法有如下几种：

- 单击主界面右上方的 ✕ 按钮退出。
- 选择【文件】/【退出】命令退出。
- 单击主界面左上方的 Dw 图标，在弹出的快捷菜单中选择"关闭"命令退出。
- 直接按"Alt+F4"快捷键退出。

1.4.3　Dreamweaver CS6 的工作界面

启动 Dreamweaver CS6 后，可进入其设计主界面，该界面主要由标题栏、菜单栏、文档编辑窗口、欢迎屏幕、"属性"面板和浮动面板组成，如图 1-5 所示。

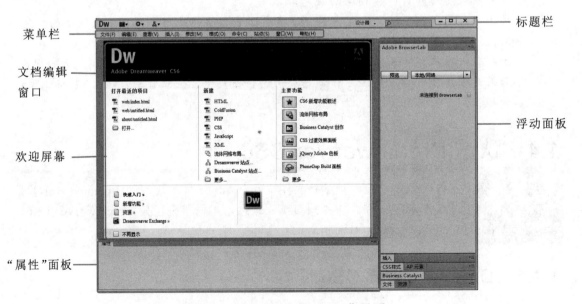

图 1-5　Dreamweaver CS6 工作界面

Dreamweaver 之所以会成为业界公认的最优秀的网页设计软件，不仅因为它生成的垃圾代码少、功能强大，而且其设计理念很人性化，使从事网页相关工作人员都能够得心应手地使用。

各组成部分的作用分别如下。

- **标题栏**：通过不同的按钮可对窗口进行设置和管理，其中，单击█▼按钮，在弹出的下拉菜单中可选择窗口布局的类型；单击✿▼按钮可进行一些 Dreamweaver 扩展管理；单击品▼按钮可进行站点的新建和管理；在"设计器"下拉列表框中可选择窗口显示模式，默认为"设计器"；最右侧的窗口控制按钮可对窗口进行最小化、最大化/恢复和关闭操作。
- **菜单栏**：菜单栏中集合了几乎所有 Dreamweaver 操作的命令，通过各项命令，可以完成窗口设置及网页制作的各种操作。
- **文档编辑窗口**：是 Dreamweaver 的主要部分，当打开网页文档进行编辑时，在文档编辑窗口中显示编辑的文档内容。
- **欢迎屏幕**：启动 Dreamweaver 时会在文档编辑窗口前方显示欢迎屏幕，通过该屏幕用户可快速打开最近打开过的文件，也可快速创建各种类型的文档。
- **"属性"面板**：位于 Dreamweaver CS6 窗口底部，在编辑网页文档时，主要用于设置和查看所选对象的各种属性。不同网页对象，其"属性"面板的参数设置项目也不同，如图 1-6 所示为文本"属性"面板。

图 1-6　文本"属性"面板

- **浮动面板**：是停靠在编辑窗口右侧的各种设置和快捷操作的集合，用户可自定义某些功能是否在浮动面板中显示。

1.5　Dreamweaver CS6 的新功能和改善功能

 Dreamweaver 自推出至今，已开发和发布了十多代产品，每一个版本在前面版本的基础上都会进行改善，并新添加一些适用于当前网页开发的功能。下面将介绍 Dreamweaver CS6 的一些新功能和改善功能。

1.5.1　针对平板电脑和智能手机的功能

Dreamweaver 针对移动设备可建立移动应用程序，并为智能手机和平板电脑等提供多屏幕预览和流体网格布局等功能。

1．支持多屏幕预览

Dreamweaver CS6 借助"多屏幕预览"面板，可分别为智能手机、平板电脑和台式机

当 Dreamweaver 窗口最大化后，将自动合并标题栏和菜单栏，菜单栏中的各菜单将被排列到 DW 标志后面。

进行设计，为各种不同设备设计样式并可视化其内容，如图 1-7 所示。

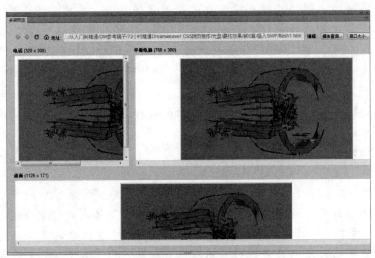

图 1-7　多屏幕预览

2．自适应流体网格布局

在使用 Dreamweaver CS6 建立复杂的网页设计和版面时，用户无须忙于编写代码，其流体网格布局能够及时响应，协助用户设计可以在台式机和各种不同大小屏幕的设备中显示的项目。

3．强大的 jQuery 移动支持和 PhoneGap 支持

使用 Dreamweaver CS6 提供的 jQuery Mobile 功能，可以为网页添加高级互动内容，Dreamweaver 可以借助针对手机的启动模板快速开始设计。而 PhoneGap 可以为安卓和苹果手机系统构建并封装本机应用程序，借助 PhoneGap 框架，可将现有的 HTML 页面转换为手机应用程序。

4．最新 CSS 3/HTML 5 支持

Dreamweaver CS6 使用支持 CSS3 的"CSS 样式"面板创建样式，设计视图与代码提示均支持 HTML 5，设计视图支持媒体查询，可根据屏幕大小应用不同的样式。Dreamweaver CS6 中的实时视图使用支持显示 HTML 5 内容的 WebKik 转换引擎，在发布之前，用户可以检查制作的网页，确保版面的跨浏览器兼容性和版面显示的一致性。

1.5.2　更加专业而简捷的操作

Dreamweaver CS6 在沿袭之前版本主要功能的基础上，简化了一些操作，使网页设计

与以往版本相比，Dreamweaver CS6 做了很大的改变，它并不是在以往的基础上直接增加一些新的功能或改变一下界面，而是从整体的操作上进行了优化，并将很多复杂的操作简化了。

更加专业，操作更加简单。

1．简单便捷的站点设置

与以往版本相比，Dreamweaver CS6 的站点创建和设置更加简单便捷，减少了冗余的设置项目，只需在站点设置对话框中一步到位，如需设置站点其他属性，Dreamweaver CS6 也会进行及时的提示，只需按照提示操作即可。

2．强大的 CSS 3 过渡效果

Dreamweaver CS6 将 CSS 属性变化制成动画过滤效果，使网页动画更加生动逼真，它可以在用户处理网页元素和创建动画效果时保持对网页设计的精准控制。

3．Business Catalyst 集成

Adobe Business Catalyst 是一个承载应用程序，它将传统的桌面工具替换为一个中央平台，供 Web 设计人员使用。该应用程序与 Dreamweaver 配合使用，允许用户构建任何内容，包括数据驱动的基本 Web 站点以及功能强大的在线商店，通过 Dreamweaver 与 Adobe Business Catalyst 服务之间的集成，用户不需要编程即可实现丰富的在线业务。

4．Adobe BrowserLab 集成

Dreamweaver CS6 集成了 Adobe BrowserLab 服务，该服务为跨浏览器兼容性测试提供了快速准确的解决方案，通过它可以使用多种查看和比较工具来预览 Web 页和本地内容，生成网站在不同浏览器下的网页快照，从而更加方便地测试网站的兼容性。

5．PHP 自定义类代码提示

在 Dreamweaver CS6 中，PHP 自定义类代码提示用来显示 PHP 函数、对象和常量的正确语法，让用户可以更准确地输入代码。代码提示还能使用户自定义函数和类，以及第三方框架，更方便用户对代码的编辑。

6．改善的 FTP 性能

Dreamweaver CS6 利用重新改良的多线程 FTP 传输工具，可以快速上传大型文件，大大节省了上传大型文件的时间。利用 FTPS 和 FTPES 通信协议的本地支持，更安全地部署文件。

7．更新的实时视图

Dreamweaver CS6 可以使用更新的"实时视图"功能在发布前测试页面。实时视图现

Dreamweaver CS6 的新增功能还不止这些，以上介绍的都是比较实用或者与以前版本比较有特色的一些功能。

使用最新版的 WebKit 转换引擎，能够提供绝佳的 HTML 5 支持。

1.6　网页的基本操作

使用 Dreamweaver CS6 编辑网页前，需要对一些基本的操作有所了解，如新建、保存和打开网页文件，以及网页效果的预览、网页属性的设置等。

1.6.1　新建网页

在 Dreamweaver CS6 中可以创建空白网页文档，也可以通过 Dreamweaver 内置的模板文档创建具有一定内容及样式的网页文档。启动 Dreamweaver CS6 后，选择【文件】/【新建】命令，打开"新建文档"对话框，选择"空白页"选项卡，在"页面类型"和"布局"列表框中选择合适的类型，如图 1-8 所示，单击 创建(R) 按钮，即可创建一个新的空白网页文档，也可直接选择欢迎屏幕中"新建"栏的选项快速新建文件。

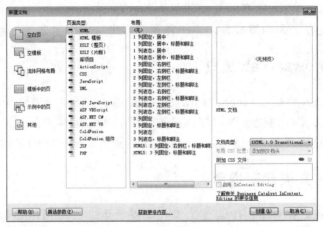

图 1-8　"新建文档"对话框

1.6.2　保存网页

在 Dreamweaver CS6 中对文档进行编辑后，需对文档进行保存。选择【文件】/【保存】命令，在打开的"另存为"对话框的"保存在"下拉列表框中选择保存位置，在"文件名"下拉列表框中输入文件名，再单击 保存(S) 按钮即可对网页进行保存。

1.6.3　打开网页

当需要对电脑中的网页文档进行查看和编辑时，可以在 Dreamweaver CS6 窗口中打开。

新建网页文档还可以在站点的"文件"面板中进行，这将在后面的章节中介绍，使用这种方法创建的网页类型将由站点类型来决定。

选择【文件】/【打开】命令，在打开的"打开"对话框的"查找范围"下拉列表框中选择网页所在的位置，在"文件"列表框中双击需要打开的网页即可。

1.6.4 预览网页

对网页进行编辑后，可以在浏览器中对网页效果进行预览。选择【文件】/【在浏览器中预览】/【IExplore】命令或单击"文档"工具栏中的 按钮，在弹出的下拉菜单中选择"预览在 IExplore"命令执行预览网页操作。另外，选择【文件】/【多屏预览】命令，可打开多屏预览窗口进行多屏幕预览。

1.6.5 设置网页属性

通过"页面属性"对话框可对网页的外观、标题和链接等属性进行设置。在编辑窗口中选择【修改】/【页面属性】命令，打开"页面属性"对话框，在左侧的"分类"列表框中选择类别后，在右侧即可对各属性进行详细设置，如图1-9所示。

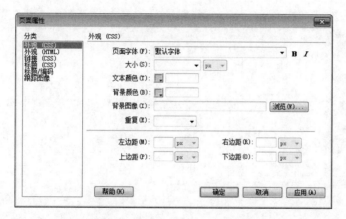

图 1-9 "页面属性"对话框

1.7 HTML 与 HTML 5

 网页使用的是超文本标记语言，即 HTML，但随着网页设计语言的不断发展成熟，人们在最初的 HTML 语言的基础上再进行完善和升级，并提出了 HTML 5 标准。下面就对这些知识进行简单介绍。

1.7.1 HTML 语言

HTML 是 Hypertext Markup Language 的简称，中文译为超文本标记语言，它是一种网

按"Ctrl+J"快捷键可以打开"页面属性"对话框，按"Ctrl+S"快捷键可以对网页文档进行保存，按"Ctrl+O"快捷键可以打开"打开"对话框。

页编辑和标记语言。HTML 语言是标准通用标记语言下的一个应用，它是一种规范、一种标准，是通过标记符号来标记要显示的网页中的各个部分。网页文件本身是一种文本文件，通过在文本文件中添加标记符，可以告诉浏览器如何显示其中的内容，如文字格式、画面安排和图片链接等，浏览器按顺序阅读网页文件，然后根据标记符解释和显示其标记的内容。对于高级网页设计者来说，通过 HTML 语言来编辑网页可以实现更加高效的编辑效果。

1.7.2　在 Dreamweaver CS6 中编辑 HTML

使用 HTML 语言编辑网页，可以直接在记事本文档中进行，编辑完后将其后缀名改为".html"即可。但是对于初学者来说，直接进行 HTML 编辑不能及时地了解网页编辑效果，且无法检测出一些错误的语法和标记，所以可以在 Dreamweaver 中进行编辑，随时进行预览，而且还可及时地检测出编辑错误。

在 Dreamweaver CS6 中，打开网页文件后，单击编辑窗口上方的 代码 按钮，即可显示和编辑网页中的 HTML 代码，如图 1-10 所示。编辑的过程中如需查看编辑效果，单击 设计 按钮返回设计视图即可。

图 1-10　在 Dreamweaver 中编辑 HTML

1.7.3　HTML 的常见语法

HTML 语言通过其简单的标记，将标记之间的语法进行解释和转换，即可完成网页效果的设计。HTML 通常使用<标记名></标记名>的方式来表示标记的开始和结束，如<html></html>为一个标记对，HTML 文档中这样的标记对都必须是成对使用的。在标记对之间添加具体的设置参数，其语法与 C 语言比较类似。下面来介绍 HTML 语言中常用的一些标记。

1．基本标记

在 HTML 中，基本的网页标记主要包括<html>、<head>、<body>和<title>等，各标记

在 Dreamweaver CS6 中可以在"代码"或"设计"视图之间进行切换，在其中一种编辑方式下进行修改后，在另一视图中也会相应地作出改变。

的作用介绍如下。

- <html></html>：<html>标记用于 HTML 文档的最前边，用来标识 HTML 文档的开始，而</html>标记则与<html>标记相反，它放在 HTML 文档的最后面，用来标识 HTML 文档的结束，两个标记必须一起使用。
- <head></head>：<head>和</head>构成 HTML 文档的开头部分，在该标记对之间可以使用<title></title>、<script></script>等标记对，这些标记对都是描述 HTML 文档相关信息的标记对，<head></head>标记对之间的内容不会在浏览器的框内显示出来。
- <body></body>：<body></body>是 HTML 文档的主体部分，在该标记对之间可包含<p></p>、<h1></h1>等众多的标记对，它们所定义的文本、图像等将会在浏览器的框内显示出来。
- <title></title>：<title></title>标记对用于设置网页的标题，在该标记对之间加入标题文本即可。它只能放在<head></head>标记对之间。

2．格式标记

格式标记用于设置网页对象的格式，如设置段落、缩进和列表等，这些标记可对网页段落和文本等格式进行设置，它们都必须用于<body></body>标记对之间。其主要包括以下几种。

- <p></p>：使用<p></p>标记对可以用来创建一个段落，在该标记对之间加入的文本将按照段落的格式显示在浏览器上。另外，<p>标记还可以使用 align 属性，它用来说明对齐方式，其语法是：<p align=""></p>。align 可以是 Left（左对齐）、Center（居中）和 Right（右对齐）3 个值中的任何一个。如<p align="Center"></p>表示居中对齐标记对中的文本。
-
：
是一个很简单的标记，使用它可以创建一个回车换行，因此它没有结束标记。
- <blockquote></blockquote>：在<blockquote></blockquote>标记对之间加入的文本将会在浏览器中按两边缩进的方式显示。
- <dl></dl>、<dt></dt>、<dd></dd>：<dl></dl>标记对用来创建一个普通的列表；<dt></dt>标记对用来创建列表中的上层项目；<dd></dd>标记对用来创建列表中最下层项目，<dt></dt>和<dd></dd>都必须放在<dl></dl>标记对之间。
- <ol></ol>、<ul></ul>、<li></li>：<ol></ol>标记对用来创建一个标有数字的列表；<ul></ul>标记对用来创建一个标有圆点的列表；<li></li>标记对只能在<ol></ol>或<ul></ul>标记对之间使用，该标记对用来创建一个列表项。若<li></li>放在<ol></ol>标记对之间，则每个列表项加上一个数字；若在<ul></ul>标记对之间，则每个列表项加上一个圆点。
- <div></div>：<div></div>标记对用来排版大块 html 段落，也用于格式化表，此标记对的用法与<p></p>标记对非常相似，此标记对同样有 align 对齐方式属性。

操作提示

如果把
加在<p></p>标记对的外面，将创建一个大的回车换行，即
前面和后面的文本的行与行之间的距离比较大；若放在<p></p>标记对之间，则
前面和后面的文本的行与行之间的距离将比较小。

3．文本标记

文本标记可以设置文本输出的格式，如斜体、黑体字、下划线、字号和字体颜色等，方便对文本格式进行定义。下面介绍几种常用的文本标记及使用方法。

- \<pre\>\</pre\>：\<pre\>\</pre\>标记对用来对文本进行预处理操作，该标记对之间的文本通常会保留空格和换行符，而文本也会呈现为等宽字体。
- \<h1\>\</h1\>…\<h6\>\</h6\>：HTML 语言提供了一系列对文本中的标题进行操作的标记对，即\<h1\>\</h1\>到\<h6\>\</h6\> 6 对标题的标记对，各标题对应不同的字体、字号，且字体依次变小。
- \<b\>\</b\>、\<i\>\</i\>、\<u\>\</u\>：这几个标记对用于对文本输出形式进行设置，\<b\>\</b\>标记对用来使文本以黑体字的形式输出；\<i\>\</i\>标记对用来使文本以斜体字的形式输出；\<u\>\</u\>标记对用来使文本以加下划线的形式输出。
- \<tt\>\</tt\>、\<cite\>\</cite\>、\<em\>\</em\>、\<strong\>\</strong\>：\<tt\>\</tt\>标记对用来输出打字机风格字体的文本；\<cite\>\</cite\>标记对用来输出引用方式的字体，通常是斜体；\<em\>\</em\>用来输出需要强调的文本，通常是斜体加黑体；\<strong\>\</strong\>标记对则用来输出加重文本，通常也是斜体加黑体。
- \<font\>\</font\>：\<font\>\</font\>是一对很有用的标记对，它可以对输出文本的字体大小、颜色进行随意的改变，这些改变主要是通过对它的两个属性 size 和 color 的控制来实现的。size 属性用来改变字体的大小，其值越大字体越大，一般为正值，如 9、12 和 15 等；color 属性则用来改变文本的颜色，颜色的取值是十六进制 RGB 颜色码或 HTML 语言给定的颜色常量名。

4．图像标记

网页中有了文字，经常还需要插入一些图像，图像在网页制作中是非常重要的一个方面，HTML 语言专门提供了\<img\>标记来处理图像的输出，另外使用\<hr\>标记为网页添加和设置水平线。下面分别介绍这两种标记。

- \<img\>：\<img\>标记是将标记对的 src 属性赋值，该值是图形文件的文件名，包括路径或网址，通过路径将图形文件嵌入到网页文档中，如\<img src="images/logo.gif"\>。src 属性在\<img\>标记中是必须赋值的，是标记中不可缺少的一部分。除此之外，\<img\>标记还有 alt、align、border、width 和 height 属性，alt 属性是当鼠标移动到图像上时显示文本；align 属性是图像的对齐方式；border 属性是图像的边框，可以取大于或等于 0 的整数，默认单位是像素；width 和 height 属性是图像的宽和高，默认单位也是像素。
- \<hr\>：\<hr\>标记是在 HTML 文档中加入一条水平线，具有 size、color、width 和 noshade 属性。size 是设置水平线的厚度，color 是设置水平线的颜色，width 是设定水平线的宽度，默认单位是像素。noshade 属性不用赋值，而是直接加入标记即可使用，它是用来加入一条没有阴影的水平线，如果不加入此属性，水平线将有阴影。

　　HTML 语言除了常见的标记外，其在编辑的过程中很多语法同 C 语言类似，对 C 语言比较熟悉的用户应用 HTML 语言将更加轻松。

5．表格标记

表格标记对制作网页是很重要的，因为表格不但可以固定文本或图像的输出，而且还可以任意地进行背景和前景颜色的设置，同时也是布局网页的重要元素，其主要有以下几种。

- **<table></table>**：<table> </table>标记对用来创建一个表格。它有以下属性：<table bgcolor=""> 设置表格的背景色；<table border=""> 设置边框的宽度，若不设置则边框宽度默认为 0；<table bordercolor=""> 设置边框的颜色；<table bordercolorlight=""> 设置边框明亮部分的颜色(当 border 的值大于等于 1 时才有用)；<table bordercolordark=""> 设置边框昏暗部分的颜色(当 border 的值大于等于 1 时才有用)；<table cellspacing=""> 设置表格格子之间空间的大小；<table cellpadding=""> 设置表格格子边框与其内部内容之间空间的大小；<table width=""> 设置表格的宽度，单位用绝对像素值或总宽度的百分比表示。

- **<tr></tr>、<td></td>**：<tr></tr>标记对用来创建表格中的每一行，该标记对只能放在<table></table>标记对之间使用，在该标记对之间加入文本是无效的；<td></td>标记对用来创建表格中一行中的每一个格子，该标记对只有放在<tr></tr>标记对之间才是有效的，输入的文本也只有放在<td></td>标记对中才有效。

6．链接标记

网页都是通过各种链接联系起来的，链接是 HTML 语言的一大特色，使用它可以创建和设置恰当的超级链接，链接标记主要有以下两种。

- **<a href=""> </a>**：该标记对的 href 属性是不可缺少的，标记对之间加入需要链接的文本或图像，href 的值可以是 URL 形式，即网址或相对路径，也可以是 mailto: 形式，即发送 E-Mail 形式。

- **<a name=""> </a>**：<a name=""> </a>标记对需要结合<a href=""> </a>标记对使用才有效果。该标记对用来在 HTML 文档中创建一个标签，name 属性是不可缺少的，它的值即是标签名。

7．表单标记

表单在 Web 网页中用来给访问者填写信息，从而获得用户信息，使网页具有交互的功能。通过表单和表单对象标记可以为 HTML 文档添加表单内容，表单标记有以下几种。

- **<form></form>**：<form></form>标记对用来创建一个表单，用于定义表单的开始和结束位置，在标记对之间的一切都属于表单的内容。<form>标记具有 action、method 和 target 属性，action 的值是处理程序的程序名；method 属性用来定义处理程序从表单中获得信息的方式，可取值为 GET 和 POST 的其中一个，GET 方式是指处理程序从当前 HTML 文档中获取数据，这种方式传送的数据量是有所限制的，一般限制在 1KB 以下，POST 方式与 GET 方式相反，它是指当前的 HTML 文档把数据传送给处理程序，传送的数据量要比使用 GET 方式的大很多；target 属性用来指定

表格各个属性可以结合使用，有关宽度、大小的单位用绝对像素值，而有关颜色的属性使用十六进制 RGB 颜色码或 HTML 语言给定的颜色常量名，如"Silver"为银色。

目标窗口或目标帧。

- **<input type="">**：<input type="">标记用来定义一个用户输入区，用户可在其中输入信息。该标记必须放在<form></form>标记对之间。<input type="">标记中共提供了 8 种类型的输入区域，具体由 type 属性来决定。

- **<select></select>**：<select></select>标记对用来创建一个下拉列表框或可以复选的列表框。该标记对用在<form></form>标记对之间，<select>具有 multiple、name 和 size 属性。multiple 属性不用赋值，加入了此属性后列表框就可多选，若没有设置 multiple 属性，显示的将是一个弹出式的列表框；name 属性是此列表框的名字；size 属性用来设置列表的高度，默认值为 1。

- **<option>**：<option>标记用来指定列表框中的一个选项，它放在<select></select>标记对之间。该标记具有 selected 和 value 属性，selected 属性用来指定默认的选项，value 属性用来给<option>指定的选项赋值。

- **<textarea></textarea>**：<textarea></textarea>标记对用来创建一个可以输入多行的文本框，该标记对用在<form></form>标记对之间，具有 name、cols 和 rows 属性。cols 和 rows 属性分别用来设置文本框的列数和行数。

1.7.4　认识 HTML 5

HTML 5 是在 1999 年所制定的 HTML 4.01 标准的基础上制定的标准版本，现在仍处于发展阶段，但大部分浏览器已经支持某些 HTML 5 技术。HTML 5 强化了 Web 网页的表现性能，追加了本地数据库等 Web 应用的功能。从广义上讲，HTML 5 是指包括 HTML、CSS 和 JavaScript 在内的一套技术组合。它可以减少浏览器对于需要插件的丰富性网络应用服务的需求，并且提供更多能有效增强网络应用的标准集。

HTML 5 草案的前身名为 Web Applications 1.0，2004 年由 WHATWG 提出，于 2007 年被万维网联盟（W3C）接纳，并成立了新的 HTML 工作团队，第一份正式草案于 2008 年 1 月 22 日公布。2012 年 12 月 17 日，万维网联盟正式宣布 HTML 5 规范正式定稿，并称"HTML 5 是开放的 Web 网络平台的奠基石"。

HTML 5 还有一大特点，就是开发目前流行的移动设备平台页面，HTML 5 手机应用的最大优势就是可以在网页上直接调试和修改。如果用原始的网站开发技术制作网站，可能需要开发人员花费很多精力去不断地重复编码、调试和运行，才能达到用 HTML 5 制作出的网站的效果。

1.8　基础实例——打开并操作网页

本章的基础实例将打开"Dreamweaver.html"网页文件，并对网页的页面属性进行设置，然后将其另存为"lianjie.html"，并预览网页效果，本例预览效果如图 1-11 所示。

HTML 5 是通过谷歌、苹果、诺基亚、中国移动等几百家公司一起酝酿的技术，这个技术最大的好处在于它是一个公开的技术。

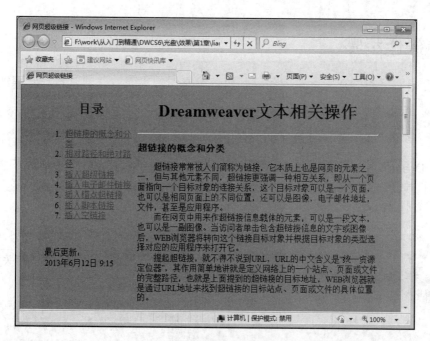

图 1-11　设置并预览网页

1.8.1　行业分析

Dreamweaver CS6 的基础操作包括打开网页文件、设置页面属性、保存和预览网页等。这些操作都非常简单，可以在已经存在的网页中进行操作和设置，而不需要全新地制作一个网页。但在原有网页的基础上进行修改或设置时，为了安全起见，最好不要在原来文件的基础上进行保存，可以将其另存为一个文件，以确保原来的文件不被修改。

1.8.2　操作思路

为更快完成本例的制作，并尽可能运用本章讲解的知识，本例的操作思路如下。

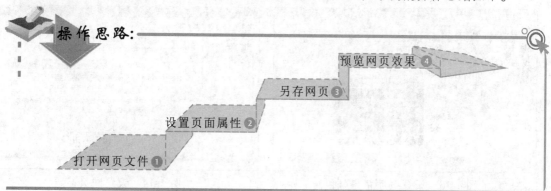

操作思路：

预览网页效果 4

另存网页 3

设置页面属性 2

打开网页文件 1

操 作 提 示

要提高设计效率，除了需要熟练掌握网页设计的各种方法、技巧外，还需要充分利用软件的各种便捷功能，如 Dreamweaver 快捷键、界面自定义和"插入"面板的"收藏夹"功能等。

1.8.3　操作步骤

下面介绍网页的打开、设置、保存和预览等操作的实现方法。其操作步骤如下：

光盘\素材\第 1 章\Dreamweaver.html
光盘\效果\第 1 章\lianjie.html
光盘\实例演示\第 1 章\打开并操作网页　

1 启动 Dreamweaver CS6，选择【文件】/【打开】命令，在打开的"打开"对话框中选择网页文件所在的位置，选择"Dreamweaver.html"文件，单击 打开(Q) 按钮打开，如图 1-12 所示。

图 1-12　打开网页文件

2 打开网页后，选择【修改】/【页面属性】命令，打开"页面属性"对话框，在左侧选择"外观（CSS）"选项卡，单击右侧的"背景颜色"按钮，在弹出的拾色器中选择一种颜色作为网页背景，如图 1-13 所示。

3 选择"标题/编码"选项卡，在右侧的"标题"文本框中输入网页标题"网页超级链接"，如图 1-14 所示。

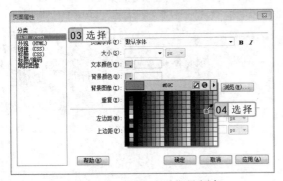

图 1-13　设置页面背景颜色

图 1-14　设置网页标题

在操作时可使用一些快捷键进行快速操作，如果觉得 Dreamweaver CS6 中默认的快捷键不符合自己的使用习惯，还可以选择【编辑】/【快捷键】命令，打开"快捷键"对话框进行自定义。

4 单击 确定 按钮，可发现网页的背景颜色发生了改变，如图 1-15 所示。

5 选择【文件】/【另存为】命令，打开"另存为"对话框，将保存位置设置为其他文件夹后，在"文件名"文本框中输入新的名称"lianjie.html"，单击 保存(S) 按钮进行保存，如图 1-16 所示。

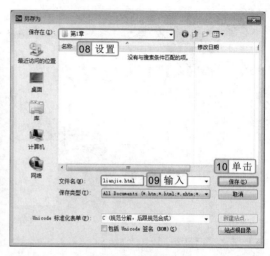

图 1-15　设置后的页面　　　　　　　　　　图 1-16　另存文件

6 完成后直接按"F12"键打开浏览器预览网页。

1.9　基础练习——新建网页并进行保存

本章主要介绍了网页和网页制作的基础知识、Dreamweaver CS6 的基础知识和基本操作，以及超文本标记语言的基础知识。本次练习将熟悉 Dreamweaver CS6 的启动、退出和文档操作，如图 1-17 所示。

图 1-17　新建并设置网页

Dreamweaver CS6 的设计视图基本上实现了所见即所得的显示能力，但在一些特殊情况下，其显示的页面效果和最终浏览器中呈现的效果仍有一定差别，此时应以浏览器中的显示结果为准。

参见
光盘　光盘\实例演示\第 1 章\新建网页并进行保存

该练习的操作思路与关键提示如下。

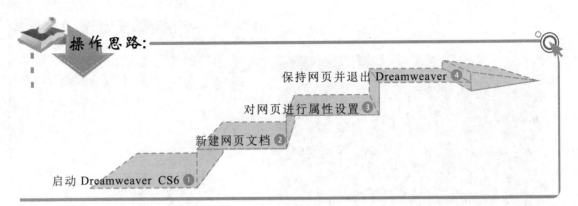

关键提示:

制作本例，需注意以下几点:
- 新建网页文档还可以直接在欢迎界面的"新建"栏中选择 HTML 选项进行网页新建。
- 由于是新建的网页，可以直接执行"保存"命令，打开"另存为"对话框，而不必选择"另存为"命令执行另存操作。
- 在退出 Dreamweaver 时应先保存并关闭网页文件。

1.10　知识问答

本章介绍的网页基础知识涉及很多方面，对于初学者而言，还有很多疑问。下面就对部分典型疑问进行解答。

问：制作网页必须要对 HTML 比较熟悉吗？

答：如果只是做一些一般的前台网页，用户即使不懂 HTML 语言，也可以直接使用 Dreamweaver 进行静态网页的制作。

问：什么是前台网页和后台网页？如果要制作后台网页，则需要掌握哪些知识？

答：其实前台网页和后台网页也可以理解为常说的静态网页和动态网页，如果进行后台制作，则需要掌握 HTML、JavaScript 或 VbScript、ASP、PHP、JSP、数据库知识和 Web 服务器的配置等知识。

行家提醒

万维网联盟（World Wide Web Consortium），又称 W3C 理事会，是作为欧洲核子研究组织的一个项目发展起来的，1994 年 10 月在麻省理工学院计算机科学实验室成立。

问：网页中必须包括所有的网页元素吗？

答：一个网页中并不是包括所有的网页元素，而且有些网页的网页元素是非标准的，如 Banner 的大小、位置等。

  ## Dreamweaver 的发展

　　Dreamweaver 最初是由 Macromedia 公司所开发的网站开发工具，它使用所见即所得的接口，亦有 HTML 编辑的功能。2005 年 Macromedia 被 Adobe 收购后，在原 Dreamweaver 8 的基础上推出了 Dreamweaver CS3，并不断更新升级，至 2012 年发布了 Dreamweaver CS6。

　　作为 Adobe 公司的系列产品，特别是 Dreamweaver、Fireworks 和 Flash，在设计上具有很多相同之处，在用户使用习惯方面，三者非常接近，因此得到了广大网页设计人员的喜爱。

　　Dreamweaver、Fireworks 和 Flash 是最初著名的"网页三剑客"软件，就目前而言，由于 Photoshop 的强大图片处理功能，逐步取代了 Fireworks 的位置。

第 2 章

站点的创建、管理和发布

站点的规划

创建和管理站点

申请主页空间

申请域名

站点的本地测试

配置远程信息　发布站点

　　要制作网站，首先需要创建一个本地站点，在站点中进行网页的设计和测试，当网站制作好之后，还需要将其上传到网络空间中，即网络站点，浏览者通过浏览网络站点中的网页文件，达到浏览网站的目的。对于网站制作者来说，首先要学会的是站点的各种操作，包括创建、管理、测试、发布、更新、维护和宣传等操作，下面就对这些操作一一进行讲解。

本章导读

2.1　站点的规划

站点规划的目的在于明确建站的方向和确定实现这一目标所采用的方式，同时也是确定本站点所要实现的功能。规划时要明确网站的主题，通过分析确定网站的栏目及其包含的内容。

2.1.1　认识站点

站点是由一个或多个网页通过各种链接联系起来的一个整体。站点可分为本地站点、远程站点和测试站点 3 类，其特点分别如下。

- ▶ **本地站点**：用于存放用户网页、素材等本地的文件夹，是用户的工作目录，在制作一般网页时只需建立本地站点即可。
- ▶ **远程站点**：主要用于将本地站点中的内容上传到远程站点中，远程站点的位置可以是本地电脑或局域网中某台电脑中的某个文件夹，也可以是 Internet 上某台电脑中的某个文件夹。
- ▶ **测试站点**：主要用于对动态页面进行测试，如在制作 ASP、PHP 或 JSP 等动态网页时必须创建测试站点，否则，浏览网页时将不能正确显示。

2.1.2　规划站点结构

规划站点结构是指利用不同的文件夹将不同的网页内容分门别类地保存，合理地组织站点结构，可提高工作效率，加快对站点的设计。在规划站点结构时，最常采用的是树型模式的规划法。首先分频道，频道内容再次划分栏目，栏目内容又划分出几个不同的子栏目，依此类推，形成树根式的模式图。在实际制作站点时，先在本地磁盘上创建一个文件夹作为站点的根目录文件夹，然后在该文件夹中创建所有的频道文件夹，再在各频道文件夹中创建各栏目文件夹，依此类推，从而完成站点结构的规划与创建。

在站点规划过程中，需使用合理的文件名称、文件夹名称，好的名称容易理解、记忆，能够表达出网页的内容。通常在命名时，可以采用与其内容匹配的英文或拼音进行命名，避免使用长文件名和中文，且各字母全部用小写，如"音乐"文件夹可以命名为 music 或 yinyue。

制作网页所需的图片或动画等文件的存放位置也是规划站点结构时应考虑的。如果是大型站点，可分别创建相应的文件夹在各个类别的文件夹下，如在站点根目录下创建一个名称为"images"的文件夹，用以存放网页中所用到的图片和动画；如果站点内容较少，可以只在站点的根目录下创建一个文件夹，如果内容较多，且图片和动画文件较多，则可考虑在每一个频道甚至每一个栏目创建一个文件夹，用以放置该频道或栏目中所用的链接文件。如图 2-1 所示为一个文学网站的站点结构规划和文件夹位置示意图，其中"pic"表示放置图片等链接文件的文件夹。

站点其实也是一种文档的磁盘组织形式，它同样是由文档和文档所在的文件夹组成的。不论是本地电脑、局域网中的电脑或 Internet 上的电脑，站点对应的都是一个文件夹。

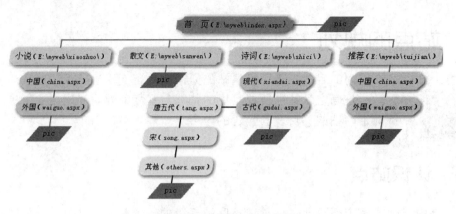

图 2-1　文学网站站点结构

2.2　站点的创建与管理

在使用 Dreamweaver CS6 制作网页时，首先可以利用其站点管理功能创建和管理站点，并且可以直接对站点中的文件进行管理等操作，省去了从文件夹中进行文件管理的麻烦。

2.2.1　创建站点

在 Dreamweaver CS6 中，可以选择"文件"面板中的"管理站点"选项来创建站点，也可以选择【站点】/【新建站点】命令来创建站点。

实例 2-1　通过"文件"面板创建站点 ●●●

下面通过"文件"面板创建一个本地站点。

1　启动 Dreamweaver CS6，选择【窗口】/【文件】命令，打开"文件"面板，在"桌面"下拉列表框中选择"管理站点"选项，如图 2-2 所示。

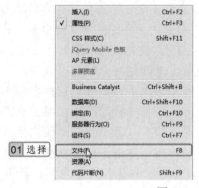

图 2-2　"文件"面板

由于很多 Web 服务器使用的是英文操作系统或 UNIX 操作系统，而且在 UNIX 操作系统中是要区分大小写的，如 music.html 和 music.HTML 会被 Web 服务器视为不同的两个文件，因此，在对文件或文件夹命名时最好全部用小写字母。

2 打开"管理站点"对话框，单击下方的 [新建站点] 按钮，如图2-3所示。

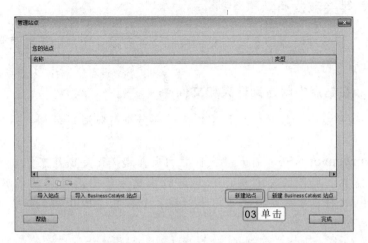

图2-3　"管理站点"对话框

3 打开"站点设置对象"对话框，在"站点名称"文本框中输入站点的名称，并在"本地站点文件夹"文本框中设置站点文件夹的路径，单击 [保存] 按钮保存站点，如图2-4所示。

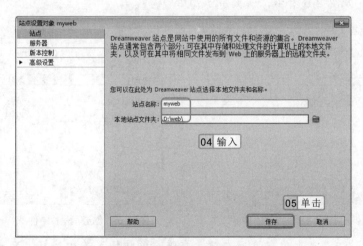

图2-4　输入站点信息

4 创建站点后将返回"管理站点"对话框，其列表框中将显示新建的站点，单击 [完成] 按钮完成站点的创建。

2.2.2　管理站点

创建了站点后，还需要根据规划创建各频道、栏目文件夹，并在目录下创建相应的文件，在某些情况下还可对站点进行编辑和删除等操作。

在一台电脑中可以同时创建多个站点，不同的站点之间是相对独立的，也就是说，在一台电脑上可以制作多个相互独立的网站。

1. 创建文件夹和文件

通过"文件"面板在站点中创建新文件夹和文件可以让用户的思路更加清晰，对于文件之间的关系也能一目了然。

实例 2-2　在站点中创建文件夹和文件 ●●●

下面在创建的站点中创建几个栏目文件夹，并分别在频道目录和根目录下创建相应的网页文件。

1️⃣ 启动 Dreamweaver CS6，打开"文件"面板并选择需要创建文件和文件夹的站点，在站点根目录上单击鼠标右键，在弹出的快捷菜单中选择"新建文件夹"命令，Dreamweaver 将自动在站点根目录下创建一个名为"untitled"的新文件夹并处于可改写状态，如图 2-5 所示。

2️⃣ 修改文件夹的名称为相应频道的名称，如这里改为"about"，然后按"Enter"键确认即可。

3️⃣ 在"about"文件夹上单击鼠标右键，在弹出的快捷菜单中选择"新建文件夹"命令，将在"about"目录下新建一个文件夹，再将其名称改为"image"，用于存放该栏目下的图片，如图 2-6 所示。

图 2-5　新建文件夹　　　　图 2-6　创建图片文件夹

4️⃣ 在"about"文件夹上单击鼠标右键，在弹出的快捷菜单中选择"新建文件"命令，Dreamweaver 将在"about"目录下新建一个名为"untitled.html"的新文件并处于可改写状态，如图 2-7 所示，将其名称改为"about.html"。

5️⃣ 在站点根目录上单击鼠标右键，在弹出的快捷菜单中选择"新建文件"命令，Dreamweaver 将在站点根目录下创建一个网页文件，将其名称改为"index.html"，如图 2-8 所示。

6️⃣ 使用相同的方法在根目录下创建其他栏目的文件夹，并在各栏目文件夹下创建相应文件夹和文件，创建后在站点文件夹中将生成相应的文件和文件夹，完成后直接退出 Dreamweaver CS6 即可。

站点创建成功后将自动显示在"文件"面板中。如果有多个站点，可以在"文件"面板站点下拉列表框中选择相应的站点。

图 2-7　新建栏目文件

图 2-8　新建主页文件

2．删除文件或文件夹

若站点中的某个文件或文件夹不再使用，可将其删除。选中需删除的文件或文件夹，单击鼠标右键，在弹出的快捷菜单中选择【编辑】/【删除】命令，或直接按"Delete"键，在打开的确认对话框中单击 是(Y) 按钮即可，如图 2-9 所示。

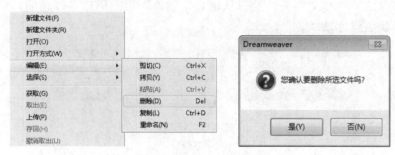

图 2-9　删除文件或文件夹

3．重命名文件或文件夹

要对站点中的文件或文件夹进行重命名，有多种方法可以实现。可以选中需重命名的文件或文件夹，并单击鼠标右键，在弹出的快捷菜单中选择【编辑】/【重命名】命令进入改写状态，输入新的名称并按"Enter"键确认；也可以选中需重命名的文件或文件夹后按"F2"键可快速进入改写状态；还可以选中需重命名的文件或文件夹后，单击文件或文件夹的名称进入改写状态，重新输入新的名称并按"Enter"键确认。

4．编辑站点

创建好站点后，需要对站点的属性进行修改，可打开"管理站点"对话框，在站点列表中选择需要编辑的站点后，单击下方的"编辑当前选定的站点"按钮 ✐，可打开"站点设置对象"对话框，在其中可以对站点的相关属性和高级设置进行设置和修改，完成后单击 保存 按钮保存即可，如图 2-10 所示。

创建站点文件也可以通过 Dreamweaver 新建文档后，通过保存文件功能将其保存到站点文件夹中。

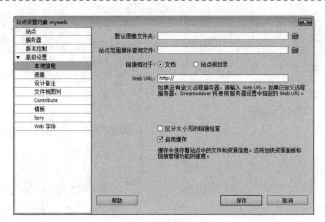

图 2-10　编辑站点

5．删除站点

如需删除站点，则在"管理站点"对话框中选择站点后，单击"删除当前选定的站点"按钮■，在打开的提示对话框中单击 是 按钮确认删除即可，如图 2-11 所示。站点删除后，其原来的文件和文件夹并没有从磁盘中删除，用户仍然可以访问其中的数据，并且可以重新将其创建为站点。

图 2-11　删除站点

2.3　申请主页空间及域名

要让全球用户通过 Internet 访问自己的网站，需要将自己的网站先发布到 Internet 中。在发布网站前，需要先申请一个主页空间和相应的域名，然后将网站上传到空间中去。

主页空间有收费和免费两种，一般的个人网站可选择免费空间，而企业、公司等需要较为稳定的运行环境的网站最好选择收费的主页空间。

2.3.1　申请免费的主页空间

　　免费的主页空间可以为一般的个人用户提供一个制作个人网站的平台，网上可申请免费主页空间的网站比较多，各个网站上的申请操作基本相同。

实例 2-3 ▶ **在酷网中申请免费主页空间** ●●●

1. 在浏览器地址栏中输入"http://www.kudns.com"，按"Enter"键，打开"酷网免费空间"主页，单击 免费空间 按钮，如图 2-12 所示。
2. 在打开的注册页面中填写相关资料后，单击 提交注册信息 按钮提交注册信息，如图 2-13 所示。提交成功后将打开注册成功页面，此时便可登录空间做进一步的操作。

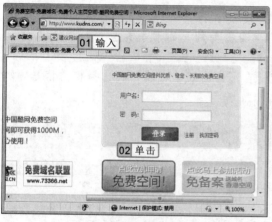

图 2-12　进入注册页面

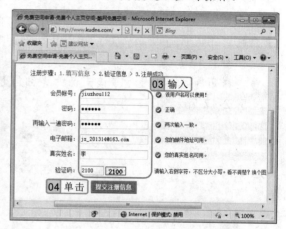

图 2-13　填写注册信息

2.3.2　申请收费的网站空间

　　如果要做一个比较专业或者代表一个企业形象的网站，则最好选择收费的网站空间，它可以提供一些比较齐全的服务，提高网站的质量。Internet 上提供收费主页空间的网站非常多，而且许多网站可以提供 3 天的试用，如果试用满意再付款，正式开通网站。

实例 2-4 ▶ **在西部数码网站申请收费主页空间** ●●●

下面将在西部数码网站上注册，并购买收费网页空间。

1. 启动 IE 浏览器，在地址栏中输入"www.west263.com"后按"Enter"键，打开西部数码的主页。
2. 在网站首页中单击 注册 按钮，打开如图 2-14 所示的注册页面，按要求填写注册信息后，选中 ☑ 我已经阅读并同意西部数码服务条款总章 复选框，单击 完成注册 按钮提交信息。
3. 注册成功后在打开的页面中将鼠标指针移至"虚拟主机"栏上，在出现的选项中单击"双线主机"超级链接，如图 2-15 所示。

　　其实个人电脑也可以作为 Web 服务器，但是由于一般的电脑使用的是动态 IP，其网络地址不稳定，且不能保证 24 小时开机，所以不利于网站的正常运行。

图 2-14　注册账号

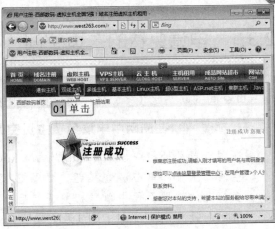

图 2-15　选择主机类型

4 在打开的页面中显示了不同层次的产品，单击需要购买的产品类型下的 购买 按钮，如图 2-16 所示。

5 在打开的页面中显示了该产品的详细信息，在下方的表单中填写和选择相关信息，如图 2-17 所示。

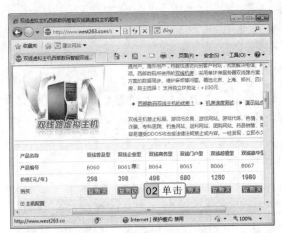

图 2-16　选择购买的产品

图 2-17　填写和选择空间信息

6 在 "购买年限" 下拉列表框中选择需要购买的年限，在页面下方选中 ◉ 正式购买 单选按钮直接购买，并选中 ☑ 我已阅读并同意西部数码 虚拟主机购买协议 复选框，单击 继续下一步 按钮继续，如图 2-18 所示。

7 打开购物车页面，其中显示了购买产品的信息和需要支付的金额，单击 去结账 按钮，在打开的对话框中单击 确定 按钮即可直接从账户中支付金额，如图 2-19 所示。

8 如果账户中没有预付款，可单击页面上方用户名后面的 "管理中心" 超级链接，在打开的管理页面中单击 充值预付款 按钮，在打开的 "在线支付" 页面中按照提示选择不同的支付形式支付款项。

作为 Web 服务器的电脑一般需要安装服务器类操作系统，一般个人操作系统缺少一些功能，而且其所能承载的流量有限。

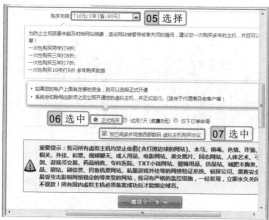

图 2-18　提交订单

图 2-19　确定结账

2.3.3　申请域名

在申请免费的个人主页时，提供免费个人主页的机构会同时提供一个免费的域名及相应的免费空间，但是，免费的域名都是二级域名或带免费域名机构相应信息的一个链接目录，其服务没有保证，随时可能被删除或停止，如果是专业性网站、大中型公司网站或有大量访问客户的网站则需申请专用的域名，若是个人网站则不一定非要申请专用的域名。

域名可由用户自己设定，但是在申请域名前应多想几个域名，以防这些域名已被注册，因为域名在整个 Internet 中是独一无二的，一旦有人注册，其他用户将不能再申请。为了验证是否已被注册，可以到专门的网站进行域名查询，一般提供网站空间的网站都提供域名查询和申请的业务。

如图 2-20 所示为互联时代网站（http://www.now.cn）的域名查询和申请页面，在英文或中文域名查询文本框中输入需要查询的域名后，并在下方的列表框中选择要注册域名的类型，即域名后缀，单击 查询 按钮，如果查询结果该域名没有被注册，则可进一步填写信息进行申请，其申请的方法同申请网页空间类似。

图 2-20　申请域名页面

申请空间和域名的网站有很多，除西部数码和互联时代网站外，还有万网（http://www.net.cn/）、虎翼网（http://www.51.net/）等。

2.4　站点的本地测试

制作好网页并申请好主页空间和域名后，还不能立即将网站上传。为了保证在浏览器中页面的内容能正常显示、链接能正常进行跳转，还需要对站点进行本地测试，保证文档中没有断开的链接。

2.4.1　兼容性测试

测试兼容性主要是检查文档中是否有目标浏览器所不支持的任何标签或属性，当有元素不被目标浏览器所支持时，网页将显示不正常或部分功能不能实现。目标浏览器检查提供了 3 个级别的潜在问题的信息：告知性信息、警告和错误，其含义分别如下。

- 告知性信息：表示代码在特定浏览器中不支持，但没有可见的影响。
- 警告：表示某段代码不能在特定浏览器中正确显示，但不会导致任何严重的显示问题。
- 错误：指示代码可能在特定浏览器中导致严重的、可见的问题，如导致页面的某些部分消失。

实例 2-5　检查当前网页的兼容性 ●●●

　光盘\素材\第 2 章\ref.html

1 打开 "ref.html" 网页，在 "文档" 工具栏中单击按钮，在弹出的下拉菜单中选择 "设置" 命令，打开 "目标浏览器" 对话框，如图 2-21 所示。

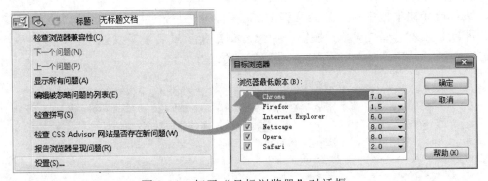

图 2-21　打开 "目标浏览器" 对话框

2 在该对话框中选中需要检查的浏览器复选框，在其右侧的下拉列表框中选择浏览器的版本，单击 确定 按钮关闭对话框。

3 此时，将在 Dreamweaver 窗口的下方打开一个面板组，并在 "浏览器兼容性" 面板中显示检查结果，如图 2-22 所示为没有检查到兼容性问题的面板组。

在制作网页时应尽量使用最新的代码或方法进行制作，以免产生不被支持的代码而影响网页的正常显示。

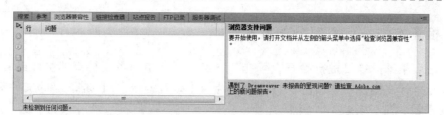

图 2-22　兼容性检测结果

2.4.2　检查站点范围的链接

在发布站点前还需检查所有链接的 URL 地址是否正确,保证浏览者单击链接时能准确跳转到目标位置。如果手动逐次对每个链接进行检查会非常费时费力,利用 Dreamweaver CS6 提供的"检查链接"功能,可以快速地在打开的文档或本地站点的某一部分或整个本地站点中搜索断开的链接和未被引用的文件。

1. 检查网页链接

测试链接可以针对单个网页,也可以是针对整个站点。在 Dreamweaver CS6 中打开需检查的网页文档,选择【文件】/【检查页】/【链接】命令,检查结果将显示在下方面板组的"链接检查器"面板列表框中,如图 2-23 所示。

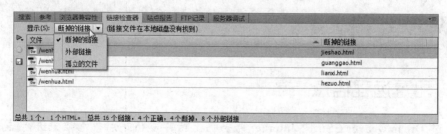

图 2-23　"链接检查器"面板

在"显示"下拉列表框中选择要查看的链接方式,如图 2-24 所示。其中,"断掉的链接"用于检查文档中是否存在断开的链接;"外部链接"用于检查外部链接;"孤立的文件"用于检查站点中是否存在孤立文件。

图 2-24　选择要显示的链接

当检查结果中出现错误提示时一定要及时修复错误,否则会严重影响网页的正常显示和链接,导致浏览者不能正常浏览网页。

2．检查本地站点某部分的链接

要对站点某部分链接进行检查，可在"站点"面板中选中要检查的文件或文件夹，并在其上单击鼠标右键，在弹出的快捷菜单中选择【检查链接】/【选择文件/文件夹】命令，检查结果将显示在"结果"面板中。

3．检查整个站点的链接

Dreamweaver CS6 中还可以对整个站点的链接进行检查，在"站点"面板中选择要检查的站点，选择【站点】/【检查站点范围的链接】命令，将在"链接检查器"面板列表框中显示整个站点中链接的检查结果。

2.4.3　修复站点范围的链接

链接的修复是将错误的链接重新设置链接，单击无效链接列表中要链接的选项，使其呈改写状态，在其中重新输入链接路径即可，如图 2-25 所示。

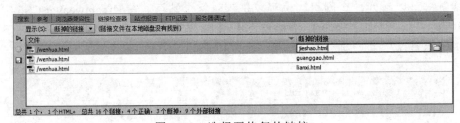

图 2-25　选择要修复的链接

如果多个文件都有相同的中断链接，当用户对其中的一个链接文件进行修改后，系统会打开一个提示对话框，询问是否修复余下的引用该文件的链接。单击 是(Y) 按钮，系统将自动为其他具有相同中断链接的文件重新指定链接路径。

2.5　发布站点

申请了主页空间，且站点测试完成后，即可发布站点。发布站点可以使用 Dreamweaver CS6 的远程站点功能来发布，也可以使用专门的上传下载软件进行发布，部分主页空间本身也提供网站的上传功能。

2.5.1　配置远程信息

要通过 Dreamweaver CS6 向 Internet 服务器上传并发布站点，需要先进行站点的远程信息配置。

保证链接的正确是网站制作中最基本的要求，否则，当用户单击某链接后可能打开"无法显示本页"或"找不到指定页"的错误信息页面。

实例 2-6　为本地站点配置远程信息 ●●●

下面将为本地站点配置远程服务器信息，使其能够与远程服务器连接，以便站点的上传。

1 选择【站点】/【管理站点】命令，打开"管理站点"对话框，选择发布的站点，单击"编辑当前选定的站点"按钮 ✎，打开"站点设置对象"对话框。

2 选择左侧的"服务器"选项卡，在右侧单击"添加新服务器"按钮➕，如图 2-26 所示。

3 打开站点信息配置的对话框，在"服务器名称"文本框中输入该服务器的名称，在"连接方法"下拉列表框中选择 FTP 选项，并在下方的"FTP 地址"、"用户名"和"密码"文本框中分别输入申请空间时提供的 FTP 信息，单击 测试 按钮，如图 2-27 所示。

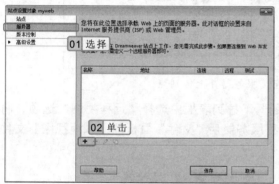

图 2-26　添加服务器

图 2-27　设置服务器信息

4 此时，Dreamweaver 将按照输入的信息连接 FTP 服务器，连接成功后将打开对话框提示连接成功，如图 2-28 所示。

5 单击 确定 按钮，返回"站点设置对象"对话框，列表中将显示新添加的服务器，如图 2-29 所示，单击 保存 按钮进行保存即可。

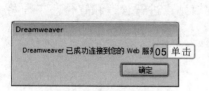

图 2-28　连接服务器成功

图 2-29　完成远程配置

进行站点上传时最好选择专门的上传下载工具。专门的上传下载工具通常支持断点续传，且上传速度快并稳定。

2.5.2　发布站点

配置好远程信息后即可发布站点供别人浏览了，通过 Dreamweaver CS6 发布站点很简单，选择【窗口】/【文件】命令，打开"文件"面板，选择站点根文件夹，并单击"向'远程服务器'上传文件"按钮 开始上传文件，Dreamweaver CS6 将开始连接服务器，连接成功后在打开的提示对话框中单击 确定 按钮确认要上传整个网站，如图 2-30 所示。此时，将自动将站点中的文件和文件夹上传到服务器。

图 2-30　连接服务器并上传站点

上传完成后在"文件"面板的"本地视图"下拉列表框中选择"远程视图"选项，将看到已上传的文件，如图 2-31 所示为连接远程服务器后"文件"面板的"本地视图"文件列表和"远程服务器"文件列表。

图 2-31　本地和远程文件列表

2.6　站点管理和宣传

将站点上传后即可浏览网站，为了网站信息的不断更新和链接的快捷，并不断吸引浏览者浏览网站，还需要对站点进行管理和宣传。下面将介绍站点的管理方法和如何宣传站点。

2.6.1　使用同步功能

由于在本地站点和远端站点都可以对文档进行编辑，因此，相同的文件可能出现不同

在将站点发布到 Internet 前，首先要保证电脑能正常连接 Internet。在配置远程信息时，一定要和申请主页空间时 ISP 提供给用户的信息完全一致，否则将不能正确发布站点。

版本的情况，而且很容易将新旧文件搞混淆。使用 Dreamweaver CS6 的同步功能就能保证本地站点和远端站点中的文件都是最新且相同的文件。

　　进行同步操作可以是针对较新版本的文件或含有新版本文件的文件夹，也可以是整个站点的同步。

实例 2-7 **同步站点** ●●●

1 在"文件"面板中单击 🗔 按钮打开站点管理窗口，选择【站点】/【同步】命令，如图 2-32 所示。

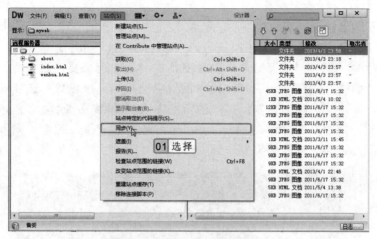

图 2-32　选择"同步"命令

2 打开"与远程服务器同步"对话框，在"同步"下拉列表框中选择要同步整个站点还是只同步选定的文件，这里选择"整个'myweb'站点"选项，在"方向"下拉列表框中选择"获得和放置较新的文件"选项，如图 2-33 所示。

3 单击 预览(P)... 按钮，Dreamweaver 开始进行同步操作，当检查出较新的文件时，将在"同步"对话框的列表框中显示这些文件，并显示是上传新文件还是获取新文件，单击 确定 按钮执行即可，如图 2-34 所示。

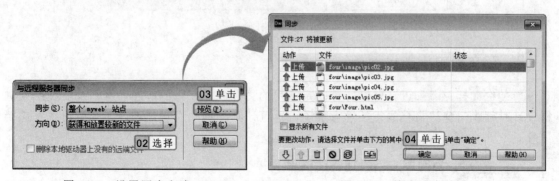

图 2-33　设置同步方式　　　　　　　图 2-34　检查同步结果

 操 作 提 示

　　对 Internet 上的网站进行下载操作时，选中站点根目录再单击"获取文件"按钮 ⬇ 可以下载整个站点。

2.6.2　使用设计备注

为网页代码添加注释或使用设计备注记录一些需要自己或其他同组设计人员注意的事项，有时对于站点的管理非常有用。利用 Dreamweaver CS6 的设计备注功能可以方便地将一些信息保存在站点或文档中。

1．开启站点的设计备注功能

只有开启了站点的设计备注功能，才能在网页文档中添加各种备注信息，Dreamweaver CS6 中默认是开启设计备注的，若没有开启，可通过站点管理功能进行开启。选择【站点】/【管理站点】命令，打开"管理站点"对话框，在列表中选择要开启站点的设计备注功能的站点，单击"编辑"按钮 🖉，在打开的对话框中选择"高级设置"选项卡，在展开的列表中选择"设计备注"选项，在右侧打开的窗格中选中☑维护设计备注复选框，可启动站点中的设计笔记功能，如图 2-35 所示。如果选中☑启用上传并共享设计备注复选框，则本地站点文件的设计备注在进行上传时，会跟随文件一起上传，供其他站点维护人员参考。

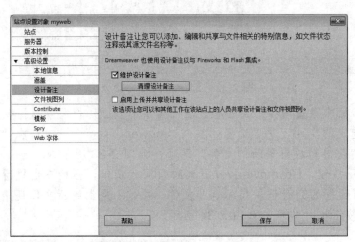

图 2-35　开启设计备注功能

2．在文档中添加设计备注

通过在文档中添加设计备注，可以为不同的文档添加不同的备注信息，以便在继续进行设计时可以清楚该文档的相关注意事项，也可让其他的站点管理设计人员快速了解文档信息。

实例 2-8 ▶ 为网页文档添加备注信息 ●●●

下面将为站点中的某个网页文档添加设计备注，并设置在打开文档时显示备注信息。

1 在 Dreamweaver CS6 中打开需要添加设计备注的文档，选择【文件】/【设计备注】

在多人协同工作的团队中，合理使用设计备注功能可以加强团队成员的交流。如果是单独一人承担网站建设工作，则可以不使用"设计备注"功能。

命令，打开"设计备注"对话框。

2　在"基本信息"选项卡的"状态"下拉列表框中选择要添加的设计备注信息的类别，这里选择"最终版"选项。

3　在"备注"列表框中输入设计备注的内容，选中 ☑ 文件打开时显示 复选框，然后单击 确定 按钮，如图 2-36 所示。

4　完成后关闭文档，当重新打开该文档时，将打开"设计备注"对话框，用户可以对备注信息做修改，也可关闭对话框后继续编辑网页。

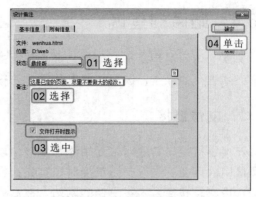

图 2-36　设置设计备注

2.6.3　使用站点报告

使用 Dreamweaver CS6 的"站点报告"功能，可以提高站点开发人员和维护人员之间合作的效率。站点报告器包括查看哪些文件的设计备注与这些被隔离的文件有联系、获知站点中的哪个文件正在被哪个维护人员进行隔离编辑和通过制定姓名参数和值参数进一步改善设计笔记报告等功能。

选择【站点】/【报告】命令，打开"报告"对话框，如图 2-37 所示，其中"报告在"下拉列表框中有 4 个选项，其含义分别如下。

- "当前文档"选项：表示要对当前打开或选择的文档进行报告。
- "整个当前本地站点"选项：表示要对当前的整个站点进行相关报告。
- "站点中的已选文件"选项：表示要对当前站点中选中的文件进行报告。
- "文件夹"选项：表示要对某一文件夹中的文件进行报告，选择该选项后会出现一个文本框，如图 2-38 所示。单击 📁 按钮，在打开的对话框中选择一个文件夹或直接在文本框中输入文件夹的路径。

图 2-37　"报告"对话框

图 2-38　出现文本框

在"设计备注"对话框中单击"基本信息"选项卡中的"日历"图标 📅，可以在设计备注的正文内容中添加本地日期。

2.6.4　站点的宣传

站点的访问量是衡量一个网站成功与否的重要指标之一，进行站点宣传是提高站点访问量必须进行的操作，进行站点宣传的方法很多。下面分别进行讲解。

1．友情链接

友情链接是与其他网站互相添加链接，以增加彼此的访问量，同时也有助于网站在搜索引擎中的排名。进行友情链接时，首先选择连接一些流量比自己高的网站、有知名度的网站，再次是和自己内容互补的网站，然后再是同类网站。

2．搜索引擎

搜索引擎给网站带来的流量是非常大的，登录搜索引擎可以使用专门的登录软件进行登录，也可以采用手工登录的方式进行。

在中文搜索引擎方面，目前使用最多的搜索引擎有百度、搜狗、Google 等，但是要使网站进入搜索引擎靠前方的位置，一般需要使用其收费服务，用户可根据自己的情况进行选择。

3．网络广告投放

网络广告投放虽然要花钱，但是给网站带来的流量却是很可观的，不过如何花最少的钱，获得最好的效果，可以采用以下一些技巧。

- **低成本，高回报**：在名气不大，流量大的网站上投放广告。目前，许多个人站点虽然名气不是很大，但是流量特别大，在这些网站上做广告，价格一般都不贵。
- **高成本，高收益**：首先了解自己网站的潜在客户是哪类人群、他们有什么习惯，然后再寻找他们访问频率比较高的网站进行广告投放。

4．在留言板、BBS、聊天室和社区上做宣传

在人气比较旺的一些留言板、BBS、聊天室和社区上发表一些吸引人的帖子，并留下网址，别人看到文章后，如果有兴趣就会访问你的网站。为了能有效吸引浏览者，使用此方法需注意以下几点。

- **不要直接发广告**：这样做会被认为是在发垃圾帖，不但不能引起别人的好奇，还会对用户的网站产生不良影响。
- **用好头像、签名**：头像可以专门设计一个，宣传自己的品牌，签名可以加入自己网站的介绍和链接。
- **发帖要求质量第一**：发帖不要追求发帖的数量多少，发的地方有多少，质量高的帖子总会被相互传颂的，因此，质量是第一位的。

与同类网站创建友情链接时，一定要保证自己的网站要有与之建立链接的网站所没有的特色，否则最好不与之建立友情链接。

5．媒体宣传

现在的广告宣传覆盖面很广，可在电视、报纸、户外广告或其他印刷品等传统媒介中对自己的网站进行宣传。这是一种花费较大的宣传方式，适合大型的网站和商业网站。另外，现在有专门从事网站推广的公司，也可以直接与其联系，让他们替自己的网站进行宣传，当然，这些也是要付费的。

6．添加网页标题

为网页添加标题，可以提高搜索引擎搜索到网站的几率。为每个网页内容写 5~8 个字的描述性标题，每个页面的标题要尽量与当前页面的内容相一致。

在添加标题时应注意标题要简练、说明性强，表达出该网站最重要的内容。网页标题将出现在搜索结果页面的链接上，因此，可以写得稍带煽动性，以吸引搜索者单击该链接。网页标题应放在<title></title>标记对之间，如"<title>中文版 Dreamweaver CS6 从入门到精通</title>"。

7．添加描述性 meta 标签

除了网页标题，不少搜索引擎会搜索到<meta>标签。这是一句说明性文字，描述网页正文的内容，句中也要包含本页使用到的关键词、词组等。Meta 内容应该放在网页代码的<head></head>标记对之间，形式是<meta name="description"content ="你的描述">，如"<meta name="description " content ="中文版 Dreamweaver CS6 从入门到精通">"。

2.7　基础实例——创建和发布站点

 本例将创建一个站点，并在站点中创建文件和文件夹，然后将整个站点上传到网页空间。通过该例的制作，让用户快速掌握站点的创建与发布等相关知识。

2.7.1　行业分析

对于网站设计者而言，站点管理是第一步，因为在设计网页的过程中，通常需要在站点中进行并且通过站点来预览网页效果，这对动态网页来说尤为重要。而在设计好网页后，要使网站能够正常被网友浏览，还需要对站点进行发布并做定期的维护和更新，这又涉及本地站点和网络站点之间的问题。

因此，网页制作其实并不单是对网页版面和内容进行设计，还需要对站点进行全面的操作维护。

在网页中，还可以添加"author"（作者）、"Copyright"（版权）等 meta 标签内容，其添加方法相同，只不过"description"应换为"author"或"Copyright"。

2.7.2　操作思路

为更快完成本例的制作，并尽可能运用本章讲解的知识，本例的操作思路如下。

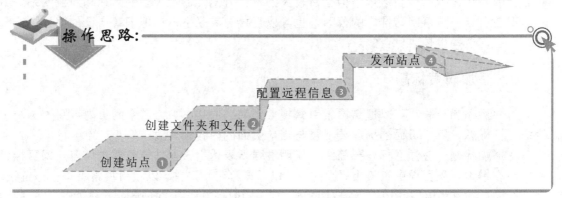

操作思路：

发布站点 ④

配置远程信息 ③

创建文件夹和文件 ②

创建站点 ①

2.7.3　操作步骤

下面介绍具体站点的创建和发布。其操作步骤如下：

 参见
光盘　光盘\实例演示\第 2 章\创建和发布站点

1 启动 Dreamweaver CS6，选择【站点】/【新建站点】命令，打开"站点设置对象"对话框。

2 在"站点名称"文本框中输入站点名称，在"本地站点文件夹"文本框中输入站点所在的文件夹路径，如图 2-39 所示。

3 单击 ┌保存┐ 按钮保存，此时，在右侧的"文件"面板中将显示创建的站点，如图 2-40 所示。

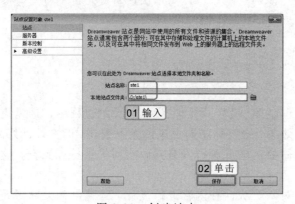

图 2-39　创建站点

图 2-40　查看创建的站点

4 在"文件"面板的站点文件夹上单击鼠标右键，在弹出的快捷菜单中选择"新建文件

 行 家 提 醒

在进行动态站点的创建时，用户可以先考虑好需要的服务器的类型，常用的有本地网络、FTP、WebDAV 等。

夹"命令，此时将在其下面新建一个文件夹，并命名为"web1"。

⑤ 再次选择站点根目录文件夹，使用相同的方法创建一个"web2"文件夹，如图 2-41 所示。

⑥ 选择根目录文件夹，然后单击鼠标右键，在弹出的快捷菜单中选择"新建文件"命令，此时将在其下面新建一个网页文件，将其命名为"index.html"。

⑦ 分别选择"web1"和"web2"文件夹，在文件夹下新建"web1.html"和"web2.html"文件，最终效果如图 2-42 所示。

图 2-41　新建文件夹

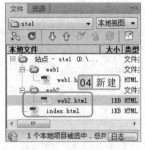

图 2-42　新建文件

⑧ 选择【站点】/【管理站点】命令，打开"管理站点"对话框，选择发布的站点，单击"编辑当前选定的站点"按钮 ✐，打开"站点设置对象"对话框。

⑨ 在左侧选择"服务器"选项卡，在右侧单击"添加新服务器"按钮 ✚。

⑩ 打开站点信息配置的对话框，在其中的文本框和下拉列表框中输入和选择远程站点信息，然后单击 测试 按钮，如图 2-43 所示。

⑪ 此时，Dreamweaver 将按照输入的信息连接 FTP 服务器，连接成功后将打开对话框提示连接成功，如图 2-44 所示。完成远程信息配置后保存信息并关闭对话框，返回 Dreamweaver 主界面。

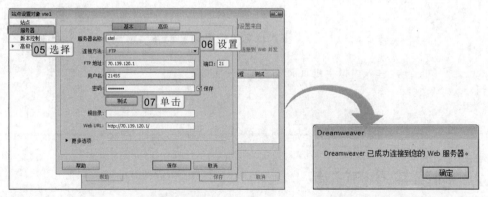

图 2-43　设置服务器信息　　　　　图 2-44　链接服务器成功

⑫ 选择站点根文件夹，并单击"向'远程服务器'上传文件"按钮 ⇧，Dreamweaver 将开始连接服务器，连接成功后，在打开的提示对话框中单击 确定 按钮确认要上传站点，如图 2-45 所示，此时将自动将站点中的文件和文件夹上传到服务器。

操 作 提 示

FTP 服务器需先进行申请，用户可在专门的免费空间网站中进行申请操作，申请成功后，将自动分配 FTP 服务器的地址、用户登录名称和密码。

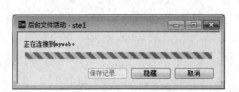 

图 2-45　连接服务器并上传站点

2.8　基础练习

 本章主要介绍了站点的创建、管理、发布、宣传以及主页空间和域名的申请。下面将通过两个练习分别对部分知识点进行巩固练习，以便制作好网页后能轻松对站点进行管理和维护。

2.8.1　申请主页空间和域名

本次练习将在新网（http://www.xinnet.com）网站上申请一个主页空间，然后在域名申请页面中查询并申请一个英文域名。

 参见
光盘　光盘\实例演示\第 2 章\申请主页空间和域名　>>>>>>>>>

该练习的操作思路如下。

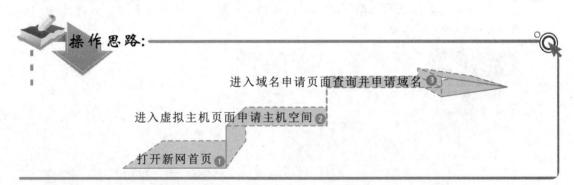

操作思路：

进入域名申请页面查询并申请域名 ③

进入虚拟主机页面申请主机空间 ②

打开新网首页 ①

2.8.2　创建并发布站点

本次练习将在 Dreamweaver CS6 中创建一个名为"yingshi"的站点，在站点中创建文件夹和文件，并通过管理站点功能配置远程站点信息，将站点发布到已经申请好的主页空间中。

 行家提醒

申请主页空间时一定要清楚自己的网站是否是动态网站，如是 PHP+MySQL 动态网站，则申请的空间一定要支持 PHP 和 MySQL，否则网站上传后也不会正常显示。

参见 光盘 光盘\实例演示\第2章\创建并发布站点 ▶▶▶▶▶▶▶▶▶

该练习的操作思路如下。

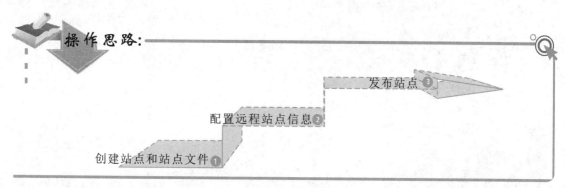

操作思路：

发布站点 ❸

配置远程站点信息 ❷

创建站点和站点文件 ❶

2.9 知识问答

本章主要讲解了站点的相关知识，在使用这些知识进行操作时，难免会遇到一些问题。下面就对用户常遇到的疑惑进行解答。

问：需要将一台电脑上的站点配置完整地复制到另一台电脑上，有没有快捷的方法？

答：有。可以使用站点的导出和导入功能来实现站点的复制，在"站点管理"对话框中的站点列表框中选择需要复制的站点，单击 ⬇ 按钮，按照对话框提示进行操作即可将站点设置保存为一个文件。需要时在"站点管理"对话框中单击 导入站点 按钮，然后在打开的对话框中选择并打开保存的站点文件即可。

问：网页文件的大小对网页的浏览有没有影响呢？

答：当然有影响。通常单个网页的大小不能超过 40KB，如特殊要求也不得超过 60KB，否则会严重影响网页下载速度。另外，网页中的图像大小也是影响网页下载速度的一个重要因素。

 **知 识 关联** **域名的分类**

域名按语种的不同，可分为英文域名、中文域名、日文域名和其他语种的域名；按域名所在的域的不同分为顶级域名和二级域名；按管理机构的不同分为国际域名（以.com、.net、.org、.cc、.tv等根域为后缀的域名）和国家域名（在域名的后面再加上国家代码后缀的域名，如中国为.cn、美国为.us、日本为.jp、英国为.uk）。

 **操作提示**

51

用户也可在收费的域名网站中事先购买一个域名，当需要发布自己的网站时，就可以直接进行操作。但要注意需定时为服务器续费，以免域名被停用。

第 3 章 ●●●

用文本和图像充实网页

添加文本

设置文本格式

创建列表

为网页添加图像

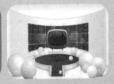

设置图像属性
创建鼠标经过图像

网页作为一种信息的载体，不可或缺的是各种信息的添加，而网页最主要的元素是文本和图像。文本作为信息的主要承载元素，它的添加和应用对整个网页起着无可替代的作用，可以说，无论是什么类型的网站，都离不开文本元素。而图像一方面起着美化网页效果的作用，另一方面承担着一些文字所无法表达的信息传递。本章将重点介绍网页中文本和图像的添加和设置。

本章导读

3.1　添加文本

文本是网页中最常见、运用最广泛的网页元素之一，在网页中插入文本与在 Word 等文字处理软件中添加文本一样方便，用户可以使用不同的方法为网页添加文本和其他相关内容。

3.1.1　添加普通文本

在 Dreamweaver CS6 中添加普通文本，既可以直接在页面中进行文本输入，也可以从其他文档复制和粘贴文本或导入文本。

1．直接输入文本

在网页文档中，将鼠标光标定位在需添加文本的位置，切换到所需的输入法即可进行文本的输入，如图 3-1 所示。

图 3-1　直接输入文本

2．从其他文档中复制文本

在其他包含文本的文档中选中所需复制的文本，单击鼠标右键，在弹出的快捷菜单中选择"复制"命令，然后将鼠标光标定位到网页中需插入文本的位置，单击鼠标右键，在弹出的快捷菜单中选择"粘贴"命令即可完成文本的复制。

3．导入文本

除了使用复制文本的方法为网页快速添加文本外，还可以直接将 Word、Excel 中的内容导入到网页中。

　导入 Excel 中的文本信息　●●●

下面将在新建的文档中导入"采购表.xls"工作簿中的表格数据。

> 参见
> 光盘　光盘\素材\第 3 章\采购表.xls
> 　　　光盘\效果\第 3 章\导入 Excel 数据.html　≫≫≫≫≫≫≫

1 启动 Dreamweaver CS6，新建一个 html 文档，将鼠标光标定位到要导入文本的位置，选择【文件】/【导入】/【Excel 文档】命令，打开"导入 Excel 文档"对话框。

同其他软件一样，选择文本后，也可按"Ctrl+C"快捷键复制文本，然后在需要插入文本的位置按"Ctrl+V"快捷键粘贴文本。

2 在"查找范围"下拉列表框中选择 Excel 文档的存放位置，在文件列表框中选择要导入的 Excel 文档，如图 3-2 所示。

3 单击 ▢打开(0) 按钮返回网页编辑窗口，Excel 中的内容即被导入到网页文档中，如图 3-3 所示。

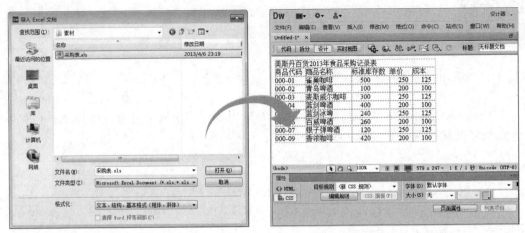

图 3-2　"导入 Excel 文档"对话框　　　　图 3-3　导入的内容

3.1.2　添加空格

在 Word 等文字编辑软件中若要添加空格，只需按空格键即可，但在 Dreamweaver CS6 中，无论按多少次空格键都只会出现一个空格，这是因为 Dreamweaver CS6 中的文档格式都是以 HTML 的形式存在，而 HTML 文档只允许字符之间包含一个空格。要在网页文档中添加连续的空格，可以采用以下几种方式：

- 选择【窗口】/【插入】命令，打开"插入"面板，在"常用"下拉列表中选择"文本"选项，切换到"文本"插入栏，在插入列表中单击"已编排格式"按钮 **PRE**，然后在文档中连续按空格键即可。

- 选择【插入】/【HTML】/【特殊字符】/【不换行空格】命令可添加一个空格，如果需要添加多个空格，重复操作即可。

- 按"Shift+Ctrl+空格"组合键可输入一个空格，如果需要多个，重复操作即可。

- 将中文输入法切换到全角状态（通常按"Shift+空格"快捷键可以进行全、半角状态切换），直接按空格键，需要多少个空格就按多少次空格键。

- 切换到代码视图，在需要输入空格的位置输入" "，即可代表一个空格，连续输入可输入多个空格。

3.1.3　添加水平线

水平线对于信息的组织很有用。在页面中，可以使用一条或多条水平线以可视方式分

插入水平线后，可以选中"<hr>"，然后切换到代码视图，手动输入"<hr color="#FF0000"/>"，可将水平线的颜色设置为红色。

隔文本和对象，使段落区分更明显，让网页更具层次感。

　　将鼠标光标定位到需添加水平线的位置，选择【插入】/【HTML】/【水平线】命令，即可添加水平线，如图 3-4 所示为网页中添加的一条水平线。

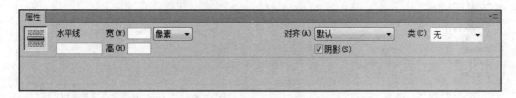

图 3-4　添加的水平线

　　添加水平线后，还可以对其属性进行设置，如宽、高和颜色等，选中需设置属性的水平线，在"属性"面板的"宽"和"高"文本框中可设置水平线的宽度和高度值；在"对齐"下拉列表框中可设置水平线的对齐方式，如"左对齐"、"居中对齐"、"右对齐"等；选中☑阴影(S)复选框可使水平线呈现阴影效果，如图 3-5 所示。

图 3-5　水平线的"属性"面板

3.1.4　添加日期

　　Dreamweaver CS6 提供了一个方便的日期对象，该对象可以任何格式插入当前的日期，并可在每次保存文件时自动更新该日期。

　　将鼠标光标定位到需要添加日期或时间的位置，选择【插入】/【日期】命令，打开"插入日期"对话框。在其中设置相关的星期格式、日期格式和时间格式即可，若选中☑ 储存时自动更新复选框可在每次保存文档时都更新添加的日期。完成设置后，单击 确定 按钮关闭对话框，即可完成日期的添加，如图 3-6 所示为添加了日期和时间的网页。

图 3-6　网页中插入的日期和时间

　　如果不需要插入星期和时间，可在"星期格式"下拉列表框中选择"不要星期"选项，在"时间格式"下拉列表框中选择"不要时间"选项；在"插入日期"对话框中显示的日期和时间并不是当前日期和时间，它只是说明此信息的显示格式。

3.1.5　添加特殊符号

在 Dreamweaver CS6 中，可以为文档添加多种特殊符号，如版权符号©、注册商标符号®等。将鼠标光标定位到要添加特殊符号的位置，选择【插入】/【HTML】/【特殊符号】命令，在弹出的子菜单中选择相应的命令，可快速添加特定的特殊符号，如图 3-7 所示。若未找到需要的符号，选择"其他字符"命令，在打开的"插入其他字符"对话框中可选择更多的选项，如图 3-8 所示。

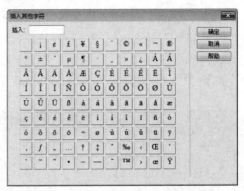

图 3-7　选择特殊符号　　　　　　　图 3-8　"插入其他字符"对话框

3.1.6　文本换行与分段

在 Dreamweaver CS6 中输入文本时不会自动换行，当在浏览器中预览时，文本的行数和每行的字数会随着浏览器大小的改变而改变。如果要换行，需按"Shift+Enter"快捷键进行手动换行；如果要分段，则直接按"Enter"键。换行时两行文本间的间距比较紧凑，而分段时，两个段落间的间距比较大，如图 3-9 所示即为换行与分段时的不同显示效果。

> **Dreamweaver CS6** 是世界顶级软件厂商 **Adobe** 推出的一套拥有可视化编辑界面，用于制作并编辑网站和移动应用程序的网页设计软件。
>
> 它支持代码、拆分、设计、实时视图等多种方式来创作、编写和修改网页。

图 3-9　换行与分段的不同显示效果

3.2　设置文本格式

 合理设置网页文本的属性（如颜色、字体、文本大小等）可以使网页更美观，层次更分明。选中文本后，在编辑界面的"属性"面板中即可进行文本格式的设置。

当进行换行时，Dreamweaver 将添加 \<br/\> 标签，分段则会创建 \<p\>\</p\> 标签，标签间为段落文本。

3.2.1　设置文本基本格式

不同的网页文本会有不同的字体、大小、颜色和粗斜效果等，这也是文本最基本的格式。下面分别讲解其设置方法。

1．编辑字体列表

不同的电脑中所安装的字体可能不同，为了尽可能让大多数电脑中显示的网页外观保持一致，网页中的文本通常都采用最常用的字体，如中文采用"宋体"、"黑体"，英文采用"Arial"等。同时，还可以编辑一个字体列表，当第 1 种字体在电脑中没有时，就按照字体列表中的第 2 种字体进行显示。

Dreamweaver CS6 中要设置文本字体时，其默认的列表中并没有足够的字体选项，用户需要手动编辑字体列表。

实例 3-2　为 Dreamweaver **编辑常用字体列表** ●●●

1 选择文本后，在"属性"面板的"字体"下拉列表框中选择"编辑字体列表"选项，打开"编辑字体列表"对话框。

2 在"可用字体"列表框中选择需要添加的字体，单击 ⊠ 按钮将其添加到左侧"选择的字体"列表框中，如图 3-10 所示。

3 完成一个字体样式的编辑后，单击"字体列表"列表框左上方的 ⊞ 按钮可进行下一个字体列表的编辑。若需要删除某个已编辑的字体列表，选中该字体列表并单击 ⊟ 按钮即可。

4 完成字体列表编辑后，单击 确定 按钮关闭对话框，编辑的字体列表即出现在"属性"面板的"字体"下拉列表框中，如图 3-11 所示。

图 3-10　"编辑字体列表"对话框

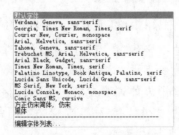

图 3-11　新添加的字体列表

2．设置文本字体格式

要设置文本的字体和大小，可选中要设置字体的文本，文本将以白字黑底显示，在"属性"面板中可进行字体、大小、颜色、对齐方式和粗体或斜体设置，如图 3-12 所示。

如果要在字体样式中添加多种字体，重复操作添加备用字体即可，若需删除已添加的字体，在"选择的字体"列表框中选中该字体并单击 ≫ 按钮即可。

图 3-12 设置字体格式

实例 3-3 为网页文本设置格式 ●●●

下面将为"fanwei.html"网页文档中的文本设置字体格式，使网页更美观。

参见 光盘\素材\第 3 章\fanwei.html
光盘 光盘\效果\第 3 章\fanwei.html

1 打开"fanwei.html"文档，选择"公司经营范围:"文本，在"属性"面板的"字体"下拉列表框中选择文本字体，这里选择"黑体"，如图 3-13 所示。

2 打开"新建 CSS 规则"对话框，在"选择或输入选择器名称"下拉列表框中输入任意规则名称，单击 确定 按钮，如图 3-14 所示。

图 3-13 设置标题文本字体

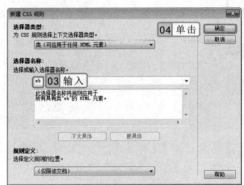

图 3-14 输入选择器名称

3 单击"字体"下拉列表框右侧的"斜体"按钮 *I*，设置文本倾斜，然后在"大小"下拉列表框中选择"36"选项。

4 选择下方的说明文本，使用同样的方法设置字体为"方正仿宋简体，仿宋"，字体大小为"24"，然后单击"文本颜色"按钮 ，在弹出的颜色框中选择一种文本颜色，如图 3-15 所示。

图 3-15 设置说明文本格式

在"属性"面板 图标后的文本框中直接输入十六进制 RGB 值或颜色的英文名称，也可以设置文本颜色，如"#ff0000"或"red"。

5 设置完成后按"Ctrl+S"快捷键保存文档，然后单击文档工具栏上的 按钮，在弹出的下拉菜单中选择"预览在 IExplore"命令，或直接按"F12"键执行预览，将启动 IE 浏览器显示设置效果，如图 3-16 所示。

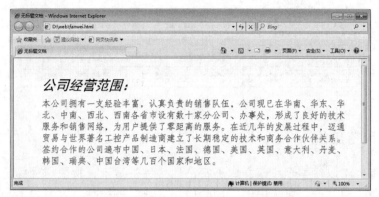

图 3-16　设置文本格式后的效果

3.2.2　设置段落格式

用户可以对网页中的段落文本进行缩进、对齐等属性的设置。在进行段落格式设置时，不需要选择整个段落中的文本，只需要将鼠标光标定位到段落文本中即可。

1．设置段落标题

利用"属性"面板"格式"下拉列表框中的选项，可以快速地将段落文本设置为一级标题、二级标题、三级标题等标题样式，其中标题号越小，字体越大。

将鼠标光标定位到要设置标题样式的段落文本中，在"属性"面板中单击左侧的 按钮，然后在"格式"下拉列表框中即可选择相应的选项，如图 3-17 所示。

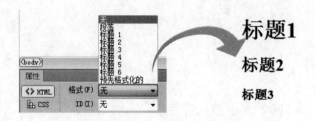

图 3-17　设置段落标题

2．设置段落对齐

段落文本的对齐在网页布局中起着十分重要的作用，Dreamweaver CS6 中提供了左对齐、居中对齐、右对齐和两端对齐 4 种对齐方式。选择需要设置的文本，或者将鼠标光标

网页中的标题文本的字体通常与正文文本的字体不同，若要使用一些比较特殊的字体作为标题的字体，可以将标题文本制作为图像后再添加到网页中，这样在所有的电脑中都显示为相同了。

定位到需要设置对其方式的段落中，单击"属性"面板中的 ≡ 按钮可使段落文本左对齐，单击 ≡ 按钮居中对齐，单击 ≡ 按钮右对齐，单击 ≡ 按钮则执行两端对齐。也可选择【格式】/【对齐】菜单中的相应命令进行对齐设置。如图 3-18 所示为不同的对齐方式显示的效果。

左对齐

右对齐

居中对齐

两端对齐

图 3-18　不同的对齐效果

3．设置段落缩进

设置段落缩进可以将整个段落文本进行凸出或缩进显示，将鼠标光标定位到要设置缩进的段落中，单击"属性"面板中的"删除内缩区块"按钮 ≝，可将段落凸出显示，单击"内缩区块"按钮 ≝ 可将段落缩进显示。如图 3-19 所示为缩进前后的对比显示效果。

缩进前效果

缩进后效果

图 3-19　缩进前后的显示效果

3.3　创建列表

列表是指将具有相似特性或某种顺序的文本进行有规则的排列，列表常应用在条款或列举等类型的文本中，用列表的方式进行罗列可使内容更直观。

3.3.1　编号列表

创建编号列表可以使文本条理清晰，一目了然。编号列表前面通常有数字前导字符，它可以是英文字母、阿拉伯数字或罗马数字等符号。

创建编号列表的方法是：将鼠标光标定位到要创建编号列表的位置，单击"属性"面板中的"编号列表"按钮 ≔，或选择【格式】/【列表】/【编号列表】命令，数字前导字符将出现在鼠标光标前，如图 3-20 所示，在数字前导字符后输入相应的文本，按"Enter"键换行后，下一个数字前导字符将自动出现，继续输入其他列表项的创建，完成整个列表的创建后按两次"Enter"键即可结束列表创建，如图 3-21 所示。

对所选文本进行属性设置时，Dreamweaver 会提示用户进行 CSS 样式创建，并在"样式"下拉列表框中显示该样式的名称。关于 CSS 样式的知识请参考本书第 8 章的内容。

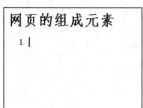

图 3-20　创建编号列表　　　　　　　　图 3-21　完成列表

　　也可以先输入文本后选择需要设置编号列表的文本，然后单击"编号列表"按钮≔或选择【格式】/【列表】/【编号列表】命令，Dreamweaver 将以一个段落作为一个编号列表。如果需要改变编号的样式，可以将鼠标光标定位到任意一个编号列表的段落中，选择【格式】/【列表】/【属性】命令，打开"列表属性"对话框，在"样式"下拉列表框中选择编号的样式，单击 确定 按钮，如图 3-22 所示。

图 3-22　设置编号样式

3.3.2　项目列表

　　项目列表可以对一些并列的，没有先后顺序的项目进行格式设置，其前面一般用项目符号作为前导字符。创建项目列表的方法同编号列表基本相同，将鼠标光标定位到要创建项目列表的位置，在"属性"面板中单击"项目列表"按钮≔或选择【格式】/【列表】/【项目列表】命令，将出现项目符号前导字符，然后依次输入项目列表的文本，并按"Enter"键，如图 3-23 所示。

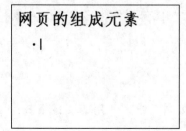

图 3-23　创建项目列表

在"列表属性"对话框中选择编号样式后，还可以根据编号样式设置开始计数。

创建项目列表后，同样可以通过“列表属性”对话框进行设置，其设置方法和编号列表的设置方法相同。另外，在“列表属性”对话框的“列表类型”下拉列表框中可设置列表的类型，即用户可以将编号列表和项目列表相互转换。

3.3.3 定义列表

定义列表一般用在词汇表或说明书中，没有项目符号或数字等前导字符。创建定义列表的方法是：鼠标光标定位到要创建定义列表的位置，选择【格式】/【列表】/【定义列表】命令，然后输入文本，按“Enter”键，系统会自动换行，并在新行中进行缩进，如图 3-24 所示，输入对上一行文本的解释文本或小类后按“Enter”键，继续输入其他项目，输入结束后按两次“Enter”键即可完成整个列表的创建，如图 3-25 所示。

百货

图 3-24　创建定义列表

百货
家居、床品、卫浴、家具、收纳、厨房、日杂
图书/杂志
小说、文学、传记、社科、文化、艺术

图 3-25　完成列表创建

3.3.4 嵌套列表的创建

列表可以进行嵌套，即在其他列表中再创建列表，如在编号列表中嵌套项目列表，或在项目列表中嵌套编号列表。

嵌套列表的创建同普通列表相同，只需在一种列表下方创建另一种列表即可，如图 3-26 所示为在项目列表中嵌套编号列表的效果。

- **基础学科**
  1. 大学英语
  2. 高等数学
  3. 大学语文
- **专业学科**
  1. 汇编语言
  2. SQL数据库
  3. 网页制作

图 3-26　嵌套列表

3.4 为网页添加图像

一个漂亮的网页通常是图文并茂的，精美的图像和漂亮的按钮不但使网页更加美观、形象和生动，而且使网页中的内容更加丰富多彩。在 Dreamweaver CS6 中可为网页添加图像或图像占位符来布局和美化网页。

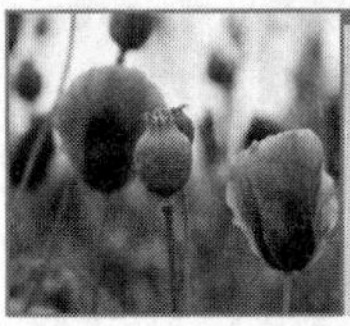

3.4.1 网页中支持的图像格式

网页图像对图像的格式有一定要求，目前网页中通常使用的图像格式为 GIF、JPG 和 PNG 3 种，各种图像格式的特点如下。

- GIF：图像交换格式。GIF 图像是第一个在网页中应用的图像格式，通常用作站点

行家提醒

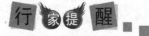

项目列表又称为无序列表，列表中的各项没有先后顺序之分；编号列表又称为有序列表，列表中的各项有先后顺序之分。

Logo、广告条（Banner）和网页背景图像等。其优点是可以使图像文件变得相当小，也可以在网页中以透明方式显示，并可以包含动态信息。

- JPG：联合照片专家组（Join Photograph Graphics），也称为 JPEG。这种格式的图像可以高效地压缩，图像文件变小的同时基本不失真，因为其丢失的内容是人眼不易察觉的部分，因此，常用来显示颜色丰富的精美图像，如照片等。
- PNG：便携网络图像（Portable Network Graphics），既有 GIF 能透明显示的特点，又具有 JPEG 处理精美图像的优势，常常用于制作网页效果图。

3.4.2　直接插入图像

在网页中插入图像可以使网页更生动、表达更直观。网页中的图像并不是直接粘贴在文档中的，它是以一种文件链接的方式插入的，所以网页中显示的是保存在链接文件夹中的图片文件。

将鼠标光标定位到网页中需要插入图像的位置，选择【插入】/【图像】命令，打开"选择图像源文件"对话框，在其中选择需要插入的图像后，单击 确定 按钮，如图 3-27 所示，在打开的"图像标签辅助功能属性"对话框中设置替换文本，也可直接单击 确定 按钮，直接将图像插入到网页文档中，如图 3-28 所示。

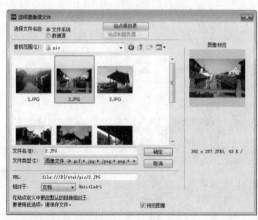

图 3-27　选择图片

图 3-28　插入图片的效果

3.4.3　用占位符插入图像

在网页制作过程中若需要插入的图像未制作完成，如客户暂时未提供其 Logo，则可以使用占位符的方式插入图像。

将鼠标光标定位到需插入图像占位符的位置，选择【插入】/【图像对象】/【图像占位符】命令，打开"图像占位符"对话框，在"名称"文本框中输入占位符的名称，在"宽度"文本框中输入占位符的宽度，在"高度"文本框中输入占位符的高度，在"颜色"文

要添加的图像最好先将其保存在与网页文档相同的文件夹中，然后再在网页中添加图像，这样可以保证站点上传后网页中的图像可以正常显示。

本框中输入占位符的显示颜色，在"替换文本"文本框中输入占位符的简短描述，如图 3-29 所示。完成设置后，单击 确定 按钮，完成图像占位符的添加，如图 3-30 所示。

图 3-29　"图像占位符"对话框　　　　　图 3-30　插入的图像占位符效果

当占位符的图像已准备好时，可以将占位符用实际需要的图像进行替换。双击图像占位符，打开"选择图像源文件"对话框，选择实际需要的图像进行替换即可。

3.5　图像的设置和应用

插入图像后还需要对其高度、宽度等属性进行设置，使其在网页中的显示效果达到最佳。另外还可以通过设置鼠标经过图像来增强网页的交互效果。

3.5.1　设置图像属性

在 Dreamweaver CS6 中选中网页文档中的图像后，展开其"属性"面板，如图 3-31 所示，在其中可对图像的属性进行设置，如设置图像的大小等。

图 3-31　图像的"属性"面板

图像的"属性"面板中部分参数的含义如下。

- "ID"文本框：用于为图像进行命名，以便使用脚本时对其进行控制或通过定义 CSS 样式来改变图像的显示。
- "宽"和"高"文本框：用于设置图像的大小，默认度量单位为像素。单击右侧的 按钮，使其变为 状态，将约束图像的宽和高的比例。当编辑窗口中的图像大小与原始图像大小不一致时，将在文本框右侧显示 图标，单击该图标将恢复图像的原始大小。
- "源文件"文本框：设置图像文件的位置，如果要用新图像替换原始图像，在"源文件"文本框中重新输入要插入图像的位置或单击其后的 按钮，在打开的"选择图像源文件"对话框中重新选择其他图像即可。

选中图像后，图像四周将出现方形控制点，将鼠标指针移到这些控制点上，当其变为双向箭头形状时，按住鼠标左键不放进行拖动，可以进行图像大小的调整。

- "**替换**"下拉列表框：用于设置图像的简短描述文本。在浏览该网页时，当鼠标指针移动到图像上，或不能正常显示图像时会显示该文本。

- ⬚按钮：用于调整图片的明暗度，单击该按钮，将打开"亮度/对比度"对话框。拖动"亮度"滑块可调整图像的明暗度，拖动"对比度"滑块可调整图像的对比度。若选中⬚复选框，则在调节明暗度和对比度时直观地看到页面中图像的变化效果。

- ⬚按钮：用于进行图像裁切。选中需裁切的图像后，单击"属性"面板中的⬚按钮，图像将出现阴影边框，如图 3-32 所示。将鼠标指针移至图像边缘，当其变为↕、↔、⬉或⬈形状时拖动鼠标，阴影部分的面积将会增大，如图 3-33 所示，拖动至合适大小时释放鼠标，完成裁切范围的设置。最后再单击⬚按钮，阴影部分的图像即被裁剪掉，如图 3-34 所示。

图 3-32　出现阴影　　　图 3-33　调整裁切范围　　　图 3-34　裁切后的图像

3.5.2　创建鼠标经过图像

鼠标经过图像是指在浏览器中查看网页时，当鼠标指针经过图像时，图像变为其他图像，移开鼠标指针后，图像又还原到原始图像的一种网页制作技术。鼠标经过图像由原始图像和鼠标经过图像两部分组成，当鼠标移动到原始图像上时，将会显示鼠标经过图像，鼠标移出图像范围时则显示原始图像。

　为网页插入鼠标经过图像 ●●●

下面将在网页中插入一组鼠标经过图像，当鼠标经过图像位置时，将显示有猫的一张图像。

参见
光盘　光盘\素材\第 3 章\mao1.jpg、mao2.jpg
　　　光盘\效果\第 3 章\鼠标经过\mao.html　　　➤➤➤➤➤➤➤➤➤

1 新建一个网页文档，将鼠标光标定位到要创建鼠标经过图像的位置，选择【插入】/【图像对象】/【鼠标经过图像】命令，打开"插入鼠标经过图像"对话框，在"图像名称"文本框中输入图像名称，单击"原始图像"文本框后的 浏览… 按钮，如图 3-35 所示。

2 在打开的"原始图像"对话框中选择原始图像"mao1.jpg"，单击 确定 按钮，如图 3-36 所示。

在进行图像裁切时要注意，阴影部分是要被裁掉的部分，而且在进行图像明暗调整及图像裁剪时都需要 Fireworks 的支持，如果未安装 Fireworks 则不能进行这两项操作。

图 3-35　"插入鼠标经过图像"对话框

图 3-36　选择原始图像

3　返回到"插入鼠标经过图像"对话框中，再单击"鼠标经过图像"文本框后的 浏览... 按钮，使用同样的方法完成鼠标经过图像的插入。

4　选中 ☑ 预载鼠标经过图像 复选框，在"替换文本"文本框中输入对图像的简短描述，完成设置后单击 确定 按钮，如图 3-37 所示。

5　完成鼠标经过图像的创建后，保存网页并预览。当鼠标指针放到图像上时，将显示鼠标经过图像，如图 3-38 所示。

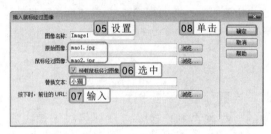

图 3-37　完成设置

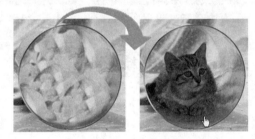

图 3-38　预览效果

3.6　基础实例

本章的基础实例中将对网页文本的输入、设置，列表的创建以及图像的插入和设置等知识进行归纳，通过对网页文本和网页图像的添加与设置，制作出实用的页面。

3.6.1　创建软件下载列表

本例将制作一个软件下载列表的网页，通过输入文本、设置文本格式、创建列表和嵌套列表等方式，来达到创建软件下载列表的目的，并巩固本章网页文本方面的知识。最终效果如图 3-39 所示。

鼠标经过图像的两个图像最好大小一致，否则 Dreamweaver CS6 将自动调整鼠标经过图像与原始图像的大小一致。

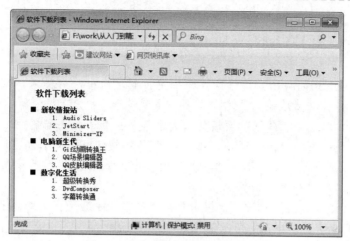

图 3-39　"软件下载列表"页面

1．行业分析

　　本例制作的软件下载列表，主要是从文本方面着手，由于是下载列表，所以少不了要添加多个下载列表和软件项目，这些可以通过添加列表的方式来解决，并且由于是多个类型，还需要添加多个类型的列表，因此使用嵌套列表的方法最为恰当。另外还需要通过不同的字体格式来区分类型与项目文本。既然是下载列表，一般需要添加超级链接，即单击一个列表项目后跳转到相应的页面，但由于本章主要是介绍文本的添加和设置，所以关于超级链接的添加，将在后面的章节专门讲解。

2．操作思路

　　为更快完成本例的制作，并尽可能运用本章讲解的知识，本例的操作思路如下。

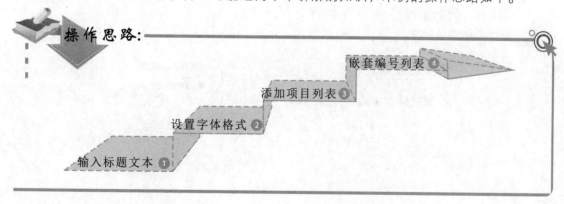

操作思路：

嵌套编号列表 ④
添加项目列表 ③
设置字体格式 ②
输入标题文本 ①

3．操作步骤

　　下面介绍制作软件下载列表的具体操作方法。其操作步骤如下：

操 作 提 示

　　当设置了第一个列表项目的字体格式后，在进行其他相同列表项目的文本输入时，Dreamweaver CS6 将自动应用相同的文本格式。

参见
光盘
光盘\素材\第 3 章\softdown.html
光盘\效果\第 3 章\softdown.html
光盘\实例演示\第 3 章\创建软件下载列表

1 打开网页 "softdown.html"，将鼠标光标定位到页面中，将输入法切换到全角状态，再按两次空格键，然后输入文本 "软件下载列表"。

2 选中输入的文本，在 "属性" 面板的 "大小" 下拉列表框中选择 "14" 选项，在其后的下拉列表框中选择 "px" 选项，单击 "粗体" 按钮 **B** 将文本加粗。

3 按 "Enter" 键进行分段，单击 "属性" 面板中的 `<> HTML` 按钮，再单击 "项目列表" 按钮 ≔，输入文本 "新软件情报站"。

4 选中新输入的文本，在 "属性" 面板中单击 "粗体" 按钮 **B** 将文本加粗，选择【格式】/【列表】/【属性】命令，打开 "列表属性" 对话框。

5 在 "样式" 下拉列表框中选择 "正方形" 选项，单击 确定 按钮，如图 3-40 所示。

6 将鼠标光标定位到 "新软件情报站" 文本后，按 "Enter" 键，鼠标光标跳到下一行，单击 "属性" 面板中的 "内缩区块" 按钮 ≝，再单击 "编号列表" 按钮 ≔。

7 在鼠标光标处输入文本 "Audio Sliders"，再按 "Enter" 键换行输入其他项目文本，如图 3-41 所示。

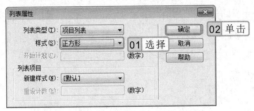

图 3-40　"列表属性" 对话框

图 3-41　创建嵌套列表

8 输入完编号列表中的项目后，按两次 "Enter" 键，再次出现正方形前导字符，输入文本 "电脑新生代"，如图 3-42 所示。

9 按照相同的方法输入下面的列表文本，如图 3-43 所示，完成后保存并预览网页效果。

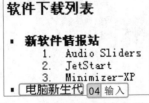

图 3-42　创建第 2 个嵌套列表

图 3-43　继续完成列表创建

3.6.2　制作导航条页面

本例将利用制作好的一组图片，通过图像的各种方式，来制作一个网页导航页面，其效果如图 3-44 所示。

 行 家 提 醒

创建列表时也可以先分段输入各项目，然后选中这些项目，再在 "属性" 面板中单击 "编号列表" 按钮 ≔ 进行编号列表的创建，或单击 "项目列表" 按钮 ≔ 进行项目列表的创建。

图 3-44　"导航条"页面

1．行业分析

导航条是很多网站都需要的一个网页元素，在一个网站中，通过导航条可以快速浏览站点中的主要页面，所以不管是在首页，还是在其他主题页面中，都需要添加导航条来方便浏览者浏览。

导航条可以是纯文字，也可以是图片或 Flash 按钮等，一般为了美观，会使用自己设计的图片作为导航条元件。以前版本的 Dreamweaver 有专门的插入导航条功能，其实该功能与插入鼠标经过图像非常类似，所以在 Dreamweaver CS6 中将该功能取消了。但是要实现利用图片制作导航条的功能，只需制作好一组导航图片，然后通过插入鼠标经过图像的方法来实现导航功能。

2．操作思路

为更快完成本例的制作，并尽可能运用本章讲解的知识，本例的操作思路如下。

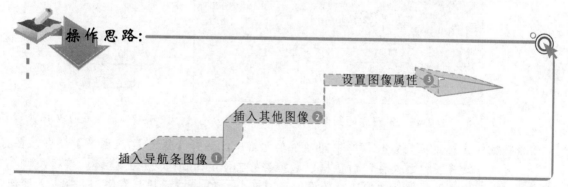

3．操作步骤

下面通过插入鼠标经过图像的方法创建一组页面导航条。其操作步骤如下：

在"选择图像源文件"对话框中双击要插入的图像后，可直接打开"图像标签辅助功能属性"对话框。

参见
光盘

光盘\素材\第 3 章\daohang
光盘\效果\第 3 章\daohang\dh.html
光盘\实例演示\第 3 章\制作导航页面

1 打开网页 "dh.html"，将鼠标光标定位到表格的第二列第二行的单元格中，如图 3-45 所示。

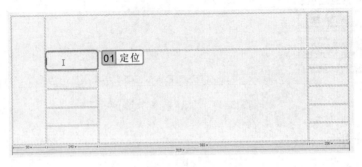

图 3-45　定位鼠标光标

2 选择【插入】/【图像对象】/【鼠标经过图像】命令，打开 "插入鼠标经过图像" 对话框，保持图像名称为默认，单击 "原始图像" 文本框后的 浏览... 按钮，在打开的 "原始图像" 对话框中选择素材图像 "01.gif"，单击 确定 按钮。

3 返回 "插入鼠标经过图像" 对话框，再单击 "鼠标经过图像" 文本框后的 浏览... 按钮，在打开的 "鼠标经过图像" 对话框中选择素材图像 "1.gif"，如图 3-46 所示。

4 在 "按下时，前往的 URL" 文本框中输入需要链接的网页文档，这里暂时保持空白，单击 确定 按钮完成第一个导航按钮的插入。

5 使用相同的方法在下面的单元格中分别插入鼠标经过图像，效果如图 3-47 所示。

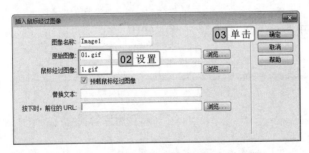　　　　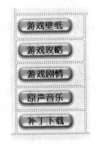

图 3-46　设置原始图像和鼠标经过图像　　　图 3-47　插入后的效果

6 将鼠标光标定位到第一行的中间一个单元格中，选择【插入】/【图像】命令，在打开的 "选择图像源文件" 对话框中选择素材文件 "6.jpg"，单击 确定 按钮。

7 打开 "图像标签辅助功能" 对话框，直接单击 确定 按钮插入图像，选择插入图像，拖动其右下角的控制点调整图像到适当的大小，如图 3-48 所示，合适后单击表格右侧的边框完成调整。

选择需插入的图片，按 "Crtl+C" 快捷键进行复制，切换到 Dreamweaver CS6 窗口中，在鼠标光标处按 "Ctrl+V" 快捷键，可将复制的图片粘贴到网页中。

图 3-48　调整图像大小

8 重新选择图像，单击"属性"面板中的"裁剪"按钮，此时，图像四周将出现裁剪控制点，拖动各个控制点调整需要裁剪的部分，如图 3-49 所示。

图 3-49　裁剪图像

9 调整完毕后再次单击按钮，或双击图像，执行裁剪操作，最后保存并预览网页效果。

3.7　基础练习

本章主要介绍了文本对象的添加、设置和应用，以及图像对象的添加、设置和应用等知识。图像和文本都是网页最重要的组成部分，下面通过两个练习来巩固相关知识。

3.7.1　为时尚网页添加和设置文本

本次练习将通过在已有网页的基础上为网页添加文本并设置属性，最终效果如图 3-50 所示。

参见
光盘
光盘\素材\第 3 章\shishang
光盘\效果\第 3 章\shishang\shishang.html
光盘\实例演示\第 3 章\为时尚网页添加和设置文本

在"图像标签辅助功能"对话框中的"替换文本"下拉列表框与在图像"属性"面板中的"替换"下拉列表框实现的功能是相同的，属于同一属性，即 alt 属性。

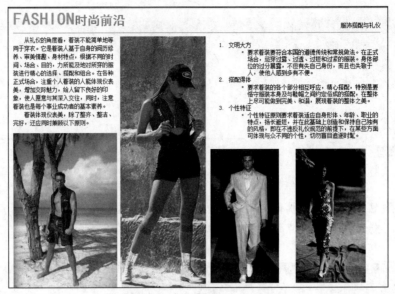

图 3-50　时尚网页效果

该练习的操作思路与关键提示如下。

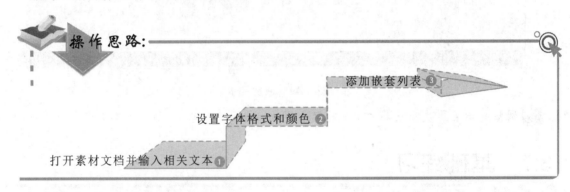

操作思路：

添加嵌套列表 ③

设置字体格式和颜色 ②

打开素材文档并输入相关文本 ①

关键提示：

在制作本练习时可注意以下几点：

▶ 注意在不同的单元格中输入相应的文本。

▶ 注意不同位置的文本设置不同的字体和颜色。

▶ 页面右边的文字需使用嵌套列表来制作。

3.7.2　制作动物网页

本次练习将为动物网页添加各种装饰图像，使其更加生动、美观，最终效果如图 3-51 所示。

如果图像占位符和实际需要的图像的大小不一致，在插入实际图像后，占位符会自动更改大小。

图 3-51　动物网页效果

该练习的操作思路与关键提示如下。

参见
光盘

光盘\素材\第 3 章\dongwu
光盘\效果\第 3 章\dongwu\dongwu.html
光盘\实例演示\第 3 章\制作动物网页

操作思路：

添加"鸡"字图像和"马"字图像并设置属性 ④

添加公鸡图像和马图像 ③

添加顶部单元格背景图像 ②

打开网页 ①

关键提示：

在制作本练习时可注意以下几点：

- 将不同的图像插入合适的位置，并注意需与文本对应。
- "马"字和"鸡"字图像的属性设置需恰当，且注意各自的对齐方式。

操作提示

在 Dreamweaver CS6 中插入透明的 PNG 图像时，图像仍会有淡蓝色的背景，要去掉该背景，需要在 Fireworks 中将图形的色版颜色设置为 "#CCFFFF"。

3.8　知识问答

网页文本和网页图像是决定一个网站质量的最基础因素，它们看似简单，但也有一定的规则和注意事项。下面就一些用户在文本和图像方面的问题进行解答。

问： 网页的字体设置有没有固定的标准呢？

答： 网页字体可以根据网站的类型来自行设置。但是一般类型的网站为了保证不同浏览器上字号一致，字号建议用点数 pt 和像素 px 来定义，pt 一般使用中文宋体的 9pt 和 11pt，px 一般使用中文宋体 12px 和 14.7px，这是经过优化的字号，黑体字或者宋体字加粗时，一般选用 11pt 和 14.7px 的字号比较合适。每页排版不要太疏或用太大的字。也不要让一行或一段文本太长。同一页中不要使用太多的水平线，否则网页看起来会支离破碎，要达到文档清晰或主次分明，可改变字体的大小、颜色或底色，或采用列表标记，不一定要使用水平线。

问： 在网页中插入图像，必须插入站点文件夹中的图像吗？

答： 在网页中也可以插入站点文件夹以外的图像，但为使发布站点时不出错，最好将图像文件等网页对象文件放置到站点文件夹下，如果插入的图像没有在站点文件夹中，选择图像执行插入时，将打开对话框询问是否复制文件到站点根文件夹中，若单击 ▥▥ 按钮将自动复制该图像到站点文件夹中；若单击 ▥▥ 按钮，则不进行复制操作，网页中所插入的图像仍为原位置的图像，在进行站点上传时需对这类图像进行特殊处理。

问： 在使用网页图像时，有什么讲究或需要注意的地方吗？

答： 图像应采用 GIF、JPG 压缩格式，以加快页面下载速度。每幅图像要有本图像的说明文字（即"替换文本"属性），如果图像不能正常显示，也可知道图像所在位置代表什么意思。要设置图像的宽度和高度，以免图像不能正常显示时，出现页面混乱的现象。不要每页都采用不同的背景图像，以免每次跳转页面时都要花大量时间去下载，采用相同的底色或背景图像还可增加网页一致性，树立风格。底色或背景图像必须要与文字有一定的对比，方便阅读。

问： 制作网页时网页图像的选择一直是最令人头疼的事，关于网页图像的准备和选择有没有好的方法呢？

答： 添加图像前一定要事先有所准备，如需要添加什么样的图像、图像的大小和尺寸是多少，这样将有助于网页布局的规划。若暂时没有合适的图像，可以先使用图像占位符来布局好网页，不至于出现布局凌乱的情况，在进行图像处理时一定要符合占位符的尺寸，太大或太小都会导致页面跳版。

图像文件是网页的灵魂，对图像的筛选和运用是对一个网页设计师的基本要求。首先图像必须符合网页的整体风格和上下文需要，其次图像的大小应该适中，最后图像文件的格式应符合图像的应用环境。

知 **网页图像的一些技巧**

在制作网页时，基本都需要使用到图像，下面将介绍一些使用网页图像的技巧。

- **快速插入网络图像**：使用网络图像时，需要将其 URL 地址复制到 Dreamweaver 图像"源文件"文本框中。这里介绍一种更简便的方法，在浏览器中找到要引用的网络图像文件，在其上单击鼠标右键，在弹出的快捷菜单中选择"复制"命令，然后在 Dreamweaver 中目标位置定位鼠标光标，并单击鼠标右键，在弹出的快捷菜单中选择"粘贴"命令，即可快速插入网络图像。

- **选择插入网页的图像格式**：在进行网页设计时，.jpg、.gif、.png 等格式各有特点，都有不可替代的作用。对于照片等色彩丰富、色彩过渡较多的图片，使用 jpg 格式可以在质量与图像存储大小之间取得平衡；对于按钮、网页元素背景（如导航栏背景）等较为简单的图像，使用 gif 格式图像更合适一些，同时 gif 格式还支持帧动画，这是其他两种格式无法做到的；对于需要背景透明的图像则使用 png 格式是最理想的选择，不过要注意的是部分浏览器并不支持 png 格式。

- **保证鼠标经过图像正常显示**：有的网站其导航栏按钮在鼠标移动到其上时显示错误，这意味着变换图像没有正常显示。这是由于在设置鼠标经过图像时没有选中 ☑ 预载鼠标经过图像 复选框。选中该复选框可保证在网页打开的同时，将还没有显示的鼠标经过图像下载到了本地电脑，而不是在鼠标经过时再进行下载，这样就保证了下载的稳定性，很大程度上避免了显示错误的出现。另外，鼠标经过图像文件不宜太大，否则也有可能造成无法正常下载的情况。

　　为了保证网页访问速度，通常在图像质量允许的前提下设置文件大小，也就是设置图像文件的压缩率（针对 jpg 格式的图像文件），压缩率太高会严重影响图片的显示效果，压缩率太低，则图像过大会影响网页访问速度。用户可根据需要调整压缩率，一般不低于 50% 为宜。

第4章 ●●●

添加炫目的动态元素

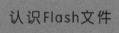 认识Flash文件

插入Flash动画

插入Flash视频

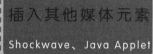 插入其他媒体元素
Shockwave、Java Applet

添加背景音乐、音乐链接
页面音乐的嵌入

本章导读

　　除了文本和图像外，网页中经常添加和使用的元素还有很多，比较直观和应用较多的当属一些媒体元素和声音元素，它们在网页中的作用不可小觑，有了这些元素，可以从外观或内涵方面对网页进行润色，使其效果不会限于呆板的文字和图像上面，而给人以轻松、活泼的感觉。下面将介绍一些常用的网页媒体元素和声音元素的添加和设置方法，增强网页的美感和实用性。

4.1　插入 Flash 媒体元素

动态元素是一种重要的网页元素，其中 Flash 是使用最多的动态元素之一。Flash 元素不仅表现力丰富，可以给人极强的视听感受，而且它的体积较小，可以被绝大多数浏览器支持，因此，Flash 被广泛应用于网页中。

4.1.1　认识 Flash 文件

Flash 文件主要有.fla、.swf、.swt 和.flv 等几种格式，常用于网页中的是.swf 格式，各种格式文件的特点如下。

- **.fla**：Flash 的源文件，可以使用 Flash 软件进行编辑。在 Flash 软件中将 Flash 源文件导出为.swf 格式的文件即可在网页中进行插入操作。
- **.swf**：Flash 电影文件，是一种压缩的 Flash 文件，通常说的 Flash 动画就是指该格式的文件。使用 Flash 软件可以将 fla 源文件导出为.swf 格式的文件，另外，还有许多软件可以生成.swf 格式的文件，如 Swish、3D Flash Animator 等。
- **.swt**：Flash 库文件，相当于模板，用户通过设置该模板的某些参数即可创建 swf 文件。如 Dreamweaver CS6 中提供的 Flash 按钮、Flash 文本就是.swt 格式的文件。
- **.flv**：这是一种视频文件，它包含经过编码的音频和视频数据，用于通过 Flash 播放器传送。如果有 QuickTime 或 Windows Media 视频文件，可以使用编码器将视频文件转换为.flv 文件。

4.1.2　插入 Flash 动画

准备好 swf 格式的 Flash 动画文件后，即可在 Dreamweaver CS6 中插入 Flash 动画，并进行相应的属性设置。

实例 4-1　在网页中插入 Flash 动画 ●●●

下面将在新建的网页文档中插入一个制作好的 Flash 动画，并进行播放。

 参见
光盘
光盘\素材\第 4 章\qrj.swf
光盘\效果\第 4 章\flash\qrj.html
➤>>>>>>>>>

1 将鼠标光标定位到需插入 Flash 动画的位置，选择【插入】/【媒体】/【SWF】命令，打开"选择 SWF"对话框。

2 在"查找范围"下拉列表框中选择 Flash 动画文件所在的位置，然后选中所需的 Flash 动画文件"qrj.swf"，如图 4-1 所示。

3 单击 ▢确定▢ 按钮，在打开的"对象标签辅助功能属性"对话框中直接单击 ▢确定▢ 按钮，如图 4-2 所示，完成 Flash 动画的插入。

.swf、.swt 格式的文件可以使用 Flash 播放器（Adobe Flash Player）进行播放，而.fla 格式的文件只能在 Flash 编辑窗口中进行播放，.flv 格式的文件需要插入到网页中，在浏览器中打开网页时才能播放。

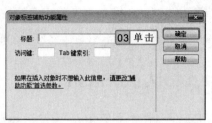

图 4-1　选择并插入 Flash 文件　　　　图 4-2　"对象标签辅助功能属性"对话框

4　单击选中插入的 Flash 动画，单击其"属性"面板右下角的 ▽ 按钮展开更多属性选项，如图 4-3 所示。

图 4-3　"属性"面板

5　在"属性"面板中单击 ▷ 播放 按钮，可在编辑窗口中播放插入的 Flash 动画，如图 4-4 所示。此时，按钮变为 ■ 停止 按钮，单击该按钮即可停止播放 Flash 动画。保存文档后预览，可查看动画播放效果。

图 4-4　查看 Flash 动画

4.1.3　插入 Flash 视频

Flash 视频即扩展名为 .flv 的 Flash 文件，在网页中插入 Flash 视频的操作同插入 Flash 动画的方法类似，插入 Flash 视频后还可通过设置的控制按钮来控制视频的播放。

实例 4-2　在网页中插入 Flash 视频 ●●●

下面将在新建的网页文档中插入一个 Flash 视频文件。

插入的 Flash 动画以 Flash 内容占位符的形式显示在编辑窗口中，而不会显示 Flash 的实际内容，只有选择播放操作或者在网页中浏览时才会进行文件的播放。

参见
光盘

光盘\素材\第 4 章\qc.flv
光盘\效果\第 4 章\flv\flv.html

1 新建一个网页文档并保存为 "flv.html"，将鼠标光标定位到需要插入 Flash 视频的位置，选择【插入】/【媒体】/【FLV】命令，打开 "插入 FLV" 对话框。

2 在 "视频类型" 下拉列表框中选择视频的类型，这里保持默认值，在 "URL" 文本框中输入 Flash 视频文件的路径及名称，或者单击 浏览... 按钮，这里单击 浏览... 按钮在打开的 "选择 FLV" 对话框中选择视频文件 "qc. flv"。

3 在 "外观" 下拉列表框中选择视频播放器的外观界面，这里选择 "Halo Skin 2（最小宽度：180）" 选项。

4 在 "宽度" 和 "高度" 文本框中输入视频画面的宽度和高度，选中 ☑自动播放 复选框将在网页加载后即自动播放 Flash 视频，如图 4-5 所示。

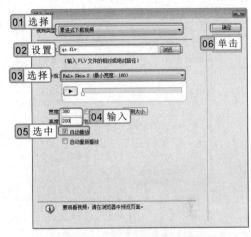

图 4-5　Flash 视频参数设置

5 完成 Flash 视频参数的设置后单击 确定 按钮插入 FLV，如图 4-6 所示。

6 按 "F12" 键保存网页并在浏览器中预览，其效果如图 4-7 所示。

图 4-6　插入的 Flash 视频

图 4-7　预览效果

4.2　插入其他媒体元素

在 Dreamweaver CS6 中除了可以插入 Flash 媒体元素外，还可以插入 Shockwave 影片、Java Applet 和插件等其他媒体元素。

4.2.1　插入 Shockwave 影片

Shockwave 压缩格式的影片文件较小，可以被快速下载，且被目前的主流浏览器，如

操 作 提 示

在 "插入 FLV" 对话框中单击 检测大小 按钮，将自动获取选择视频文件的宽度和高度，但最好还是手动输入，因为有时可能无法自动检测 Flash 视频的大小，而且其大小不一定适合网页版面设计。

IE 和 Netscape 所支持。Shockwave 影片可以通过 Director 软件来制作，其扩展名常为.dcr。

　　将鼠标光标定位到需插入 Shockwave 影片的位置，选择【插入】/【媒体】/Shockwave命令，打开"选择文件"对话框，选择要插入的 Shockwave 影片文件后，单击 确定 按钮，如图 4-8 所示，在打开的"对象标签辅助功能属性"对话框中直接单击 确定 按钮，插入Shockwave 影片。如图 4-9 所示为预览网页时加载 Shockwave 的过程。

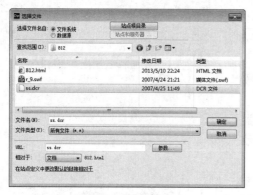

图 4-8　选择文件

图 4-9　加载 Shockwave

4.2.2　插入 Java Applet

　　Applet 是 Java 的小应用程序，是一种动态、安全、跨平台的网络应用程序，其扩展名常为.class。Java Applet 常被嵌入到 HTML 语言中，既可以实现较为复杂的控制，也可以实现各种动态效果，如飘扬的旗帜、飘动的文本和下雪效果等。

　　插入 Applet 的方法是：选择【插入】/【媒体】/【Applet】命令，打开"选择文件"对话框，选择要插入的 Applet 文件并执行插入操作。插入后选中 Java Applet，在"属性"面板中设置高度和宽带等属性后，单击 参数... 按钮，在其中添加一些必要的参数，如图4-10 所示。如图 4-11 所示为一个插入了 Applet 的网页效果。

图 4-10　"参数"对话框

图 4-11　预览效果

　　不同的 Java Applet 有不同的设置参数，这些参数用于控制 Applet 的视觉效果等特性，某些参数的值是固定的，有些值是可以进行修改的，通常可以通过参数名称来进行大致判断，如果不报错就可以修改。

4.2.3 插入插件

使用插件可以扩展 Dreamweaver 功能，如在网页中插入更多类型的媒体、实现更多效果等。插件有对象类、行为类、组件类和命令类 4 种类型，下面主要学习对象类插件，在此简称为插件。

 插入 MPEG 视频插件 ●●●

下面以使用插入插件的方法在网页中插入一个 MPEG 视频，并使其重复播放。

> 参见 光盘\素材\第 4 章\tt.mpeg
> 光盘 光盘\效果\第 4 章\chajian\chajian.html

1 将鼠标光标定位到需插入插件的位置，选择【插入】/【媒体】/【插件】命令，打开"选择文件"对话框。

2 在其中选择需要插入的插件文件"tt.mpeg"，单击 确定 按钮，关闭对话框完成插件的插入。

3 保持插件的选中状态，在"属性"面板的"宽"和"高"文本框中设置插件的显示高度和宽度分别为"400"和"220"，如图 4-12 所示。

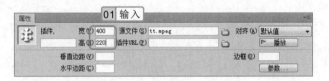

图 4-12　设置插件大小

4 插入的 MPEG 视频默认只播放一次，如果需要重复播放，则需要进行参数的设置，在"属性"面板中单击 参数... 按钮，在打开的"参数"对话框的"参数"列中输入"loop"，在"值"列中输入"true"，如图 4-13 所示。

5 单击 确定 按钮完成插件的设置，保存网页并预览效果，如图 4-14 所示，并且播放完后会继续重复播放。

图 4-13　设置循环播放

图 4-14　预览效果

操 作 提 示

插入插件后一定要记得修改其高度和宽度，因为其默认的大小只有 30×30，对于播放窗口来说，这个尺寸太小了。

4.3　添加音乐元素

适当地在网页中插入声音文件可使浏览者有一种愉悦、轻松的感觉。声音文件有多种格式，如 mp3、wma、wav、midi、ra 和 ram 等，可以视不同的需求选择不同格式的文件添加到网页中。

4.3.1　添加背景音乐

为网页添加背景音乐，会在浏览者打开网页时自动播放背景音乐，而且背景音乐是在网页后台进行播放，完全不会影响浏览者的操作。添加背景音乐既可以使用行为添加，也可以通过标签来添加。

实例 4-4　通过插入标签添加背景音乐 ●●●

 参见光盘　光盘\素材\第 4 章\ye.wma
光盘\效果\第 4 章\beijing\beijing.html

1 新建一个 "beijing.html" 网页文件，选择【插入】/【标签】命令，打开 "标签选择器" 对话框。

2 展开左侧的 "HTML 标签" 目录，选择 "页面元素" 选项，在右侧的列表框中选择 "bgsound" 选项，如图 4-15 所示。

3 单击 插入(I) 按钮，打开 "标签编辑器-bgsound" 对话框，单击 "源" 文本框后的 浏览... 按钮，在打开的对话框中选择背景音乐文件插入，然后在 "循环" 下拉列表框中选择 "无限 （-1）" 选项使其循环播放，如图 4-16 所示。

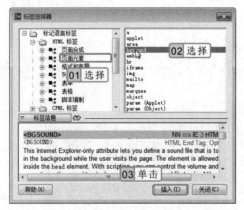

图 4-15　选择 "bgsound" 选项　　　　图 4-16　"标签编辑器" 对话框

4 单击 确定 按钮关闭 "标签编辑器" 对话框，再单击 "标签选择器" 中的 关闭(C) 按钮即完成背景音乐的添加。

5 保存网页并预览，打开网页即可听到背景音乐。

使用 <bgsound> 标签添加的背景音乐，在网页最小化时会自动停止播放，使用行为添加的背景音乐则不会。关于使用行为添加声音的方法请参见第 12 章内容。

4.3.2　添加音乐链接

在网页中除了可以添加背景音乐外，还可以为网页对象创建音乐链接，当浏览者单击链接后，将启动电脑中的默认播放器进行音乐播放。

　在网页中添加音乐链接 ●●●

参见
光盘　光盘\素材\第 4 章\jm.mid
　　　光盘\效果\第 4 章\lianjie\lianjie.html

➤➤➤➤➤➤➤➤➤

1 新建一个"lianjie.html"网页文件，输入链接文本"单击播放音乐"，并选择文本。

2 在"属性"面板"链接"下拉列表框中输入要链接的音乐路径及名称，如图 4-17 所示。

图 4-17　"属性"面板

3 保存网页并在浏览器中预览，单击音乐链接文本，将启动电脑中的默认播放器进行播放，如图 4-18 所示。

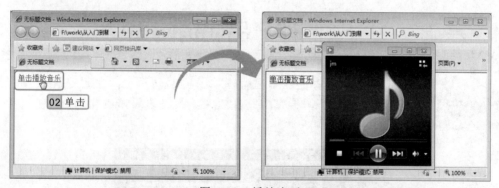

图 4-18　播放音乐

4.3.3　页面音乐的嵌入

要将音乐文件嵌入到网页中直接播放，需要浏览者的电脑上有所选音乐文件的适当插件才行。嵌入音乐的方法和添加插件的方法相同，只需将音乐文件当作插件添加到网页中即可。

实例 4-6 **以插入插件的方式嵌入音乐** ●●●

下面将在网页中以插入插件的方法嵌入音乐，达到直接在网页中播放音乐的效果。

第一次单击超级链接时可能会打开一个"文件下载"对话框，询问是打开文件还是下载文件，如果单击 保存(S) 按钮则会将文件下载到电脑中指定的位置，单击 打开(O) 按钮则会启动播放器进行打开。

| 参见
光盘 | 光盘\素材\第 4 章\ye.wma
光盘\效果\第 4 章\qianru\qianru.html |

1 新建一个"qianru.html"网页，将鼠标光标定位到需嵌入音乐的位置，选择【插入】/【媒体】/【插件】命令，打开"选择文件"对话框。

2 在该对话框中选择并双击需要嵌入的音乐文件"ye.wma"完成音乐的嵌入，如图 4-19 所示。

3 保持插入的音乐图标的选中状态，在"属性"面板中设置插件的"宽"和"高"分别为"300"和"80"，保存网页并在浏览器中预览，其效果如图 4-20 所示。

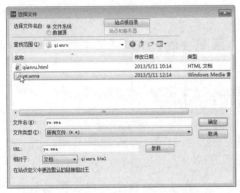

图 4-19 "选择文件"对话框

图 4-20 预览效果

4.4 基础实例——制作产品促销网页

本章的基础实例将在一个已有基本内容的网页上添加动态元素和背景音乐，使整个网页更具丰富的视觉效果。最终效果如图 4-21 所示。

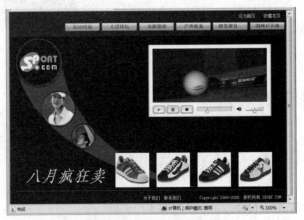

图 4-21 促销网页效果

如果在"属性"面板中将嵌入音乐的宽度和高度设置为"0"，则可以实现背景音乐的效果，而且最小化浏览器窗口后，音乐仍会继续播放。

4.4.1　行业分析

　　本例制作的属于促销网页，也是一个产品推广页面，所以可结合产品的类型，可在网页中添加一些广告视频，但在添加前需要先做好相应的视频或动画，再将其添加到网页的合适位置。另外还可在网页中添加背景音乐，增添气氛，由于网页中同时添加了视频或动画，打开页面时已经在播放背景音乐了，如果再自动播放视频，可能会给用户带来负面影响，所以在设计时，可将视频的属性设置为不自动播放，即只有在用户单击"播放"按钮 ▶时才播放视频。

4.4.2　操作思路

　　为更快完成本例的制作，并尽可能运用本章讲解的知识，本例的操作思路如下。

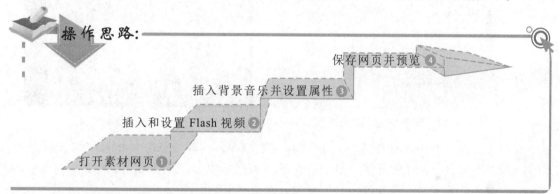

4.4.3　操作步骤

　　下面为网页添加动态元素和背景音乐。其操作步骤如下：

　参见
　　光盘

光盘\素材\第 4 章\mai
光盘\效果\第 4 章\mai\mai.html
光盘\实例演示\第 4 章\制作产品促销网页

1 打开"mai.html"网页文件，将鼠标光标定位到如图 4-22 所示的单元格中。

图 4-22　定位鼠标光标

　　shockwave 影片文件通常都比较大，下载时间较长，因此，最好在页面中适当位置加上文字提示信息，以免访问者误认为是下载不了。

2 选择【插入】/【媒体】/【FLV】命令，打开"插入 FLV"对话框，在"视频类型"下拉列表框中选择"累进式下载视频"选项，在"URL"文本框中输入文件所在的路径及名称，在"外观"下拉列表框中选择"Halo Skin 3（最小宽度：280）"选项。

3 在"宽度"和"高度"文本框中分别输入"330"和"150"，并确保 □自动播放 复选框为未选中状态，如图 4-23 所示。

4 单击 确定 按钮，完成 Flash 视频的插入，如图 4-24 所示。

图 4-23　设置 Flash 视频属性

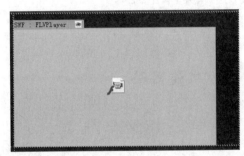

图 4-24　插入的 Flash 视频

5 单击其他空白处，选择【插入】/【标签】命令，打开"标签选择器"对话框，

6 展开左侧的"HTML 标签"目录，在下面的列表中选择"页面元素"选项，在右侧显示的列表框中选择"bgsound"选项，如图 4-25 所示。

7 单击 插入(I) 按钮，打开"标签编辑器"对话框，在"源"文本框中输入背景音乐文件的路径及名称，在"循环"下拉列表框中选择"无限（-1）"选项使其循环播放，如图 4-26 所示。

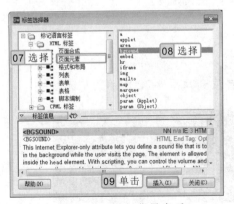

图 4-25　插入背景音乐

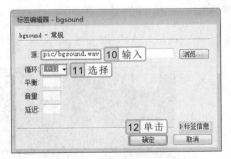

图 4-26　设置背景音乐属性

8 单击 确定 按钮关闭"标签编辑器"对话框，返回"标签选择器"对话框，再单击 关闭(C)

　　背景音乐的插件主要包含 autostart（自动播放，值为 True 或 False）、loop（循环播放，值为 True 或 False）、hidden（隐藏界面，值为 True 或 False）和 plugins（值为 URL 地址，用于为未安装相应播放软件的客户端提供相关播放器的下载地址）。

按钮完成背景音乐的添加。

⑨ 保存网页并预览，此时将不会自动播放 Flash 视频，单击 ▶ 按钮时才会播放视频。

4.5 基础练习

本章主要介绍了网页媒体元素和音乐元素的插入方法。下面将通过两个练习分别对这两类元素的插入和设置方法进行巩固。

4.5.1 完善游戏页面

本次练习将在原有网页的基础上添加 Flash 动画和视频插件，使网页更具生动感，效果如图 4-27 所示。

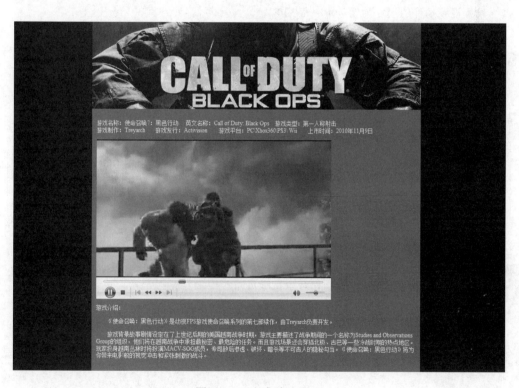

图 4-27 动感游戏页面

参见
光盘

光盘\素材\第 4 章\Sample
光盘\效果\第 4 章\Sample\COD7.html
光盘\实例演示\第 4 章\完善游戏页面

该练习的操作思路和关键提示如下。

要在网页中引用网络上的 FLV 视频文件，只需在"插入 FLV"对话框的"URL"文本框中输入该网络 FLV 视频文件的绝对 URL 地址。

操作思路：

在第一段文本后通过插入插件的方式插入视频文件"cod7.avi" ③

在页头主题图片插入 Flash 动画 "top.swf" ②

打开素材网页文档 ①

关键提示：

制作本例需注意以下两点：

- 在图片上插入 Flash 动画，并设置自动播放、循环播放。
- 设置视频插件的尺寸为宽 400、高 330。

4.5.2　制作音乐试听页面

本次练习将通过插入插件的方式制作一个音乐试听网页，通过单击超级链接，打开音乐播放页面并进行播放，效果如图 4-28 所示。

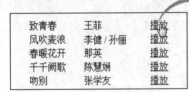
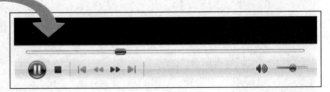

图 4-28　播放音乐

　光盘\效果\第 4 章\音乐\liebiao.html
　　　　光盘\实例演示\第 4 章\制作音乐试听页面

该练习的操作思路如下。

操作思路：

在 "shiting.html" 页面中插入音乐插件并自动播放 ③

制作 "播放" 超级链接使其链接到 "shiting.html" ②

制作一个播放列表页面 ①

流媒体技术是一种边下载边播放的视频播放技术，它需要专门搭建的流媒体服务器支持，具有速度快、效率高和不占用本地电脑磁盘空间等优点，目前大多数视频网站都采用这种技术。

4.6　知识问答

关于媒体元素的插入可能会出现一系列的问题，但是只要操作正确，一般不会出现较大的问题。下面就一些常见问题进行解答。

问：插入 Flash 动画后为什么会打开一个"复制相关文件"对话框呢？

答：这是由于 Dreamweaver 为了能正常显示和播放 Flash 动画，对文件进行了复制操作，并在相关目录下添加了一些支持性文件，这些文件不能删除，并且在上传站点时需要一并上传。

问：插入媒体元素后预览网页无反应，在浏览器窗口中弹出"已限制此网页运行可以访问计算机的脚本或 ActiveX 控件"？

答：这是由于添加的媒体文件要正常运行，需要运行一些脚本文件或 ActiveX 控件，IE 浏览器的保护功能为了防止恶意插件的运行，对其进行了阻止，只需单击该提示条，在弹出的快捷菜单中选择"允许阻止的内容"命令，即可正常显示添加的媒体元素。

知识关联　**媒体元素使用须知**

由于 Java Applet 会影响网页的加载速度，应避免在同一页中使用太多或太大的 Java Applet，尤其是装饰用的，一般简单的动画使用 gif 就可以了。在加入 Java Applet 时可在<Applet></Applet>标签之间加入一些提示语句，照顾那些不支持 Java 的浏览者。没有特别的需要不要采用一些额外的插件来制作网页，如 Shockwave、RealPlayer 等，因为即使提供下载该插件的链接，浏览者未必有兴趣，反而可能因此而失去一批访客。若页面采用动画活跃网页，需避免动画过大，尽量减少用户浏览等待时间；若整页用到 Flash 动画，要考虑到 Flash 与页面的融合统一。

虽然在页面中使用多个多媒体文件配合展示可以使页面更生动丰富、更具观赏性，但是对于电脑配置不高的用户，会造成较大的系统负担，影响访问效果，因此，使用多媒体对象的同时也应兼顾这部分用户的实际情况，不宜过分追求效果的丰富。

第5章

网页中的桥梁——超级链接

超级链接的类型
路径的分类

创建文本链接
创建图像链接

创建锚点链接
HTML链接代码

音频链接 视频链接
电子邮件链接

本章导读

　　网站是由一个一个的页面和文件共同组成的，在浏览网页时，当单击某些文本或图像时即可打开其他的页面。要实现这一功能，需要对其创建超级链接。创建超级链接可以实现页面与页面之间的跳转，从而有机地将网站中的每个页面连接起来，另外超级链接的作用还不仅仅是链接站点内的页面，通过扩展它的作用，还可以实现更多的功能。下面就来了解一下这个网页中最重要的元素——超级链接。

5.1　认识超级链接

超级链接可以是文本、图像或是其他的网页元素。超级链接由源端点和目标端点两部分组成。超级链接中有链接的一端称为链接的源端点（即单击的文本或图像），跳转到的页面称为链接的目标端点。

5.1.1　超级链接的类型

网页中的超级链接可以根据创建链接的对象的不同和链接到目标端点的位置及方式的不同来进行划分。下面分别对其进行讲解。

1．源端点的链接

源端点的链接有图像链接、文本链接和表单链接 3 种，其含义分别如下。

- **图像链接**：是在图像对象上创建的超级链接，如图 5-1 所示。其美观、实用，在网页设计中较常用。

图 5-1　图像链接

- **文本链接**：是在文本对象上创建的超级链接，如图 5-2 所示。它也是最常用的超级链接，创建的文本链接在预览时通常在文本下方会有下划线，该下划线也可取消。
- **表单链接**：是一种比较特殊的超级链接，当填写完某表单后，单击 提交 按钮或表单中的其他按钮时会自动跳转至目标页面。如图 5-3 所示为表单页面。

图 5-2　文本链接　　　　　　　　　　图 5-3　表单链接

局部链接适用于显示较长内容的页面，如文章内容页面等，通过创建一个主标题导航，单击主标题导航超级链接就跳转到该主标题对应的文章内容处，节省了浏览者拖动滚动条的时间。

2．目标端点的链接

目标端点的链接可分为外部链接、内部链接、局部链接和电子邮件链接 4 种，其含义分别如下。

- 外部链接：可实现网站与网站之间的跳转，即跳转的页面是网站外的页面。它将浏览范围扩大到整个网络，如某些网站上的友情链接就是外部链接。
- 内部链接：指的是目标端点为本站点中的其他网页的超级链接，这也是最常见的超级链接，如网站导航等就是典型的内部链接。
- 局部链接：是指跳转到本页或其他文档的某一指定位置的链接，此类链接是通过文档中的命名锚记实现的。
- 电子邮件链接：当需要发电子邮件时，可创建电子邮件链接。当单击电子邮件链接时，系统会自动启动电子邮件程序（如 Outlook 等），并自动填写好设置的收件地址。

5.1.2　超级链接的路径的分类

在创建超级链接时，超级链接的路径设置非常重要，如果设置不正确，很可能无法跳转或跳转到不正确的页面。超级链接的路径主要有以下 3 类。

- 绝对链接：用于创建站外的具有固定地址的链接，如创建友情链接等。创建此类链接时，需要给出目标端点的完整 URL 地址，如 http://www.sina.com.cn。
- 文档相对路径：是站点内最常用的链接形式，它是使用当前网页所在的位置作为参照物，其他网页相对于该参照物的位置来创建路径的。如图 5-4 所示的站点结构，其进行不同链接的写法如图 5-5 所示。

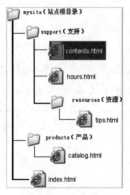

图 5-4　站点结构

源端点	目标端点	正确写法	说明
contents.html	hours.html	hours.html	同一文件夹中
contents.html	tips.html	resources/ tips.html	到子文件夹中
contents.html	index.html	../index.html	到上一级
contents.html	catalog.html	../products/catalog.html	到上一级文件夹中的其他文件夹

图 5-5　文档相对路径写法

- 站点根目录相对路径：是站点内常用的一种链接形式，不过它的参照物是站点根目录。如 "D:\mysite\help\help.html"，网页要链接到 "D:\mysite\company\jieshao.html" 网页，则应写为 "/company/jieshao.html"。

　　在进行外部链接时，需输入完整的 URL 地址。如需链接到网易首页，需输入链接完整的网址 "http://www.163.com/" 而不能输入 "www.163.com"，如果输入 "www.163.com"，系统会认为是链接站点内的 "www.163.com" 文件，导致最终无法正确链接。

5.2　创建基本链接

网页中最基本的链接包括文本链接和图像链接，通过对文本和图像进行超级链接的创建，可以起到页面桥梁的作用。

5.2.1　创建文本超级链接

文本链接是最常见的超级链接，它是通过文本作为源端点，达到链接的目的。创建文本超级链接的方法主要有以下几种：

- 在需要插入超级链接的位置选择【插入】/【超级链接】命令，在打开的"超级链接"对话框中进行链接文本、链接文件和目标打开方式的设置，如图 5-6 所示。

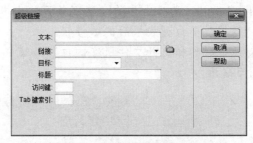

图 5-6　"超级链接"对话框

- 在网页中选中要创建超级链接的文本，在"属性"面板的"链接"下拉列表框中直接输入链接的 URL 地址或完整的路径和文件名。
- 单击"链接"下拉列表框后的 按钮，在打开的"选择文件"对话框中选择需要链接的文件，单击 按钮即可链接。
- 按住"链接"下拉列表框后的 按钮，拖动到右侧的"文件"面板，并指向需要链接的文件。

创建超级链接后，还需要在"目标"下拉列表框中选择链接文件的打开方式，其中有5 个选项，如图 5-7 所示，其含义分别如下。

图 5-7　选择打开目标端点网页的方式

- _blank：单击超级链接文本后，目标端点网页会在一个新窗口中打开。
- new：同 _blank 的作用相似，单击超级链接文本后，将新打开一个浏览器窗口并显

93

Dreamweaver CS6 中创建的文本超级链接默认有下划线，如果要去掉下划线，可以选择【修改】/【页面属性】命令，在打开的"页面属性"对话框的"分类"列表框中选择"链接"选项，在右侧"下划线样式"下拉列表框中选择"始终无下划线"选项即可。

示链接文件，其与_blank 的区别只有在某些浏览器中才会体现出来。

- _parent：单击超级链接文本后，在上一级浏览器窗口显示目标端点网页。在框架网页中比较常用。
- _self：单击超级链接文本后，在当前浏览器窗口中显示目标端点网页，即替换掉原来的网页。这是 Dreamweaver 的默认设置，当不进行选择设置时，将以该方式打开链接文件。
- _top：单击超级链接文本后，在最顶层的浏览器窗口中显示目标端点网页。

 创建内部文本链接 ●●●

下面将在一个注册页面中添加"返回首页"的超级链接，单击该链接后将在当前浏览器窗口中返回指定的页面。

参见
光盘　光盘\素材\第 5 章\jixian
光盘　光盘\效果\第 5 章\jixian\zhuce.html

1 打开网页文件"zhuce.html"，选择上方的"返回首页"文本，如图 5-8 所示，然后单击"属性"面板"链接"下拉列表框后的 □ 按钮。

2 打开"选择文件"对话框，选择打开文件所在的位置，选中"index.html"文件，单击 确定 按钮，如图 5-9 所示。

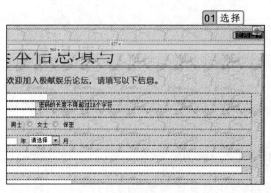

图 5-8　选择文本

图 5-9　选择目标文件

3 在"属性"面板的"目标"下拉列表框中选择"_self"选项，如图 5-10 所示。

图 5-10　设置链接后的文件的打开方式

4 保存并预览网页，单击"返回首页"超级链接，将在当前浏览器窗口中打开指定的网页，如图 5-11 所示。

 行 家 提 醒

在创建文档相对路径时，如果要跳转到上一级文件夹就在其前面加上"../"，每跳转一级加一个，如"../../products/catalog.html"。

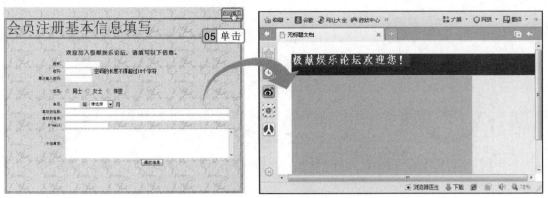

图 5-11　链接效果

5.2.2　创建图像超级链接

创建的图像超级链接有两种类型，一种与文本的超级链接基本相同，选择图像后在"属性"面板的"链接"文本框中进行链接设置操作即可；另一种是在同一张图像上创建多个热点区域，然后分别选中这些热点区域，在"属性"面板的"链接"文本框中进行超级链接设置。

要创建图像热点区域，在选中图像后，使用"属性"面板左下角的热点创建工具进行热点区域的创建，如图 5-12 所示。

图 5-12　"属性"面板

下面介绍各热点工具及其使用方法。

- 💿 **指针热点工具** ：用于对热点进行操作，如选择、移动、调整图像热点区域范围等。
- 💿 **矩形热点工具** ：用于创建规则的矩形或正方形热点区域。选择该工具后，将鼠标指针移动到选中图像上要创建矩形热点区域的左上角位置，按住鼠标左键不放，向右下角拖动覆盖整个需要的热点区域范围后释放鼠标，完成矩形热点区域的创建。如图 5-13 所示为创建的矩形热点区域。
- 💿 **圆形热点工具** ：用于绘制圆形热点区域，其使用方法与矩形热点工具的使用方法相同。如图 5-14 所示为绘制的圆形热点区域。
- 💿 **多边形热点工具** ：用于绘制不规则的热点区域。选择该工具后，将鼠标光标定位到选中图像上要绘制的热点区域的某一位置单击，然后将鼠标光标定位到另一位置后再单击，重复确定热点区域的各关键点，最后回到第一个关键点上单击，以形成一个封闭的区域，完成多边形热点区域的绘制。如图 5-15 所示为绘制的多边形热

95

创建图像或文本超级链接的方法都基本相同，还可以通过选中需创建链接的图像或文本，将鼠标指针移动到"属性"面板的"链接"文本框右侧的"指向文件"图标 上，按住鼠标左键不放，将箭头拖向站点窗口中所需链接的文档，然后释放鼠标来创建链接。

点区域。

图 5-13 创建矩形热点

图 5-14 创建圆形热点

图 5-15 创建多边形热点

5.2.3 HTML 链接代码

通过为网页添加链接代码也可实现添加超级链接的目的。要实现代码链接，可使用\<a>\</a>标签，在\<a>标签中通过添加 href 属性指定链接目标，添加 target 属性设置目标打开方式。如代码 "\<a href="lianxi.html" target="_blank">联系我们\</a>" 就是为 "联系我们" 文本添加超级链接，链接的目标为站点目录中的 lianxi.html 文件，链接的打开方式为在新窗口中打开。

5.2.4 空链接的应用

空链接是指未指定目标端点的链接。如果需要在文本上附加行为，以便通过调用 JavaScript 等脚本代码实现一些特殊功能，此时需创建空链接。建立空链接时，需先在编辑窗口中选中要建立空链接的文本或图像，然后在 "属性" 面板的 "链接" 文本框中直接输入 "#" 符号，最后为其添加相应的行为。关于行为的添加等相关知识将在第 12 章进行讲解，这里不作介绍。

5.3 制作锚点链接

锚点链接的功能是单击源端点对象后可跳转到本页或其他页面的指定位置，即锚点处。锚点链接的创建分为创建锚点和创建链接两部分。

5.3.1 创建锚记

创建锚点链接需两步，首先，创建一个命名的锚记，然后创建对该命名锚记的链接。在文档窗口的设计视图中，将鼠标光标定位到需要命名锚点的位置，然后选择【插入】/【命名锚记】命令，或在 "插入" 面板的 "常用" 类别中单击 "命名锚记" 按钮，将打

HTML 图像映射指的是利用\<map>和\<area>标签配合，在图像上面定义一些可链接区域，其作用相当于图像热点链接。

开"命名锚记"对话框，在"锚记名称"文本框中输入锚记名称后单击 确定 按钮即可，如图 5-16 所示，创建锚记后将在锚记位置显示一个 标记，如图 5-17 所示。

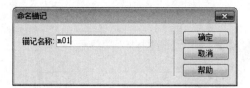

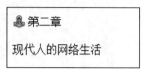

图 5-16　"命名锚记"对话框　　　　图 5-17　创建的锚记

5.3.2　链接命名锚记

创建命名锚记后，还必须创建对应的链接源端点。选中作为链接的文本、图像或其他网页元素，在"属性"面板的"链接"下拉列表框中输入前缀"#"及锚记名称，如"#m01"，如果源端点与锚记不在同一个网页中，则应先写上网页的路径及名称，再加上前缀"#"和锚记名称，如"info.html# m01"，然后在"目标"下拉列表框中选择打开网页的方式，如图 5-18 所示。完成锚记链接后在网页中单击链接的源端点，即可立即跳转到相应的命名锚记处。

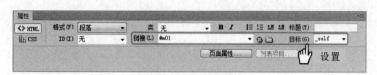

图 5-18　设置链接到锚记的超级链接

5.3.3　HTML 锚点链接代码

要通过 HTML 代码实现锚点链接，同样分两个步骤，即命名锚记和为锚记添加链接。命名锚点首先需要定位到需要命名锚点的位置，然后输入命名锚点的代码，格式为"<a name="m02" id="m02"></a>"。链接锚点时，同样是先定位链接位置或作为链接的对象，然后输入链接代码，格式为<a href="#m02">链接</a>，其中"链接"表示源端点。如果是指向其他页面的锚点，要注明网页路径及名称，如<a href="index.html#m02">链接</a>。

5.3.4　更改链接名称

在一个站点中添加了各网页之间的超级链接后，各文件的名称最好不要随意更改，如果直接通过资源管理器来对网页和各种文件进行重命名，将影响整个站点的正常链接。

如果确实需要更改文件名称，可通过 Dreamweaver CS6 中的"站点"面板来更改，以便及时更新于该文件有关的链接。其操作方法是：在"站点"面板的文件列表中选择需要更改名称的文件后，单击其文件名称，或单击鼠标右键，在弹出的快捷菜单中选择【编辑】/

在设置锚记名称时，输入的锚记名称不能包含空白字符，不要使用中文或全角字符，不能以数字开头。

【重命名】命令，修改其名称后，将打开"更新文件"对话框，如图 5-19 所示，单击 更新(U) 按钮，Dreamweaver CS6 将自动对相关文件中的链接进行更新。

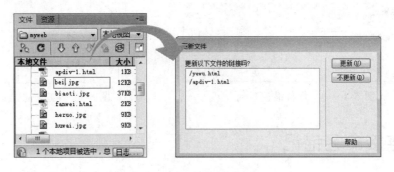

图 5-19　更改名称并更新链接

5.4　制作更多形式的链接

网页中的超级链接其实不限于页面与页面、网站与网站间的链接，还有很多形式的链接，在单击这些链接时，其作用并不是打开新的页面，而是实现其他的功能。

5.4.1　下载链接

下载链接其实并不是一种特殊的链接方式，其插入链接的方法同一般链接相同，只是链接的对象不是网页而是一些单独的文件。

在单击浏览器中无法显示的链接文件时，会自动打开"文件下载"对话框，一般扩展名为 GIF 或 JPG 的图像文件或文本文件（TXT）都可以在浏览器中直接显示，但一些压缩文件（ZIP、RAR 等）或可执行文件（EXE），由于无法直接在浏览器中显示，因此会打开"文件下载"对话框，通过单击 保存(S) 按钮，即可将该文件从服务器端下载到本地电脑中，如图 5-20 所示。

图 5-20　下载链接

5.4.2　音、视频链接

很多网站都会提供听音乐或观看视频的服务，在网页中使用超级链接来链接音乐文件时，单击音乐链接会自动启动播放软件，从而播放相关音乐。当然也可使用前面介绍的插

更改链接名称后，在打开的"更新文件"对话框中单击 不更新(D) 按钮，将不会对相关文件中的链接进行更新。

入插件的方法来制作音频、视频链接。

　　如果是 MP3 文件，则单击音乐链接后，就会弹出"文件下载"对话框，在其中单击 打开(O) 按钮就可以听音乐，如果是一些特殊的音频或视频文件，则需要安装相应的播放器才能正常播放。

5.4.3　电子邮件链接

　　电子邮件链接可让浏览者启动电子邮件客户端，向指定邮箱发送邮件。创建电子邮件链接的方法是：选中要作为电子邮件链接的文本，选择【插入】/【电子邮件链接】命令，或在"插入"面板的"常用"类别中选择"电子邮件链接"选项，打开"电子邮件链接"对话框，在 "文本"文本框中会自动显示选中的文本，也可对其进行修改，在"电子邮件"文本框中输入要链接的邮箱地址，单击 确定 按钮即可，如图 5-21 所示。另外也可选中文本后直接在"属性"面板的"链接"下拉列表框中输入如 mailto:name@163.com 的链接方式。

　　当用户单击电子邮件链接时，将打开电脑中的默认邮件客户端，在其客户端窗口中，将自动填写收件人为链接中指定的地址，如图 5-22 所示。

图 5-21　"电子邮件链接"对话框

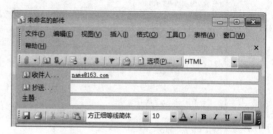

图 5-22　启动电子邮件程序

5.4.4　HTML 电子邮件链接代码

　　要实现 HTML 代码的电子邮件链接，可以使用"mailto:"代码来定义，在需要插入链接的位置输入代码，如输入<a href="mailto: web789@163.com">邮件链接文本</a>。在邮件链接代码中,还可以在""mailto:"后添加参数,设置更详细的链接方式,常用的参数有 subject（电子邮件主题）、cc（抄送收件人）和 bcc（暗送收件人）等,具体如表 5-1 所示。

表 5-1　常用电子邮件链接代码

链 接 作 用	代 码 示 例
默认邮件链接	mailto: web789@163.com
添加主题的邮件链接	mailto: web789@163.com?subject=jianyi
添加抄送地址的邮件链接	mailto: web789@163.com?cc=eteet@qq.com
添加暗送地址的邮件链接	mailto: web789@163.com?bcc=eteet@qq.com

操 作 提 示

　　设置电子邮件链接后，在其"属性"面板的"链接"下拉列表框中将添加链接的邮箱地址。

5.5　基础实例——为"网站联盟"网页添加链接

本章的基础实例将在一个已添加了内容的网页上添加文本、图像、锚记、电子邮件等各类超级链接。最终效果如图 5-23 所示。

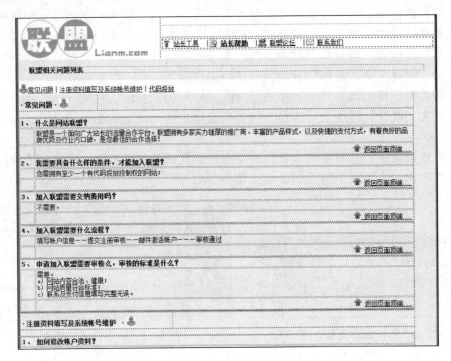

图 5-23　添加链接后的效果

5.5.1　行业分析

　　本例是在原有网页的基础上添加各种超级链接，由于已经设计好了页面，所以在制作的过程中只需对各对象进行相应链接的添加即可。

　　由于本次练习主要是熟悉各种链接的创建和设计，所以在提供的素材网页的基础上进行加工完善。其实在制作网站时，有很多链接是可以在设计的过程中一次性进行添加和设置的，但是有时可能会因为一些子页还没有制作或创建，这时便可像本例一样先为其创建链接，待网页制作好后放到相应的文件夹中即可。

　　对于本例制作的网页而言，由于其内容较多，因此锚点链接的创建非常重要，并且为了能快速返回首页，在适当的位置添加返回页面顶端的超级链接也很重要。这也是一些以文字为主的网页所采取的一种便于阅读的方法。相对于其他综合性的网页，本例对于站点

　　锚记和文本一样可以进行剪切、复制和粘贴等操作，可以随意在网页中移动锚记的位置，但是在执行复制后，要记得对复制的锚记进行重新命名。

内的网页和文件链接相对较少。

5.5.2　操作思路

为更快完成本例的制作，并尽可能运用本章讲解的知识，本例的操作思路如下。

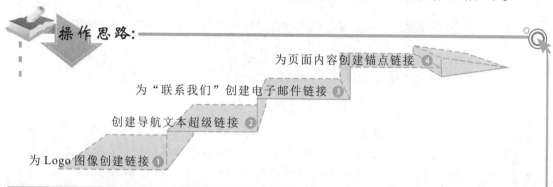

操作思路：

为页面内容创建锚点链接 ❹

为"联系我们"创建电子邮件链接 ❸

创建导航文本超级链接 ❷

为 Logo 图像创建链接 ❶

5.5.3　操作步骤

下面为网页添加各种类型的超级链接。其操作步骤如下：

光盘\素材\第 5 章\lianm\wen.html
光盘\效果\第 5 章\lianm\wen.html
光盘\实例演示\第 5 章\为"网站联盟"网页添加链接　➤➤➤➤➤➤➤➤

1 打开网页文件"wen.html"，选中左上角的图像，在"属性"面板的"链接"文本框中输入"www.lianm.com"，在"目标"下拉列表框中选择"_blank"选项，如图 5-24 所示。

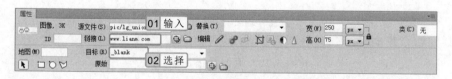

图 5-24　创建图像链接

2 选中右上角的"站长工具"文本，在"属性"面板的"链接"下拉列表框中输入"webtools.html"，在"目标"下拉列表框中选择"_blank"选项，如图 5-25 所示。

图 5-25　创建文本链接

操 作 提 示

一张图像只能创建普通链接或热点链接，如果同一张图像在创建了普通链接后又创建热点链接，则普通链接无效，只有热点链接有效。

3 使用相同的方法，完成"站长帮助"和"联盟论坛"文本超级链接的创建，其中目标端点网页分别为"help.html"和"forumdisplay.php"，在"目标"下拉列表框中选择"_blank"选项。

4 选中文本"联系我们"，在"属性"面板的"链接"下拉列表框中输入"mailto:web_admin @lianm.com"，在"目标"下拉列表框中选择"_blank"选项，如图 5-26 所示。

图 5-26　创建电子邮件链接

5 将鼠标光标定位到"常见问题"文本内容前，选择【插入】/【命名锚记】命令。

6 打开"命名锚记"对话框，在"锚记名称"文本框中输入"top"，如图 5-27 所示。

7 单击 确定 按钮，在插入锚记的位置将显示锚记标记，如图 5-28 所示。

图 5-27　"命名锚记"对话框　　　图 5-28　完成锚记的添加

8 选中刚添加的锚记，按"Ctrl+C"快捷键进行复制，将鼠标光标定位到下面一行加粗字体的"常见问题"文本后，按"Ctrl+V"快捷键进行粘贴。

9 选中刚粘贴的锚记，在"属性"面板的"名称"文本框中输入"1"，在"类"下拉列表框中选择"无"选项，如图 5-29 所示。

图 5-29　重命名锚记名称

10 再分别将鼠标光标定位到页面下方的"注册资料填写及系统账号维护"及"代码投放"文本后，按"Ctrl+V"快捷键进行粘贴，然后分别选中粘贴的各锚记进行重命名，将名称分别重命名为"2"和"3"。

11 返回到页面顶部，选中左上角的"常见问题"文本内容，在"属性"面板的"链接"下拉列表框中输入"#1"。

12 依次选中文本"注册资料填写及系统账号维护"和"代码投放"，并分别在"属性"面板中创建超级链接，其目标端点分别为"#2"和"#3"。

13 选中页面右侧的"返回页面顶端…"文本，在"属性"面板的"链接"下拉列表框中输入"#top"，如图 5-30 所示。

在创建电子邮件链接时，在"链接"下拉列表框中输入前缀"mailto:"时一定要输入正确，应在英文小写状态下输入。"mailto"可以理解为"邮件到"，即发送邮件到什么地方。

图 5-30　创建锚记源端点

14 保持文本"返回页面顶端…"的选中状态，切换到代码视图中，选中的文本也呈选中状态，如图 5-31 所示。

15 将代码"<a href="#top">返回页面顶端…</a>"选中，如图 5-32 所示。

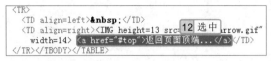

图 5-31　切换到代码视图　　　　　　图 5-32　选中文本前后的代码

16 按"Ctrl+C"快捷键进行复制，然后将该代码中的"<a href="#top">"和"</a>"删除，再选择【编辑】/【查找和替换】命令，打开"查找和替换"对话框，在"替换"列表框中单击并按"Ctrl+V"快捷键进行粘贴，然后在"查找"列表框中输入文本"返回页面顶端…"，如图 5-33 所示。

17 单击 替换全部(A) 按钮，系统开始进行查找替换，完成后切换回设计视图，保存文档，其效果如图 5-23 所示。

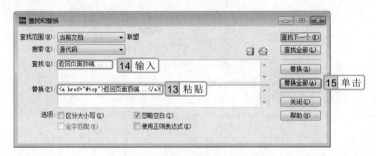

图 5-33　"查找和替换"对话框

5.6　基础练习——完善招聘网页链接

 本章的练习将在"zhaopin.html"网页上添加图像链接、图像热点链接、文本链接、电子邮件链接和锚记链接，以掌握各类链接的创建方法。编辑完成的网页效果和预览效果如图 5-34 所示。

参见
光盘
光盘\素材\第 5 章\zhaopin\zhaopin.html
光盘\效果\第 5 章\zhaopin\zhaopin.html
光盘\实例演示\第 5 章\完善招聘网页链接　　>>>>>>>>>>

在第 16 步中进行查找替换时，一定要将文本前后的代码删除，否则该处会被替换为"<a href=" #top"><a href="#top">返回页面顶端…</a></a>"。

图 5-34　设计效果和预览效果

该练习的操作思路与关键提示如下。

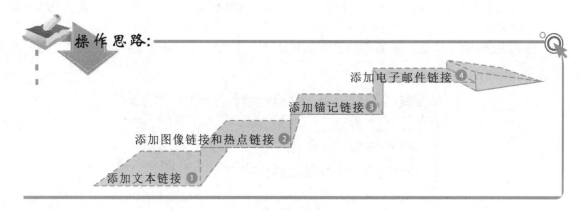

操作思路：

添加电子邮件链接 ④

添加锚记链接 ③

添加图像链接和热点链接 ②

添加文本链接 ①

关键提示：

在制作各类超级链接时，需留意以下细节：

▶ 如果是直接在"链接"文本框中输入文件名，需确保文件路径和名称的准确性。

▶ 锚记的命名须清楚，锚记的链接也需要准确，一一对应。

5.7　知识问答

在网页中插入超级链接时，其操作虽然简单，但是却不能马虎，一旦出错，将影响站点中页面的链接，进而影响整个网站的质量。下面对一些链接方面的问题进行简单解答。

　　在锚记上单击鼠标右键，在弹出的快捷菜单中选择"名称"命令，然后在打开的"改变属性"对话框的"名称"文本框中重新输入新名称，也可改变锚记的名称。

问：设置了文本颜色，并为文本创建链接后便自动变为蓝色，而且无法设置，这是为什么？

答：在一个网页中的超级链接颜色是预先设置好的，默认为蓝色。用户可以选择【修改】/【页面属性】命令，打开"页面属性"对话框，在左侧的"分类"列表框中选择"链接（CSS）"选项，然后即可在右侧的窗格中设置链接的颜色和已访问链接的颜色，并且可以对链接的下划线等进行设置。

问：在页面中插入锚点后，为什么在插入的位置没有显示锚记标志？

答：如果锚点标记没有出现在插入点位置，选择【查看】/【可视化助理】/【不可见元素】命令，即可在编辑窗口中显示锚记标志。

问：网页中的命名锚记太多，很难记住哪个链接该连哪个锚记，有没有什么方法可以准确链接锚记呢？

答：如果记不住锚记的名称，也可通过拖动"指向文件"按钮 的方式来进行锚点链接。方法是在创建锚点后，选中链接文本，在"属性"面板中按住"链接"下拉列表框后的 按钮，并拖动到编辑窗口中，将出现的箭头指向需要链接的锚点，然后释放鼠标即可，可免去对锚记名称的区分。

知 关联 识　浏览器功能链接

在浏览网页时，可以通过单击一些浏览器功能链接，实现一些特殊功能（如打开、编辑、刷新、另存为、打印、前进和后退等），要实现这些功能，可在代码视图中通过定义 JavaScript 链接脚本，添加相应的代码来实现，具体的链接代码如下。

- `<a href="#"onclick=document.execcommand("open")>打开</a>`。
- `<a href="#"onclick= location.reload()>刷新</a>`。
- `<a href="#"onclick=location.replace("view-source:"+location)>使用记事本编辑</a>`。
- `<a href="#"onclick=document.execcommand("saveAs")>另存为</a>`。
- `<a href="#"onclick=document.execcommand("print")>打印</a>`。
- `<a href="#"onclick=docuent.execcommand("selectAll")>全选</a>`。
- `<a href="#"onclick=location.replace("view-source:"+location)>查看源文件</a>`。
- `<a href="#"onclick=window.open(document.location,"url", "fullscreen")>全屏显示</a>`。
- `<a href="#"onclick=history.go(1)>前进</a>`。
- `<a href="#"onclick=history.go(-1)>后退</a>`。
- `<a href="#"onclick=javascript:window.close()>关闭窗口</a>`。
- `<a href="#"onclick=settimeout(window.close(),3000)>限时 3 关闭窗口</a>`。

为对象设置链接后，在设置链接的 CSS 样式时，还可以对已访问的链接和活动链接进行设置，使其与默认的样式进行区分。

提高篇

　　掌握了使用Dreamweaver CS6进行网页制作的基本方法后，很多用户可能还会有此疑惑——为什么网页的页面结构看起来很杂乱，布局不清晰。这是因为还没有对网页进行布局。在Dreamweaver CS6中进行网页制作前，都需要先对页面进行布局，划分出页面的结构，并对每部分需要添加的内容进行规划，然后再将需要的内容添加到其中。

　　在Dreamweaver CS6中可以使用表格、AP Div 、Div+CSS和框架对页面进行布局，其中Div+CSS是目前最为常用，也是最为方便的布局方式，通过它不仅可以对页面进行划分，还能对页面进行美化，使其效果更加美观。

　　除此之外，用户还可通过模板来快速创建网站，通过表单来进行交互式网页的创建，本篇将分别对这些知识进行讲解。

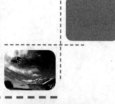

●●●●

<<< IMPROVEMENT

提高篇

第6章

表格在网页中的应用

创建表格
嵌套表格

表格的选中

表格的合并与拆分

表格属性设置
单元格属性设置

表格数据的排序
表格数据的导入和导出

　　表格是网页中不可缺少的重要元素，无论是用于数据排序，还是在页面上对文本进行排版，表格都表现出了它强大的功能，它以简洁明了和高效快捷的方式，将数据、文本、图像和表单等元素有序地显示在页面上，呈现出版式漂亮的网页。使用表格不仅可以将一些页面内容有条理地进行编排存放，还可以对页面进行合理的布局。通过对本章的学习，应掌握表格的创建、设置和编辑及利用表格排序网页数据。

本章导读

6.1 表格的创建

在网页中应用表格，需要先创建合适的表格，然后在表格中添加内容。下面分别讲解表格的创建方法和表格内容的添加方法。

6.1.1 创建表格

表格不仅可以为页面进行宏观的布局，还可以使页面中的文本、图像等元素更有条理。Dreamweaver CS6的表格功能强大，用户可以快捷地创建出各种规格的表格。将鼠标光标置于要插入表格的位置，选择【插入】/【表格】命令，在打开的"表格"对话框中设置相应的参数即可。

实例 6-1 **在页面中创建单个表格** ●●●

下面将在页面中创建一个3行3列的表格。

1 将鼠标光标定位到需要创建表格的位置，选择【插入】/【表格】命令，打开"表格"对话框。

2 在"行数"和"列"文本框中分别输入创建表格的行数和列数，这里均输入"3"。

3 在"表格宽度"文本框中输入"200"，在其后的下拉列表框中选择"像素"选项，在"边框粗细"文本框输入"0"，其他选项按默认设置，如图6-1所示。

4 单击 确定 按钮，将在页面中插入一个3行3列的表格，如图6-2所示。

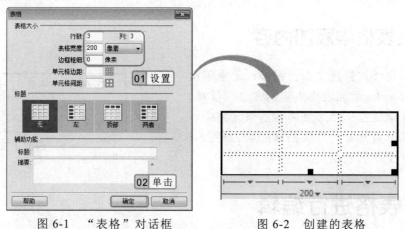

图 6-1　"表格"对话框　　　　图 6-2　创建的表格

6.1.2 嵌套表格

嵌套表格是指在表格的某个单元格中再插入一个表格。创建嵌套表格与创建表格相似，

如果表格没有设置单元格边距和单元格间距，则必须在"单元格边距"和"单元格间距"文本框中输入"0"，否则大多数浏览器会按单元格边距为"1"、单元格间距为"2"进行显示。

首先将鼠标光标定位到需创建嵌套表格的单元格中，然后再按创建表格的步骤进行操作。在 Dreamweaver CS6 中创建嵌套表格，其宽度受所在单元格限制，使用嵌套表格进行页面布局时，边框粗细通常设置为"0"。

实例 6-2 在已有表格中创建嵌套表格 ●●●

1 将鼠标光标定位到需创建嵌套表格的单元格中，选择菜单栏中的【插入】/【表格】命令，打开"表格"对话框。

2 在其中设置"行数"为"1"、"列"为"2"、"表格宽度"为"100"、"边框粗细"为"0"，单元格边距和单元格间距保持为默认值，如图 6-3 所示。

3 设置完成后，单击 确定 按钮完成嵌套表格的创建，效果如图 6-4 所示。

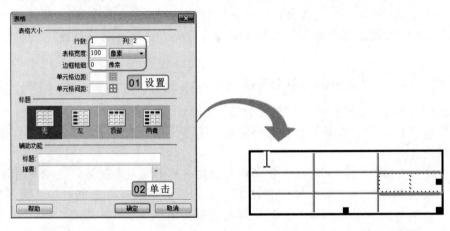

图 6-3　"表格"对话框　　　　　　图 6-4　创建的嵌套表格

6.1.3　在表格中添加内容

在表格中可添加包括文本、图像、动画等类型的各种网页元素。添加表格内容的方法很简单，只需将鼠标光标定位到要添加内容的单元格中，然后按照添加网页元素的方法操作即可，如图 6-5 所示为添加了文本的表格。

姓名	年龄	成绩		
		数学	语文	英语
李才明	14	120	109	124
张晓文	15	100	118	95
钱蓉	13	90	115	135

图 6-5　添加了文本的表格

6.2　对表格进行编辑

根据需要可以对表格进行一些操作，如选中、合并及拆分单元格，删除和添加行或列等。下面分别对其进行详细讲解。

专家指导

表格中的"单元格"和"行"都有对应的标签，是实际的表格组成部分，而"列"不是一个实际的表格组成部分，它仅代表纵向的一列单元格，没有具体的 HTML 标签与其对应。

6.2.1　选中整个表格

在对表格进行操作之前需先选中表格，选中整个表格的方法有以下几种。

- 将鼠标光标定位到表格内，选择菜单栏中的【修改】/【表格】/【选择表格】命令。
- 将鼠标指针移到表格边框线上，当边框线变为红色且鼠标指针变为 形状时单击，如图 6-6 所示。
- 将鼠标指针移到表格单元格的边框上，当其变为 ⬍ 或 ⬌ 形状时单击，如图 6-7 所示。

 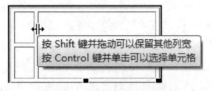

图 6-6　单击表格边框线　　　　　　　图 6-7　单击单元格边框线

- 将鼠标光标定位到表格的任意单元格中，单击窗口左下角标签选择器中的"<table>"标签，如图 6-8 所示。
- 将鼠标光标定位到表格的任意单元格中，表格上端或下端将弹出绿线的标志，单击最上端标有表格宽度的绿线中的 按钮，在弹出的快捷菜单中选择"选择表格"命令，如图 6-9 所示。

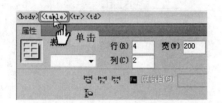 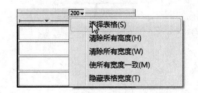

图 6-8　单击"<table>"标签　　　　图 6-9　选择"选择表格"命令

6.2.2　行或列的选中

在 Dreamweaver CS6 中，除了选中整个表格外，有时还根据需要选中表格中的某一行或一列。这时可使用以下方法进行选中：

- 将鼠标指针移到所需行的左侧，当其变为 ➡ 形状且该行的边框线变为红色时，单击即可选中该行，如图 6-10 所示。
- 将鼠标指针移到所需列的上端，当其变为 ⬇ 形状且该列的边框线变为红色时，单击即可选中该列，如图 6-11 所示。
- 将鼠标指针定位到表格中任意一个单元格中，单击需选中的列上端的绿线中的 按钮，在弹出的快捷菜单中选择"选择列"命令也可选中该列，如图 6-12 所示。

将鼠标光标定位到要选中的行中，然后单击文档窗口左下角的<tr>标签即可选中，这种方法只能选择行，而不能选择列。

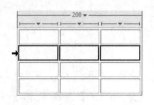 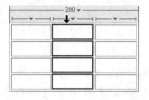 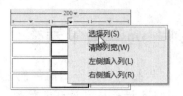

图 6-10　选中行　　　　图 6-11　选中列　　　　图 6-12　选中列

6.2.3　单元格的选中

在表格中可选中单个单元格，也可以选中连续多个单元格，还可以选中不连续的多个单元格。其方法分别如下：

- 将鼠标光标定位到要选中的单元格中，单击即可选中该单元格。
- 将鼠标光标定位到要选中的连续单元格区域的 4 个角上的某一个单元格中，然后按住鼠标左键不放，向对角方向拖动鼠标到对象最后一个单元格中，释放鼠标即可选择连续的多个单元格，如图 6-13 所示。
- 按住 "Ctrl" 键不放，单击要选中的各个单元格即可选中不连续的多个单元格，如图 6-14 所示。

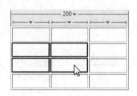 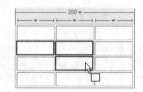

图 6-13　选中连续单元格　　　　图 6-14　选中不连续单元格

6.2.4　单元格的合并与拆分

为了在表格中更好地显示网页数据，有时需要对表格中的某些单元格进行合并或拆分操作，合并和拆分单元格的操作有很多种，下面分别进行介绍。

1．单元格的合并

合并单元格是指将连续的多个单元格合并为一个单元格的操作。合并单元格的方法有如下几种：

- 选中要合并的单元格区域，选择【修改】/【表格】/【合并单元格】命令。
- 选中要合并的单元格区域，单击 "属性" 面板左下角的口按钮。
- 选中要合并的单元格区域并单击鼠标右键，在弹出的快捷菜单中选择【表格】/【合并单元格】命令。

将鼠标光标定位到表格内，单击鼠标右键，在弹出的快捷菜单中选择 "选择表格" 命令，也可以选中整个表格。

2．单元格的拆分

单元格的拆分是将一个单元格拆分为多个单元格的操作。拆分单元格的方法同合并单元格相似，只是在选择拆分命令后，会打开"拆分单元格"对话框，用户需要在其中进行拆分设置。打开"拆分单元格"对话框的方法有以下几种：

- ▷ 选中要拆分的单元格，选择菜单栏中的【修改】/【表格】/【拆分单元格】命令。
- ▷ 选中要拆分的单元格，单击"属性"面板左下角的 ⅱ 按钮。
- ▷ 选中要拆分的单元格并单击鼠标右键，在弹出的快捷菜单中选择【表格】/【拆分单元格】命令。

实例 6-3 将一个单元格拆分为两行 ●●●

1 将鼠标光标定位到要进行拆分操作的单元格中，如图 6-15 所示，单击"属性"面板左下角的 ⅱ 按钮，打开"拆分单元格"对话框。

2 在"把单元格拆分"栏中选中 ⊙行(R) 单选按钮，在"行数"数值框中输入要拆分的行数"2"，如图 6-16 所示。

3 单击 确定 按钮关闭对话框，完成单元格的拆分，如图 6-17 所示。

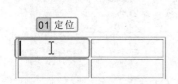

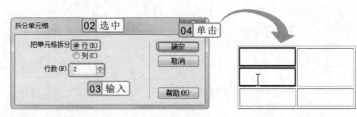

图 6-15 定位鼠标光标　　图 6-16 "拆分单元格"对话框　　图 6-17 完成拆分

6.2.5 行或列的添加与删除

在调整表格时，除了可进行单元格的合并和拆分外，还可对其进行整行或整列的添加或删除操作。行或列的添加有单行、单列的添加和多行、多列的添加两种情况。

1．单行或单列的添加

要进行单行或单列的添加，有如下几种方法：

- ▷ 将鼠标光标定位到相应的单元格中，选择【修改】/【表格】/【插入行】命令，可在当前选择的单元格上面添加一行；选择【修改】/【表格】/【插入列】命令，可在当前列左侧插入一列。
- ▷ 将鼠标光标定位到相应的单元格中单击鼠标右键，在弹出的快捷菜单中选择【表格】/【插入行】命令或【表格】/【插入列】命令，可实现单行或单列的插入。
- ▷ 将鼠标光标定位到相应的单元格中，选择【插入】/【表格对象】命令，在弹出的

合并单元格后，单个单元格的内容放置在最终的合并单元格内；按"Ctrl+Alt+S"组合键也可以打开"拆分单元格"对话框进行单元格的拆分。

子菜单中提供了"在上面插入行"、"在下面插入行"、"在左边插入列"和"在右边插入列"命令，选择相应的命令可选中插入行或列的位置。

2．多行或多列的添加

添加多行或多列的操作方法与添加单行或单列的基本相同，可以通过"插入行或列"对话框来进行多行或多列的添加。

 在表格中插入 3 列 ●●●

下面在一个两列的表格中一次插入 3 列单元格，以便数据的完整输入。

参见
光盘　　光盘\素材\第 6 章\duolie.html
　　　　光盘\效果\第 6 章\duolie.html

1　打开网页文件 "duolie.html"，将鼠标光标定位到第一列的任意单元格中，如图 6-18 所示，单击鼠标右键，在弹出的快捷菜单中选择【表格】/【插入行或列】命令，如图 6-19 所示。

图 6-18　定位插入点

图 6-19　选择命令

2　打开"插入行或列"对话框，在"插入"栏中选中 ◎列(C) 单选按钮，在"列数"数值框中输入"3"，在"位置"栏中选中 ◎当前列之后(A) 单选按钮，如图 6-20 所示。

3　单击 确定 按钮关闭对话框，完成多列的添加，效果如图 6-21 所示。

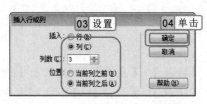

图 6-20　"插入行或列"对话框

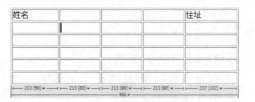

图 6-21　添加多列后的效果

3．行或列的删除

表格中不能删除单独的单元格，但可以进行整行或整列的删除。删除表格中行或列的

在添加单行时，添加的新行在定位单元格的上方；添加单列时，添加的新列在定位单元格的左侧。在进行定位时需根据此特性确定其定位的单元格。

方法主要有如下几种：

◗ 将鼠标光标定位到要删除的行或列所在的单元格，选择【修改】/【表格】/【删除行】或【修改】/【表格】/【删除列】命令。

◗ 将鼠标光标定位到要删除的行或列所在的单元格，单击鼠标右键，在弹出的快捷菜单中选择【表格】/【删除行】或【表格】/【删除行】/【删除列】命令。

◗ 使用鼠标选中要删除的行或列，然后按"Delete"键。

实例 6-5 ▶ 删除表格中的行和列 ●●●

1 将鼠标光标定位到要删除行或列的任意单元格中，如图 6-22 所示，单击鼠标右键，在弹出的快捷菜单中选择【表格】/【删除行】命令，可删除鼠标光标所在的行，如图 6-23 所示。

2 继续单击鼠标右键，在弹出的快捷菜单中选择【表格】/【删除列】命令，删除鼠标光标所在的列，如图 6-24 所示。

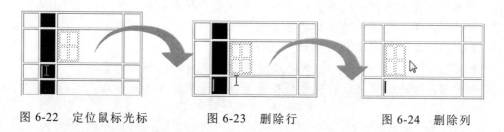

图 6-22　定位鼠标光标　　　图 6-23　删除行　　　图 6-24　删除列

6.3　表格属性设置

插入表格后还可在"属性"面板中对表格的宽度、边框粗细、对齐和背景颜色等属性进行设置。

6.3.1　设置表格属性

选中表格后，展开其"属性"面板，如图 6-25 所示，在其中可对表格的属性进行设置，其中各项参数的含义如下。

图 6-25　表格的"属性"面板

◗ "表格"下拉列表框：为表格进行命名，可用于脚本的引用或定义 CSS 样式。

选中表格的一行或一列，然后选择【编辑】/【清除】命令。如果选中一行或一列中的部分单元格，再按"Delete"键，则可以清除这些单元格中的内容。

- ● "行"和"列"文本框：设置表格的行数和列数。通过在这里输入行数和列数也可以达到添加和删除行或列的功能，但是不能指定具体在哪里添加或需要删除哪行或哪列。
- ● "宽"文本框：设置表格的宽度，在其后的下拉列表框中可选择度量单位，如像素或百分比。
- ● "填充"文本框：设置单元格边界和单元格内容之间的距离，在"表格"对话框中与"单元格边距"文本框的作用相同。
- ● "间距"文本框：设置相邻单元格之间的距离，在"表格"对话框中与"单元格间距"文本框的作用相同。
- ● "对齐"下拉列表框：设置表格与文本或图像等网页元素之间的对齐方式，只限于和表格同段落的元素。
- ● "边框"文本框：设置边框的粗细，通常设置为"0"，将不在预览网页中显示表格边框。如果需要边框，通常通过定义 CSS 样式来实现。
- ● "类"下拉列表框：设置表格的类、重命名、样式表的引用。
- ● 按钮：单击它可删除表格的多余列宽值。
- ● 按钮：单击它可删除表格的多余行高值。
- ● 按钮：单击它可将表格宽度的度量单位从百分比转换为像素。
- ● 按钮：单击它可将表格宽度的度量单位从像素转换为百分比。

6.3.2 设置单元格属性

除了可以设置整个表格的属性外，还可以对表格的单元格、行或列的属性进行设置。选中单元格后，展开其"属性"面板，如图 6-26 所示。其中上半部分与选中文本时的"属性"面板相同，主要用于设置单元格中文本的属性；下半部分主要用于设置单元格的属性，其中各项参数的含义如下。

图 6-26 单元格"属性"面板

- ● 按钮：单击它可合并选中的单元格。
- ● 按钮：单击它可进行单元格的拆分操作。
- ● "水平"下拉列表框：用于设置单元格中内容的水平方向上的对齐方式，包括"左对齐"、"居中对齐"、"右对齐"和"默认"4 个选项。
- ● "垂直"下拉列表框：用于设置单元格中内容的垂直方向上的对齐方式，包括"顶端"、"居中"、"底部"、"基线"和"默认"5 个选项。

专家指导

同时对单元格的行（列）和该行（列）中的单元格进行属性设置时，单元格的属性设置将优先于行（列）的属性设置。

- "宽"文本框：设置单元格的宽度，如果直接输入数字，则默认度量单位为"像素"，如果要以百分比作为度量单位，则应在输入数字的同时输入"%"符号，如"90%"。
- "高"文本框：设置单元格的高度。通常都不进行设置。
- 不换行(0)☐复选框：选中该复选框可以防止换行，从而使给定单元格中的所有文本都在一行上。
- 标题(E)☐复选框：可以将所选的单元格格式设置为表格标题单元格（也可通过"表格"对话框中的"页眉"栏进行设置）。默认情况下，表格标题单元格的内容为粗体并且居中。
- "背景颜色"文本框：设置表格的背景颜色，可单击☐按钮选择颜色，也可直接在后面的文本框中输入颜色代码。

实例 6-6　对表格及单元格属性进行设置 ●●●

下面对表格的宽度、边框、填充、间距、对齐方式和背景颜色等属性进行设置。

1　创建一个 3 行 2 列、宽度为"200"像素、其余值为"0"的表格，如图 6-27 所示。

2　选中表格，在"属性"面板的"填充"文本框中输入"2"，在"间距"文本框中输入"1"，在"对齐"下拉列表框中选择"居中对齐"选项。

3　选中所有单元格，在"背景颜色"文本框中输入"#ff0000"，按"Enter"键完成表格属性的设置，效果如图 6-28 所示。

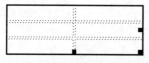

图 6-27　创建表格

图 6-28　设置表格属性

6.4　表格的高级操作

在 Dreamweaver CS6 中，可对表格的内容进行排序和导入、导出表格数据等高级操作。下面对其进行详细讲解。

6.4.1　排序表格

利用 Dreamweaver 提供的表格排序功能，可以对表格指定列的内容进行排序，其方法是：将鼠标光标定位到表格中，然后选择【命令】/【排序表格】命令，打开"排序表格"对话框进行参数设置。

实例 6-7　排序表格数据 ●●●

下面对表格中的数据按第 3 列和第 1 列进行排序。

操作提示

表格属性与单元格属性会相互叠加，如果有相同的属性设置，单元格的属性优先于表格的属性。如设置表格背景颜色为红色，设置某单元格背景颜色为白色，则该单元格的颜色为白色。

1. 选中需排序的表格，如图 6-29 所示，选择【命令】/【排序表格】命令，打开"排序表格"对话框。

2. 在"排序按"下拉列表框中选择一列作为主排序列，如这里选择"列 3"（即"所属"列）选项。

3. 在"顺序"下拉列表框中设置排序的依据，这里选择"按字母顺序"选项，在其后的下拉列表框中设置排序的方式，这里选择"升序"选项。

4. 在"再按"下拉列表框中设置次排序列，这里选择"列 1"（即"IP1"列）选项。

5. 在"顺序"下拉列表框中设置次排序的依据，这里选择"按数字顺序"选项；在其后的下拉列表框中设置排序的方式，这里选择"降序"选项，如图 6-30 所示。

6. 在"选项"栏中可根据需要进行选择，设置完成后单击 确定 按钮关闭对话框，排序后的表格效果如图 6-31 所示。

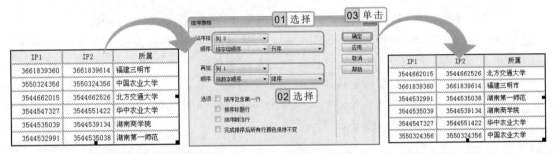

图 6-29　选择要排序的表格　　图 6-30　设置排序依据　　图 6-31　排序后的表格效果

6.4.2　导入和导出表格内容

在 Dreamweaver CS6 中，可将网页中的表格数据导出为文本文件，也可从 Excel 文档、Word 文档或文本文件等文件类型导入表格式数据。选择【文件】/【导入】下的导入选项，进行导入数据操作。

1．表格数据的导入

在页面中需添加表格时，如果表格数据预先存储在其他应用程序如记事本、Excel、Word 中，可以直接将数据导入。

导入文本文档 ●●●

参见　光盘\素材\第 6 章\导入表格数据.txt
光盘　光盘\效果\第 6 章\导入.html　>>>>>>>>>>

1. 新建网页文档，将鼠标光标定位到需导入表格数据的位置，选择【文件】/【导入】/【表格式数据】命令，打开"导入表格式数据"对话框。

2. 单击"数据文件"文本框后的 浏览... 按钮，如图 6-32 所示，在打开的对话框的"查

在进行排序时，先按主排序列进行排序，当主排序列相同时再按次排序列进行排序，如按主排序列"所属"进行排序时有 3 条相同的记录（皆为"中国农业大学"），则 3 条记录应按次排序列"IP1"的排序规则进行排序。

找范围"下拉列表框中选择要导入文件的位置,在文件列表中双击要导入的文件,如图 6-33 所示。

图 6-32　"导入表格式数据"对话框　　　　　图 6-33　双击导入文件

3　在"定界符"下拉列表框中选择文档中分隔表格数据各项内容的符号,需与导入文件中的分隔符一致,这里选择文本文档中使用的"逗号"选项,选择"其他"选项可在后面的文本框中自定义定界符。

4　在该对话框中进行表格宽度、单元格边距、单元格间距和边框等设置,如图 6-34 所示。

5　单击　确定　按钮关闭对话框,完成表格数据的导入,如图 6-35 所示。

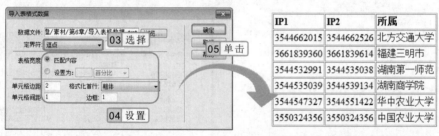

图 6-34　完成设置　　　　　　　图 6-35　导入的表格式数据

2. 表格数据的导出

为了对页面中的数据进行保存,还可以将其中的表格导出为其他格式。在 Dreamweaver CS6 中表格数据的导出一般有两种形式:一种是"作为 XML 数据模板",另一种是"表格"。

 实例 6-9 ▶导出网页中的表格 ●●●

下面将上例网页中的表格数据再次导出到记事本中,并将原来的逗号定界符改为 Tab。

参见
光盘　　光盘\效果\第 6 章\导出表格数据.txt

需要注意的是,使用"导入表格式数据"的方法导入的数据会带有边框样式,而采用导入"Excel 文档"的方法导入则没有边框样式。

1 将鼠标光标定位到需导出数据的表格内的任意一个单元格中，如图 6-36 所示，选择【文件】/【导出】/【表格】命令，打开"导出表格"对话框。

2 在"定界符"下拉列表框中选择单元格之间的定界符，这里选择"Tab"选项，在"换行符"下拉列表框中选择打开导出文件的操作系统，一般为 Windows 操作系统，如图 6-37 所示。

图 6-36　定位鼠标光标　　　　　　　　　　图 6-37　进行导出设置

3 设置完成后单击 导出 按钮，在打开的"表格导出为"对话框中选择保存位置、文件名和文件类型，如图 6-38 所示。

4 单击 保存(S) 按钮完成表格数据的导出，在保存的文件夹中打开保存的文件，其效果如图 6-39 所示。

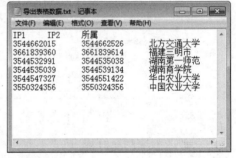

图 6-38　"表格导出为"对话框　　　　　　图 6-39　导出的数据

6.5　提高实例——制作产品目录页面

本章的提高实例中将在页面中插入表格，并对表格进行适当设置和处理，然后在其中的单元格中导入包含产品目录的 Excel 表格，并进行整体美化处理，效果如图 6-40 所示。

如果页面中添加表格只是为了布局页面，应该将表格边框设置为 0，在浏览时将不显示表格边框，从而使网页更美观。

图 6-40 产品目录页面效果

6.5.1 行业分析

本例制作的产品目录页面主要是对各种产品进行介绍，并达到展示和宣传的目的，因此，部分产品还可进行图片展示。由于产品种类很多，不可能都进行图片展示，所以可以在适当的位置添加一些产品图片，而具体的产品规格和报价等信息则可以通过表格的方式直观地表现出来。

为了达到美观的效果，可通过表格初步布局一下页面，然后在主要区域导入已经制作好的产品表格。对于布局表格，为了在页面中不显示表格，可设置其边框粗细为 0，而产品表格为了直观，可设置为可见。

6.5.2 操作思路

为更快完成本例的制作，并尽可能运用本章讲解的知识，本例的操作思路如下。

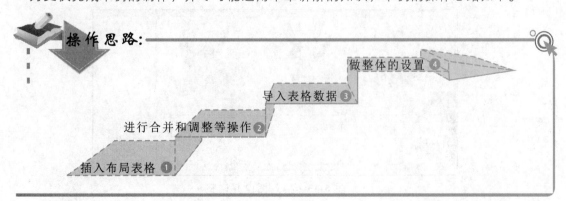

插入表格后，向单元格中添加内容时会改变相关单元格的尺寸，但一般不会改变整个表格的宽度，所以当表格宽度不足以容纳所有内容时，可手动拖动来增加其宽度。

6.5.3 操作步骤

下面介绍表格页面的具体制作方法。其操作步骤如下：

参见
光盘

光盘\素材\第 6 章\mulu
光盘\效果\第 6 章\mulu\chanpin.html
光盘\实例演示\第 6 章\制作产品目录页面

1 打开网页文件 "chanpin.html"，选择【插入】/【表格】命令，打开 "表格" 对话框。

2 在其中设置表格的 "行数" 为 "6"，"列" 为 "4"，"表格宽度" 为 "800"，"边框粗细" 为 "0"，如图 6-41 所示。

3 单击 确定 按钮关闭对话框并插入表格，将鼠标光标定位到第 1 行第 1 列的单元格中，选择【插入】/【图像】命令，在打开的对话框中双击 "01.jpg" 图像插入，如图 6-42 所示。

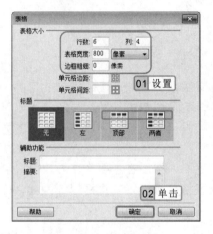

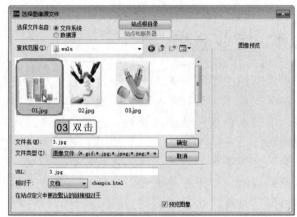

图 6-41　插入表格　　　　　　　　　　　　图 6-42　插入图像

4 拖动插入的图像至合适位置，并使用相同的方法在后面的两个单元格中插入图像，并调整图像和表格，如图 6-43 所示。

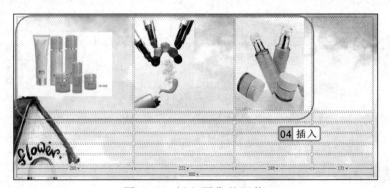

图 6-43　插入图像并调整

如果合并前各单元格中含有内容，则合并后所有内容都将保留，并按从左到右、自上而下的顺序合并。

5 拖动鼠标选中第 2 行第 2 列及后面的单元格，单击鼠标右键，在弹出的快捷菜单中选择【表格】/【合并单元格】命令，合并单元格区域，如图 6-44 所示。

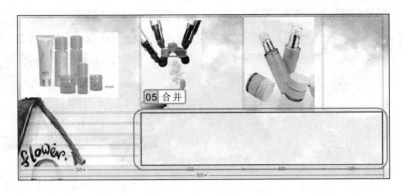

图 6-44　合并单元格

6 将鼠标光标定位到合并后的单元格中，选择【文件】/【导入】/【Excel 文档】命令，在打开的"导入 Excel 文档"对话框中选择"产品目录.xls"文件，单击 [打开(O)] 按钮，如图 6-45 所示，导入的表格如图 6-46 所示。

图 6-45　选择导入的文档

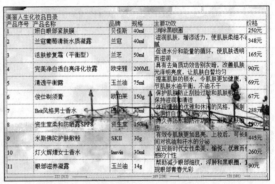

图 6-46　导入的表格

7 选中导入表格的所有单元格，在"属性"面板的"背景颜色"文本框中输入"#FEF3D3"，设置表格背景颜色，如图 6-47 所示，然后对表格和字体做适当设置，完成本例的操作。

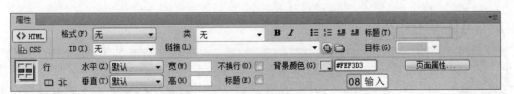

图 6-47　设置表格背景颜色

操作提示

删除行的快捷键为"Shift+Ctrl+M"，删除列的快捷键为"Shift+Ctrl+-"，当然，在使用快捷键之前仍然需要先在目标行或列的单元格中定位插入点。

6.6　提高练习——制作日历网页

本章的提高练习将使用表格创建日历网页，让读者进一步加深对网页表格知识的掌握。布局效果如图 6-48 所示，最终效果如图 6-49 所示。

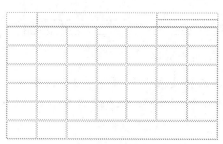

图 6-48　布局效果

星期日	星期一	星期二	星期三	星期四	星期五	星期六
1	2	3	4	5	6	7
8	9	10	11	12	13	14
15	16	17	18	19	20	21
22	23	24	25	26	27	28
29	30					

9　万 事 如 意　2013
[农历癸巳年]

備：才智高且具优秀的头脑，行动活泼好动且伶俐
出生年份：2004 1992 1980 1968 1956

图 6-49　最终效果

参见　光盘\效果\第 6 章\rili.html
光盘　光盘\实例演示\第 6 章\制作日历网页

该练习的操作思路如下。

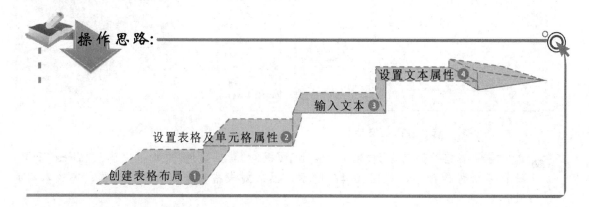

操作思路：

❹ 设置文本属性
❸ 输入文本
❷ 设置表格及单元格属性
❶ 创建表格布局

6.7　知识问答

在网页中添加和设置表格其实同 Word 中的操作基本相似，但是尽管操作简单，很多用户往往还是会遇到一些小问题难以解决。下面就网页中的一些表格问题进行解答。

单元格拆分会受到相邻单元格的影响，拆分后的分界线会自动与相邻已拆分单元格分界线对齐。若在某单元格左侧有相邻的 3 行单元格，如果将该单元格拆分为两行，则分隔线会自动与右侧相邻的第 2 个单元格与第 3 个单元格的分界线对齐。

问：为什么设置了表格的一些属性后，整个表格就"变形"了，本来已经很整齐的表格又需要重新调整？

答：表格的"填充"（单元格边距）属性对表格的大小有直接的影响，因此，如果已经设置了表格的总宽度，又再次加大表格的"填充"属性值，则会造成整个表格变宽，影响最终的设计效果。除了设置"填充"属性会对表格的总宽度产生影响外，表格的"单元格间距"属性也会对单元格的宽度产生影响，因此在设计表格时，应该在表格的宽度、单元格的宽度设置上，将"填充"和"单元格间距"属性对它们的影响考虑在内。

问：在 Word 中制作的表格可以直接复制到 Dreamweaver 中吗？

答：可以。在 Word 中制作的表格可以直接复制粘贴到网页中，复制后其结构基本保持不变，只是在复制后会产生大量的无用 HTML 代码，Dreamweaver 中编辑起来会比较麻烦。

 网页中表格的使用注意

表格应尽量使用绝对像素定义其大小，以免浏览器分辨率不同时产生变形。一个网页要尽量避免将所有的内容都嵌套在一个大表格之中，因为浏览器在解释页面元素时，是以表格为单位逐一显示，如果一个网页是嵌套在一个大表格之中，那么，当浏览者输入网址浏览网页时，可能会在空白窗口中停留很长时间以等待加载网页，加载完后所有的网页内容才同时出现。另外，在表格代码中添加<tbody>标记，可使表格分块显示，从而加快网页下载时间，其写法为"<table><tbody>……</tbody></table>"。

嵌套表格会对其父表格产生一定影响，如果嵌套表格过大，甚至会把整个父表格撑大，因此使用嵌套表格时要考虑到其尺寸对父表格的影响。

第 7 章

使用 AP Div 布局网页

AP Div的创建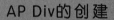

编辑 AP Div

认识"AP元素"面板

调整AP Div的堆叠顺序

单个AP Div的属性设置
多个AP Div的属性设置

用户在制作网页前，需要对网页的结构及其包含的内容进行大概的设计，以确定网页的内容和布局。在 Dreamweaver CS6 中可以通过 AP Div 来轻松实现页面的布局。本章将对使用 AP Div 进行布局的方法进行介绍，包括 AP Div 的创建、编辑和属性设置等。

本章导读

7.1　AP Div 的创建

AP Div 具有可移动的特点，是 Dreamweaver CS6 中最为灵活的网页元素，用户可以在页面中的任意位置对其进行创建和移动操作，也可在其中嵌套多个 AP Div。下面将对创建和嵌套 AP Div 的方法进行介绍。

7.1.1　创建 AP Div

在 Dreamweaver CS6 中创建 AP Div 的方法很简单，既可直接通过菜单栏进行插入，也可通过"布局"选项卡进行绘制，其方法介绍如下。

- 通过菜单栏创建：将鼠标光标定位到需插入 AP Div 的位置，然后选择【插入】/【布局对象】/【AP Div】命令。

- 通过"布局"选项卡创建：在插入栏中选择"布局"选项卡，单击"绘制 AP Div"按钮▤，此时鼠标指针将变为十形状，在窗口中任意位置按住鼠标左键不放进行拖动来绘制 AP Div，即可在窗口右下角显示正在绘制的 AP Div 的大小，拖动至合适位置后释放鼠标即可，如图 7-1 所示。

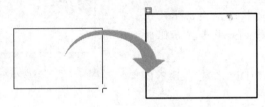

图 7-1　绘制 AP Div

7.1.2　创建嵌套 AP Div

AP Div 可以进行嵌套。在某个 AP Div 内部创建的 AP Div 称为嵌套 AP Div 或子 AP Div，嵌套 AP Div 外部的 AP Div 称为父 AP Div。子 AP Div 可以浮动于父 AP Div 之外的任何位置，子 AP Div 的大小不受父 AP Div 的限制。

创建嵌套 AP Div 的方法很简单，将鼠标光标定位到所需的 AP Div 内，选择【插入】/【布局对象】/【AP Div】命令，即可在现有 AP Div 中创建一个嵌套 AP Div。使用相同的方法可在一个 AP Div 中插入多个子 AP Div。如图 7-2 所示为几种嵌套 AP Div 的效果。

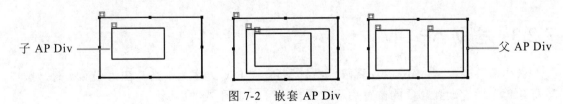

子 AP Div ——　　　　　　　　　　　　　　　　　　　　—— 父 AP Div

图 7-2　嵌套 AP Div

按住"Ctrl"键，在插入栏中的"布局"选项卡中单击▤按钮后，使用鼠标拖动可连续绘制多个层。

7.2　AP Div 的编辑操作

"AP 元素"面板显示了网页中所有的 AP Div 及各个 AP Div 之间的关系，在"AP 元素"面板中可以选择 AP Div、设置 AP Div 的显示属性、设置 AP Div 的堆叠顺序和重命名 AP Div 等。

7.2.1　认识"AP 元素"面板

在 Dreamweaver CS6 中可选择【窗口】/【AP Div】命令，或按"F2"键打开"AP 元素"面板，在其中可查看当前网页中包含的所有 AP Div，如图 7-3 所示。其中嵌套的 AP Div 以树状结构显示在其父级的下方。"AP 元素"面板可对 AP Div 进行如下操作：

- 双击 AP Div 的名称可对 AP Div 进行重命名。
- 单击 AP Div 后面的数字可修改 AP Div 的重叠顺序，即 Z 轴顺序，数值大的将位于上面。
- 在 AP Div 名称前面有一个眼睛图标，睁开的眼睛图标 表示该 AP Div 处于显示状态；闭合的眼睛图标 表示该 AP Div 处于隐藏状态；单击眼睛图标可切换 AP Div 的显示或隐藏。如果未显示眼睛图标，表示没有指定可见性。
- 选中 防止重叠 复选框可以防止 AP Div 重叠，且不能创建嵌套 AP Div。

图 7-3　　"AP 元素"面板

7.2.2　选中 AP Div

要在网页中使用 AP Div 进行布局，需要先将其选中。在 Dreamweaver CS6 中可以分别选中单个和多个 AP Div，其方法介绍如下：

- 在编辑窗口中单击要选中的 AP Div 的边框可选中单个 AP Div。
- 在"AP 元素"面板中单击要选中的 AP Div 的名称可选中单个 AP Div。
- 按住"Shift+Ctrl"快捷键在要选中的 AP Div 中单击可选中单个 AP Div。
- 选中多个 AP Div，可按住"Shift"键后依次在需选中的 AP Div 中或 AP Div 边框上单击，也可按住"Shift"键后依次在"AP 元素"面板中单击需选中 AP Div 的名称。

7.2.3　移动 AP Div

选中需移动的 AP Div 后，将鼠标指针移到 AP Div 边框上，当其变为 形状时，按住鼠标左键不放拖动到需要的位置后释放鼠标即可，如图 7-4 所示。

如果选中的 AP Div 中包含有嵌套的子层，会选中其包含的所有 AP Div。

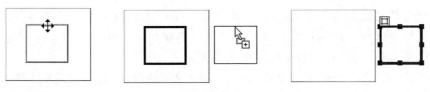

图 7-4　移动 AP Div

7.2.4　对齐 AP Div

在网页制作过程中常需要将 AP Div 进行对齐。其对齐方式有左对齐、右对齐、上对齐和对齐下缘。在进行对齐的过程中，Dreamweaver CS6 会默认以最后选中的 AP Div 为标准进行对齐。其方法是：选中需对齐的所有 AP Div 后，选择【修改】/【排列顺序】命令，再在弹出的子菜单中选择相应的子命令，如图 7-5 所示。

图 7-5　对齐 AP Div

7.2.5　调整 AP Div 的大小

在网页制作过程中，常常需要对创建的 AP Div 大小进行调整，使其符合网页的要求。在 Dreamweaver CS6 中调整 AP Div 大小的方法有多种，下面分别进行介绍。

- 选中要调整大小的 AP Div，在"属性"面板的"宽"、"高"文本框中输入所需的宽度和高度值，再按"Enter"键确认，如图 7-6 所示。
- 将鼠标指针移至要调整大小的 AP Div 的边缘，当其变为 ↕、↔、↖ 或 ↗ 形状时，按住鼠标左键不放，边观察"属性"面板中动态显示的"宽"和"高"数值边进行拖动，至所需大小后释放鼠标，如图 7-7 所示。

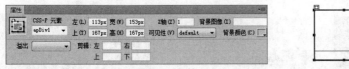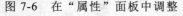

图 7-6　在"属性"面板中调整

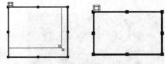

图 7-7　拖动鼠标进行调整

- 按住"Ctrl"键再按键盘上的方向键，可以移动 AP Div 的右边框和下边框，每次调整 1 个像素的大小；按住"Shift+Ctrl"快捷键的同时再按键盘上的方向键可每次调整 10 个像素的大小。

如果只将选中的层移动 1 个像素，可使用键盘上的方向键，若按住"Shift"键的同时再按键盘上的方向键可一次移动 10 个像素。在进行嵌套层的对齐操作时，所有子层的位置都会随其父层进行相应移动。

- 选中需调整大小的多个 AP Div，然后选择【修改】/【排列顺序】命令，在弹出的子菜单中选择"设成宽度相同"或"设成高度相同"命令，则选择的所有 AP Div 将设置为最后选择 AP Div 的宽度或高度。
- 选中需调整大小的多个 AP Div，在"属性"面板的"宽"、"高"文本框中输入所需的宽度和高度值，再按"Enter"键，选择的所有 AP Div 将调整为设定的大小。

7.2.6　设置 AP Div 的堆叠顺序

在 Dreamweaver CS6 中创建多个 AP Div 且需要将其堆叠在一起时，可对其排列顺序（即 Z 轴顺序）进行设置，控制需要显示的内容。通常先创建的 AP Div 的 Z 轴顺序值低，而后创建的 AP Div 的 Z 轴顺序值高一些，且 Z 轴顺序值大的 AP Div 遮盖 Z 轴顺序值小的 AP Div 的内容。设置 AP Div 的堆叠顺序可以在"属性"面板或"AP 元素"面板中进行，也可以通过菜单命令来设置。

1．在"属性"面板中更改 AP Div 的堆叠顺序

选中需改变堆叠顺序的 AP Div 后，在"属性"面板的"Z 轴"文本框中输入所需的数值，大于原数字可将该 AP Div 在堆叠顺序中上移，小于原数字可将该 AP Div 在堆叠顺序中下移，完成输入后按"Enter"键确认即可。如图 7-8 所示为将"apDiv1"的 Z 轴值从"1"修改为"3"后的示意图。

图 7-8　在"属性"面板中更改 AP Div 的堆叠顺序

2．在"AP 元素"面板中更改 AP Div 的堆叠顺序

打开"AP 元素"面板，在"Z"栏中双击需要进行修改的 AP Div 对应的 Z 轴值，修改后在空白处单击即可，如图 7-9 所示。

 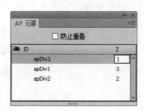 

图 7-9　在"AP 元素"面板中更改 AP Div 的堆叠顺序

选择多个层时，最后选中的层四周的控制柄是实心的，而非最后选择的层的控制柄则为空心的。

3. 用菜单命令更改 AP Div 的堆叠顺序

选中需更改堆叠顺序的 AP Div 后，选择【修改】/【排列顺序】命令，在弹出的子菜单中选择"移到最上层"或"移到最下层"命令即可，如图 7-10 所示。

图 7-10　用菜单命令更改堆叠顺序

7.2.7　改变 AP Div 的可见性

通过设置 AP Div 的可见性可控制 AP Div 的隐藏与显示，以达到某些特殊的效果。如先在 AP Div 中创建需弹出的菜单，然后设置 AP Div 的可见性为隐藏，当单击某主菜单或将鼠标指针移到某菜单上时，改变弹出菜单 AP Div 的属性为可见，这样即可在 AP Div 中选择相应的菜单项。

1. 隐藏 AP Div

选中要设置可见性的 AP Div，在其上单击鼠标右键，在弹出的快捷菜单中选择【可视性】/【隐藏】命令，再在编辑窗口的空白区域单击即可隐藏 AP Div，如图 7-11 所示。

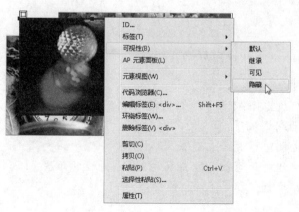

图 7-11　隐藏 AP Div

操作提示

在水平方向上选中多个 AP Div，选择【修改】/【排列顺序】命令，在弹出的子菜单中选择"上对齐"或"对齐下缘"命令，可使其在水平方向上对齐；反之选中竖直方向上的多个 AP Div，选择"左对齐"或"右对齐"命令，则可使其在垂直方向上对齐。

2．显示 AP Div

如果要显示隐藏的 AP Div，则需要在"AP 元素"面板中选中隐藏的 AP Div，再在选中的 AP Div 上单击鼠标右键，在弹出的快捷菜单中选择"可见"命令，然后在编辑窗口的空白区域单击即可显示 AP Div，如图 7-12 所示。

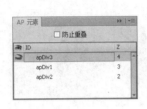

图 7-12　显示 AP Div

7.3　AP Div 的属性设置

 除了通过前面讲解的方法来设置 AP Div 外，还可在"属性"面板中对 AP Div 的各种属性进行详细设置，使其符合网页制作的要求。其中单个和多个 AP Div 属性设置又不尽相同，下面将分别进行讲解。

7.3.1　单个 AP Div 的属性设置

选择要设置属性的单个 AP Div，其"属性"面板如图 7-13 所示。

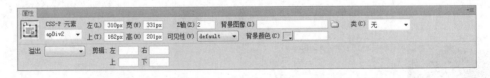

图 7-13　AP Div 的"属性"面板

AP Div 的"属性"面板中各参数的含义介绍如下。

- "CSS-P 元素"下拉列表框：可为当前 AP Div 命名，该名称可在脚本中引用，如通过编写脚本实现 AP Div 的显示或隐藏等。
- "左"文本框：设置 AP Div 左边相对于页面左边或父 AP Div 左边的距离。
- "上"文本框：设置 AP Div 顶端相对于页面顶端或父 AP Div 顶端的距离。
- "宽"文本框：设置 AP Div 的宽度值。
- "高"文本框：设置 AP Div 的高度值。
- "Z 轴"文本框：设置 AP Div 的 Z 轴顺序，也就是设置嵌套 AP Div 在网页中的重叠顺序，较高值的 AP Div 位于较低值的 AP Div 的上方。

将 AP Div 的可见性与行为结合使用，可达到动态显示网页元素的效果。

- ○ **"可见性"下拉列表框**：设置 AP Div 的可见性，其中"default"表示默认值，其可见性由浏览器决定；"inherit"表示继承其父 AP Div 的可见性；"visible"表示显示 AP Div 及其内容，与父 AP Div 无关；"hidden"表示隐藏 AP Div 及其内容，与父 AP Div 无关。
- ○ **"背景图像"文本框**：用于设置背景图像，单击 ⊡ 按钮，在打开的"选择图像源文件"对话框中可选择所需的背景图像。
- ○ **"背景颜色"文本框**：用于设置 AP Div 的背景颜色。
- ○ **"类"下拉列表框**：用于选择 AP Div 的样式。
- ○ **"溢出"下拉列表框**：选中当 AP Div 中的内容超出 AP Div 的范围后显示内容的方式，其中，"visible"表示将 AP Div 自动向右或向下扩展，使 AP Div 能够容纳并显示其中的内容；"hidden"表示保持 AP Div 的大小不变，也不出现滚动条，超出 AP Div 范围的内容将不显示；"scroll"表示无论 AP Div 中的内容是否超出 AP Div 范围，AP Div 的右端和下端都会出现滚动条；"auto"表示保持 AP Div 的大小不变，但是在 AP Div 的左端或下端会出现滚动条，以便使 AP Div 中超出范围的内容能够通过拖动滚动条来显示。
- ○ **"剪辑"栏**：在该栏中可设置 AP Div 的可见区域。其中"左"、"右"、"上"和"下" 4 个文本框分别用于设置 AP Div 在各个方向上的可见区域与 AP Div 边界的距离，其单位为"像素"。

7.3.2　多个 AP Div 的属性设置

如果多个 AP Div 具有相同的属性需要设置，则可同时选中这些 AP Div，然后再在"属性"面板中进行设置。选中多个 AP Div 后的"属性"面板如图 7-14 所示。

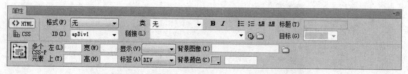

图 7-14　多个 AP Div 的"属性"面板

多个 AP Div 的"属性"面板中，上部可以设置 AP Div 中文本的样式，其设置方法与文本的"属性"面板相同。下部的大部分属性与单个 AP Div 的"属性"面板相同，不同的是多个 AP Div 的"属性"面板中多了一个"标签"下拉列表框，其中包括"SPAN"和"DIV"两个选项，它们都是 HTML 标签，其含义如下。

- ○ **span 标签**：是一个内联元素，支持 Style、Class 和 ID 等属性，使用该标签可以通过为其附加 CSS 样式来实现各种效果。
- ○ **Div 标签**：与 Span 标签的功能相似，最主要的差别在于 Div 标签是一个块级元素，在默认情况下 Div 标签会独占一行（可以通过设置 CSS 样式使多个 Div 标签处在同一行中），而 span 标签则不同，可以与其他网页元素同行。

如图 7-15 所示为相同的内容放在 span 标签和 Div 标签中的代码，如图 7-16 所示为其

　　如果要绘制相同属性的 AP Div，可先绘制好所有需要的 AP Div，然后再通过"属性"面板对其相同的属性进行设置。

在网页中的显示效果，从中可看出 Div 与 span 标签的不同。

```
<span>span中的内容</span>span后的内容
<div>div中的内容</div>div后的内容
```

图 7-15　不同标签的显示代码

```
span中的内容span后的内容
div中的内容
div后的内容
```

图 7-16　不同标签在网页上的显示效果

7.4　提高实例——制作西餐厅网页

本章的提高实例将对西餐厅网页进行完善，先对网页菜品展示的整体结构进行布局，再对放置菜品图片的地方进行布局，其最终效果如图 7-17 所示。

图 7-17　西餐厅网页效果

7.4.1　行业分析

AP Div 布局常被用于进行较为灵活的页面布局，以便根据需要对页面进行调整，如用

Div 标签是最常用的布局方式，AP Div 是其中较为特殊的一种标签，在进行页面的布局时，可结合这两种方式来进行。

于放置漂浮在页面上的图片、文本或其他内容，再结合 Dreamweaver 的其他功能，使其能达到显示/隐藏的效果等。而要将页面的某一部分位置进行固定，则需要通过 Div 标签。Div 标签是最简单的一种布局标签，通过它与 CSS 的结合使用，可以将页面划分为若干个部分，并将每个部分分别固定在特定的位置，以便在其中添加内容。AP Div 标签是 Div 标签的一种较为特殊的格式，通过结合 AP Div 与 Div 标签的使用，可以制作出符合用户实际需要的网页。

　　本例制作的西餐厅网页属于餐饮销售类网站，可在网站首页中陈列餐品的信息，以使用户直观、明了地查看到餐厅的特色菜品，吸引顾客。因此，在制作网页时，需要通过 Div 标签来对页面整体进行布局，然后再通过 AP Div 来存放每个菜品，并将其整齐排列，使网页效果美观、整洁。

7.4.2　操作思路

　　为更快完成本例的制作，并尽可能运用本章讲解的知识，本例的操作思路如下。

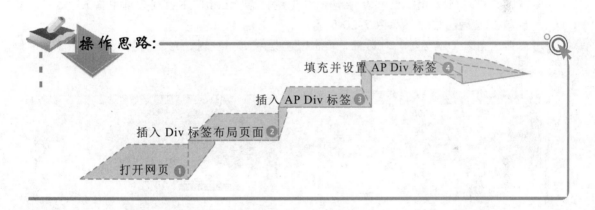

7.4.3　操作步骤

　　下面将打开西餐厅网页，并对其进行布局和内容的填充操作。其操作步骤如下：

　　光盘\素材\第 7 章\西餐厅
　　光盘\效果\第 7 章\西餐厅\index.html
　　光盘\实例演示\第 7 章\制作西餐厅网页

1 在 Dreamweaver CS6 中打开网页文件 "index.html"，将鼠标光标定位在页面左侧的 "TH ME WESTERNT 菜品（Hot）更多+" 内容后面的 Div 标签中，如图 7-18 所示。

2 选择【插入】/【布局对象】/【Div 标签】命令，打开 "插入 Div 标签" 对话框，在 "ID" 下拉列表框中输入 "left-list"，单击 新建 CSS 规则 按钮，如图 7-19 所示。

　　在进行网页布局时，最好将 Div 标签与 AP Div 标签一起结合使用，以使网页结构更为清晰。在本例中将使用 Div+CSS 布局的简单方法，这里将不进行过多的描述，关于其具体的操作方法将在第 9 章进行讲解。

图 7-18　定位插入点

图 7-19　"插入 Div 标签"对话框

3 在打开的对话框中保持默认设置不变，单击 确定 按钮。打开 "**#left-list** 的 CSS 规则定义"对话框。

4 在"分类"列表框中选择"方框"选项，在"Width"下拉列表框中输入"300"，在"Height"下拉列表框中输入"268"，在"Float"下拉列表框中选择"left"选项，取消选中"Margin"栏中的 全部相同 复选框，在"Left"下拉列表框中输入"30"，然后单击 确定 按钮，如图 7-20 所示。

5 返回"插入 Div 标签"对话框，单击 确定 按钮。此时，可看到插入的 Div 标签，如图 7-21 所示。

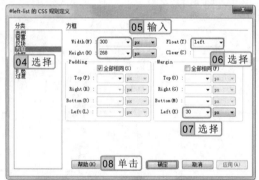

图 7-20　设置"left-list"Div 标签的参数

图 7-21　查看插入标签后的效果

6 选择"left-list"Div 标签中的内容，按"Delete"键删除。然后将鼠标光标定位在"left-list" Div 标签中，选择【插入】/【布局对象】/【AP Div】命令，插入一个默认的 AP Div 标签。

7 选择插入的 AP Div 标签，在其"属性"面板中的"CSS-P 元素"下拉列表框中输入 "APlist1"，在"宽"和"高"文本框中都输入"68px"，如图 7-22 所示。

8 将鼠标定位在"APlist1"标签中，选择【插入】/【图像】命令，打开"选择图像源文件"对话框，在中间的列表框中选择需要插入的图片，这里为"1.jpg"，单击 确定 按钮，如图 7-23 所示。

插入 AP Div 时，Dreamweaver 会自动为其命名，但为了以后的操作方法，可将其重命名为容易辨识的名称。

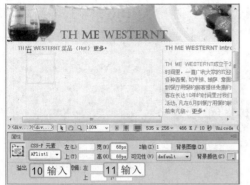

图 7-22　设置 AP Div 的属性

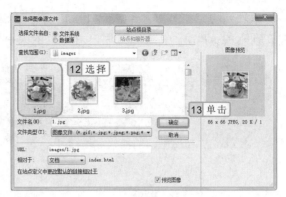

图 7-23　选择需要插入的图像

⑨ 使用相同的方法，再插入两个 AP Div 标签，设置其名称为 "APlist2" 和 "APlist3"，宽和高都为 "68px"。

⑩ 在 "APlist2" 和 "APlist3" 标签中插入 "2.jpg" 和 "3.jpg" 图像，并使用鼠标拖动 AP Div 标签，移动其位置，使其分布均匀，效果如图 7-24 所示。

⑪ 使用相同的方法，依次再插入两排 AP Div 标签，并分别在其中插入 "3~9.jpg" 图片，移动其到合适位置，效果如图 7-25 所示。

图 7-24　插入其他 AP Div

图 7-25　查看效果

⑫ 此时，选择水平方向上第 1 排中的 3 个 AP Div，选择【修改】/【排列顺序】/【上对齐】命令，使其在水平方向的位置相同。使用相同的方法调整第 2 排和第 3 排的位置。

⑬ 选择竖直方向上第 1 排中的 3 个 AP Div，选择【修改】/【排列顺序】/【左对齐】命令，使其在垂直方向的位置相同。使用相同的方法调整第 2 排和第 3 排的位置。

⑭ 完成后保存并预览网页效果。

7.5　提高练习——制作服装展示网页

本章主要介绍通过 AP Div 进行布局的方法，并详细介绍了 AP Div 的各种操作，下面将通过制作悠然家居网页来进一步巩固网页布局的方法，使用户熟练掌握。

如果在 AP Div 中添加的内容大于 AP Div 的容量，AP Div 会自动调整大小以适应内容。

本次练习将打开"服装展示.html"网页，通过在其中插入 AP Div 来布局网页内容，并在插入的 AP Div 中插入图片，对图片的大小进行编辑，其效果如图 7-26 所示。

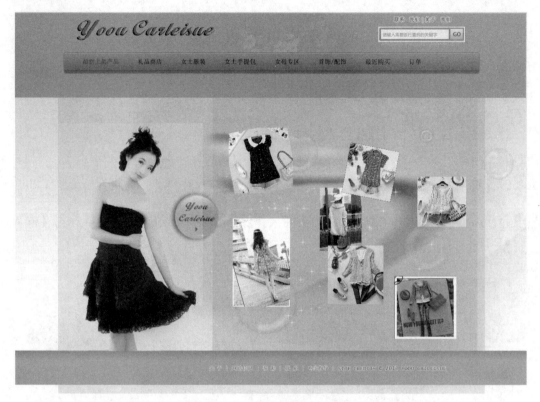

图 7-26　服装展示网页效果

参见
光盘
光盘\素材\第 7 章\服装展示\服装展示.html
光盘\效果\第 7 章\服装展示\服装展示.html
光盘\实例演示\第 7 章\制作服装展示网页

该练习的操作思路如下。

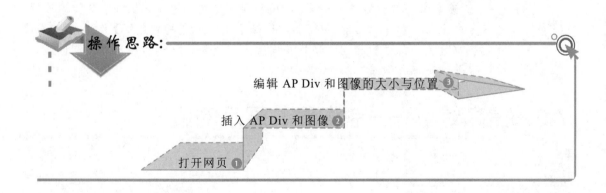

操作思路：

编辑 AP Div 和图像的大小与位置 ❸

插入 AP Div 和图像 ❷

打开网页 ❶

专家指导

可以先通过 Photoshop 等图像处理软件，对图片的大小和样式等进行设置后，再将其插入网页中。

7.6　知识问答

在学习使用 AP Div 进行布局的过程中，用户难免会遇到一些难题，如自动对单元格区域命名、不能复制公式等。下面将对网页布局中遇到的问题和常见解答方案进行介绍。

问：在网页中既可以使用 AP Div 进行布局，又可以直接通过 Div 进行布局，它们之间有什么区别吗？

答：有。Div 通常用于进行全局布局，可以控制每部分的位置，并且只能通过参数对其进行修改。而 AP Div 其实是 Div 标签中的一种定位技术，在 Dreamweaver CS6 中也被叫做图层，与 Photoshop 中的图层类似，可以随意移动其位置。

问：每次对网页进行布局时，都会花费很多的时间进行构思，有没有什么方法提高对页面整体布局的分析能力呢？

答：有。其实网页的布局方式较为固定，一般来说，可以分为上下结构、上中下结构、上左右结构等，可先通过 Div 标签对页面的大方向进行确定，然后再分别对每一部分的布局方式进行细化。

　使用 CSS 美化网页

除了通过 Div+CSS 来进行网页的布局外，还可通过 CSS 规则对创建的 Div 标签进行设置，美化其内容；也可导入外部的 CSS 文件，以套用到网页中，对网页的背景、字体、布局等进行优化，增加网页的观赏性。使用 CSS 美化网页的方法较为复杂，将在后面的章节中进行详细讲解。

在"AP 元素"面板中不能通过拖动的方法来调整 AP Div 的顺序。

第8章

使用 CSS 美化网页

认识层叠样式表

CSS 样式
创建层叠样式表

定义层叠样式表属性

管理层叠样式表
应用层叠样式

对页面进行布局后，即可在每部分中添加内容，此时添加的内容没有任何样式，效果还达不到网页的要求，这时可通过 CSS 来对页面中的元素进行美化，使页面更加美观，如设置文本字体、字号、背景及图像是否重复、图片边框和底纹等。本章将对这些进行具体讲解。

本章导读

8.1 认识层叠样式表

层叠样式表即通常所说的 CSS 样式，可用于统一整个网站的风格，使网页的文本格式、链接样式等设置相同，同时也可使网页中的代码更加简洁。下面对层叠样式表进行简单介绍。

　　层叠样式表即 CSS 样式，其全称为 Cascading Style Sheets，是用于控制网页样式并允许将样式信息与网页内容分离的一种标记性语言。如果在网页中通过手动设置每个页面的文本格式，将会使操作十分麻烦，并且还会增加网页中的重复代码，不利于网页的修改和管理。此时，就可以通过设置 CSS 样式，为网页中相同属性的内容设置格式，然后应用到对应的标签中，当以后需要进行修改时，只需对 CSS 样式进行修改，即可改变网页中应用了该样式的所有网页元素的属性。如图 8-1 所示为网页使用层叠样式表前后的效果对比。

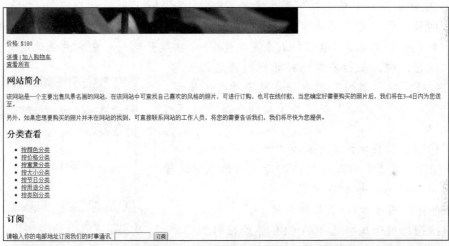

图 8-1 使用层叠样式表前后的效果对比

　　在 Dreamweaver CS6 中还可以直接新建层叠样式表文件，其扩展名为 css，表示该文件为层叠样式表文件。

8.2　创建层叠样式表

创建的层叠样式表可以在"CSS 样式"面板中进行查看，并且创建层叠样式表通常都可以在"CSS 样式"面板中进行。因此，下面将先对"CSS 样式"面板进行介绍，然后再对创建 CSS 样式规则的方法进行详细讲解。

8.2.1　认识"CSS 样式"面板

选择【窗口】/【CSS 样式】命令，或按"Shift＋F11"快捷键可打开"CSS 样式"面板，如图 8-2 所示。在"CSS 样式"面板中显示了当前网页中存在的所有 CSS 样式，包括外部链接样式表和内部样式表。"CSS 样式"面板中各选项的含义介绍如下。

- 全部 按钮：显示网页中所有 CSS 样式规则。
- 当前 按钮：显示当前选择网页元素的 CSS 样式信息。
- "所有规则"栏：显示当前网页中所有 CSS 样式规则。其中包含了外部链接样式表和内部样式表，可单击样式表前的田按钮，在展开的列表中查看具体的 CSS 样式。
- "属性"栏：显示当前选择的规则的定义信息。
- 按钮：在"属性"栏中分类显示所有的属性。
- 按钮：在"属性"栏中按字母顺序显示所有的属性。
- 按钮：只显示设定了值的属性。
- 按钮：单击该按钮，可在打开的对话框中选择需要链接的外部 CSS 文件。
- 按钮：用于新建 CSS 样式规则。
- 按钮：用于编辑选择的 CSS 样式规则。
- 按钮：用于删除选择的 CSS 样式规则。

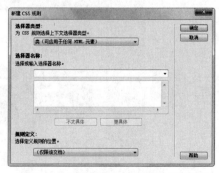

图 8-2　"CSS 样式"面板

8.2.2　创建层叠样式表

层叠样式表可以保存在当前网页中，也可以作为一个独立的文件（扩展名通常为 css）保存在网页外部。通常一个网站中至少要有一个外部层叠样式表文件以设置整个站点中网页的大部分样式，对于个别网页中需要的样式才将其保存在网页内部。在"CSS 样式"面板右下角单击田按钮，将打开"新建 CSS 规则"对话框，如图 8-3 所示，在其中可设置层叠样式的类型和保存层叠样式的名称。下面对其进行详细介绍。

图 8-3　"新建 CSS 规则"对话框

定义在网页内部的样式表文件位于"CSS 样式"面板的\<style>栏中。与\<style>相同级别的其他栏则是链接的外部 CSS 样式文件。

1. 认识 CSS 样式的类型

在"新建 CSS 规则"对话框的"选择器类型"下拉列表框中可以对创建的 CSS 类型进行设置，Dreamweaver CS6 中一共包括类、ID、标签和复合内容 4 种。下面分别进行介绍。

- 类：可用于 HTML 中的任何元素，定义该类型的 CSS 样式时，需在其名称前加上"."符号。Dreamweaver CS6 会为该类型的 CSS 样式的 HTML 代码中添加 class 属性，如图 8-4 所示为定义的名称为"bodyfont"的类 CSS 样式和其在<div>标签中应用的代码。
- ID：只能应用于唯一的标签，且这个标签的 ID 必须是唯一的，ID 类型的 CSS 样式，其名称前应添加"#"符号。如图 8-5 所示为定义的名称为"content"的 ID CSS 样式和其应用在 ID 值为 content 的 HTML 元素的代码。

图 8-4　"类"CSS 样式　　　　　　　图 8-5　"ID"CSS 样式

- 标签：用于重新定义 HTML 元素，在新建该类型的 CSS 样式后，即可直接将其应用到网页中。如图 8-6 所示为重新定义 body 标签的代码。
- 复合内容：用于在已创建的 CSS 样式基础上，创建或改变一个或多个标签、类或 ID 的复合规则样式表，使包含在该标签中的内容以定义的 CSS 规则进行显示。如图 8-7 所示的代码表示<a>标签中的所有 link 必须符合其定义的格式。

图 8-6　"标签"CSS 样式　　　　　　图 8-7　"复合内容"CSS 样式

操 作 提 示

在 Dreamweaver CS6 中可以创建以上任何一种类型的层叠样式表，但在创建时要掌握其基本创建方法。

2．新建内部 CSS 样式

内部 CSS 样式是指存放在网页代码中，并非以单独的层叠样式表文件而存在的形式。在 Dreamweaver CS6 中可以直接在"CSS 样式"面板中新建任一类型的内部层叠样式，新建后的样式存放在 HTML 文件的头部，即<head>与</head>标签内，并以<style>开始，</style>结束。

实例 8-1　新建"tr"内部标签 CSS 样式 ●●●

下面新建 tr 标签，为网页中的行重新定义样式，并以此为例介绍在"CSS 样式"面板中新建内部 CSS 样式的方法。

1 启动 Dreamweaver CS6，按"Shift+F11"快捷键打开"CSS 样式"面板，单击面板底部的"新建 CSS 规则"按钮。

2 打开"新建 CSS 规则"对话框，在"选择器类型"下拉列表框中选择"标签（重新定义 HTML 元素）"选项，在"选择器名称"下拉列表框中选择"tr"选项，单击 确定 按钮，如图 8-8 所示。

3 打开"tr 的 CSS 规则定义"对话框，在"分类"列表框中选择"类型"选项卡，在右侧的"Font-family"下拉列表框中选择"宋体"选项，在"Font-size"下拉列表框中选择"10"选项，在"Color"文本框中输入"#666"，如图 8-9 所示。

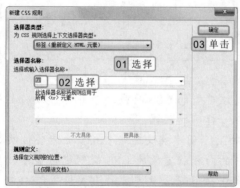

图 8-8　"新建 CSS 规则"对话框

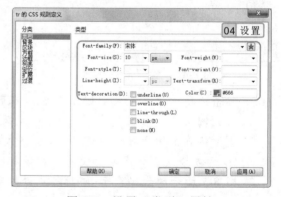

图 8-9　设置"类型"属性

4 选择"背景"选项卡，在右侧的"Background-image"下拉列表框中输入背景图片所在的路径，在"Background-repeat"下拉列表框中选择"repeat"选项，设置背景图片自动填充，完成后单击 确定 按钮，如图 8-10 所示。

5 返回"CSS 样式"面板中，即可查看新建的 CSS 样式。也可在代码界面的<head>标签中查看新建的 CSS 样式代码，如图 8-11 所示。

 专家指导

144

在图 8-8 中的"规则定义"栏中的下拉列表框中选择"（仅限该文档）"选项，表示将 CSS 样式定义到当前网页的 HTML 代码中，选择已有的 CSS 层叠样式表文件，则可将其添加到层叠样式表文件中。

使用 CSS 美化网页　第 8 章

图 8-10　设置 "背景" 属性　　　　　　　图 8-11　查看新建的 CSS 样式

3. 链接外部 CSS 样式表

在 Dreamweaver CS6 中可以链接已经创建好的 CSS 文件, 使其应用到网页中。

实例 8-2　链接外部 CSS 文件 ●●●

1. 打开 "CSS 样式" 面板, 在其中单击 "附加样式表" 按钮 , 打开 "链接外部样式表" 对话框。

2. 在其中单击 浏览 按钮, 打开 "选择样式表文件" 对话框, 在 "查找范围" 下拉列表框中选择 CSS 文件所在的目录, 在下方的列表框中选择需进行链接的 CSS 文件, 单击 确定 按钮, 如图 8-12 所示。

3. 返回 "链接外部样式表" 对话框, 在 "文件/URL" 下拉列表框中即可看到 CSS 文件的路径和名称, 选中 ●链接(L) 单选按钮, 再单击 确定 按钮, 如图 8-13 所示。

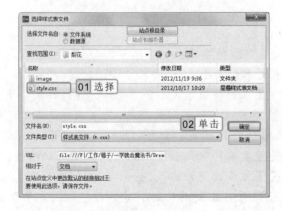

图 8-12　选择需链接的 CSS 文件　　　　图 8-13　链接 CSS 文件

4. 返回网页的 "代码" 界面, 即可在网页的 <head> 标签中看到类似 "<link href="file:/// D|/order/style.css" rel="stylesheet" type="text/css" />" 的信息, 其中的 "link href=file:///D|/order/style.css" 表示链接的外部 CSS 文件。

145

在 Dreamweaver CS6 中选择【文件】/【新建】命令, 在打开的 "新建文档" 对话框的 "空白页" 选项的 "页面类型" 列表框中选择 "CSS" 选项, 可以直接新建层叠样式表文件。

8.3　定义层叠样式表属性

在 CSS 规则定义对话框中可定义的 CSS 规则很多，主要有 9 种类型，包括类型、背景、区块、方框、边框、列表、定位、扩展和过渡。下面分别对其进行介绍。

8.3.1　设置类型属性

CSS 的"类型"属性主要用于设置文本的样式和格式，只要在 CSS 规则定义对话框的"分类"列表框中选择"类型"选项卡，即可在该对话框右侧进行设置。如图 8-14 所示为定义了 h1 的字体样式后的对话框，如图 8-15 所示为应用了该样式后的效果。

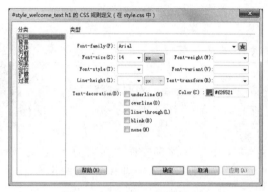

图 8-14　设置"类型"属性

图 8-15　应用后的效果

"类型"属性中各选项的含义介绍如下。

- "Font-family"下拉列表框：用于设置文本的字体。
- "Font-size"下拉列表框：用于设置文本的大小。
- "Font-style"下拉列表框：用于设置文本的特殊格式，如"斜体"、"偏斜体"等。
- "Line-height"下拉列表框：用于设置文本行与行之间的距离，可直接输入行高值。
- "Text-decoration"栏：用于设置文本的修饰效果，如上划线、下划线等。
- "Font-weight"下拉列表框：用于设置文本的粗细程度，也可直接输入粗细值。
- "Font-variant"下拉列表框：用于设置文本的变形方式，如"小型大写字母"等。
- "Text-transform"下拉列表框：用于设置英文文本的大小写形式，如"首字母大写"、"大写"、"小写"等。
- "颜色"栏：用于设置文本的颜色。

8.3.2　设置背景属性

"背景"属性可以对网页的背景样式进行设置，只要在 CSS 规则定义对话框的"分类"

在"Font-family"下拉列表框中选择"编辑字体列表"选项，可在打开的对话框中添加系统中的其他字体。

列表框中选择"背景"选项卡，即可在该对话框右侧对其进行设置。如图 8-16 所示为定义网页背景的对话框，如图 8-17 所示为应用该样式后网页的显示效果。

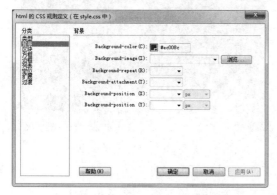

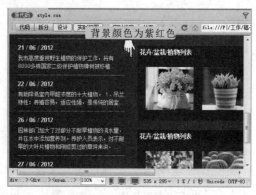

图 8-16　设置"背景"属性　　　　　　　　图 8-17　应用后的效果

"背景"属性中各选项的含义介绍如下。

◉ **"Background-color"文本框**：用于设置背景颜色。

◉ **"Background-image"下拉列表框**：用于设置背景图像，单击 浏览... 按钮，在打开的对话框中可进行选择，也可直接在下拉列表框中输入背景图像的路径和名称。

◉ **"Background-repeat"下拉列表框**：用于设置背景图像的重复方式，有"不重复"、"重复"、"水平重复"和"垂直重复"4 个选项，各选项的效果分别如图 8-18 所示。

图 8-18　设置背景图像的重复方式

◉ **"Background-attachment"下拉列表框**：用于设置背景图像是固定在原始位置还是可以滚动的。

◉ **"Background-position（X）"下拉列表框**：用于设置背景图像的水平位置，可选择"left（左对齐）"、"center（居中）"和"right（右对齐）"等选项，也可选择"（值）"选项后，直接在其中输入水平位置的值。

◉ **"Background-position（Y）"下拉列表框**：用于设置背景图像的垂直位置，可选择"top（顶部）"、"center（居中）"和"bottom（底部）"等选项，也可选择"（值）"选项后，直接在其中输入垂直位置的值。

8.3.3　设置区块属性

在 CSS 规则定义对话框的"分类"列表框中选择"区块"选项卡，在该对话框右侧可对区块的样式进行设置，如图 8-19 所示为定义了一些规则后的对话框，如图 8-20 所示为应用该样式后的显示效果。

操 作 提 示

通过设置"Background-position（X）"和"Background-position（Y）"的值，可以固定背景的位置。

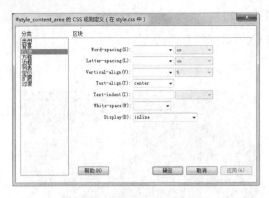

图 8-19　设置"区块"属性

图 8-20　应用后的效果

"区块"属性中各选项的含义介绍如下。

- "Word-spacing"下拉列表框：用于设置单词之间的间距，只适用英文。
- "Letter-sapcing"下拉列表框：用于设置字母之间的间距。
- "Vertical-align"下拉列表框：用于设置文本在垂直方向上的对齐方式。
- "Text-align"下拉列表框：用于设置文本在水平方向上的对齐方式。
- "Text-indent"文本框：用于设置文本首行缩进的距离。
- "White-space"下拉列表框：用于设置处理空格的方式，有"normal（正常）"、"pre（保留）"和"nowrap（不换行）"3 个选项，选择"normal"选项，则会将多个空格显示为 1 个空格；选择"pre"选项，则以文本本身的格式显示空格和回车；选择"nowrap"选项，则以文本本身的格式显示空格但不显示回车。
- "Display"下拉列表框：在其中可选择区块中要显示的格式。

8.3.4　设置方框属性

在 CSS 规则定义对话框的"分类"列表框中选择"方框"选项卡，在该对话框右侧可对方框的样式进行设置，如图 8-21 所示为定义了一些规则后的对话框，如图 8-22 所示为应用该样式后，图片左侧和底部与下一个图片之间的间距显示效果。

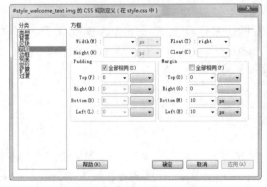

图 8-21　设置"方框"属性

图 8-22　应用后的效果

在如图 8-19 所示的 CSS 规则定义对话框的"Text-indent"下拉列表框中输入"2"，在其后的下拉列表框中选择"ems"选项，即可实现段落首行缩进两个汉字位置的效果。

"方框"属性中各选项的含义介绍如下。

- "Width"下拉列表框：设置方框的宽度。
- "Height"下拉列表框：设置方框的高度。
- "Float"下拉列表框：设置方框中文本的环绕方式。
- "Clear"下拉列表框：设置层不允许在应用样式元素的某个侧边。
- "Padding"栏：指定元素内容与元素边框之间的间距。
- "Margin"栏：指定元素的边框与另一个元素之间的间距。

8.3.5　设置边框属性

在 CSS 规则定义对话框的"分类"列表框中选择"边框"选项卡，在该对话框右侧可对边框的样式进行设置，如图 8-23 所示为定义了一些规则后的对话框。应用该样式后，其效果与图 8-22 相同，而删除该样式后，即可看到图片之间的边框发生了变化，其效果如图 8-24 所示。

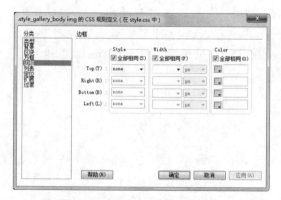

图 8-23　设置"边框"属性

图 8-24　应用后的效果

"边框"属性中各选项的含义介绍如下。

- "Style"栏：用于设置元素上、下、左和右的边框样式。
- "Width"栏：用于设置元素上、下、左和右的边框宽度。
- "Color"栏：用于设置元素上、下、左和右的边框颜色。

8.3.6　设置列表属性

在 CSS 规则定义对话框的"分类"列表框中选择"列表"选项卡，在该对话框右侧可对列表的样式进行设置，如图 8-25 所示为定义了一些规则后的对话框，如图 8-26 所示为应用该样式后，设置列表为无序号并添加了图片和设置自动缩进后的效果。

在图 8-23 中设置边框样式时，若取消选中 ☑全部相同(S)复选框，就可以分别对边框的上、下、左和右边距进行设置。

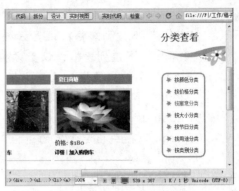

图 8-25　设置"列表"属性　　　　　　图 8-26　应用后的效果

"列表"属性中各选项的含义介绍如下。

- "List-style-type"下拉列表框：在其中可选择无序列表的项目符号类型和有序列表的编号类型。

- "List-style-image"下拉列表框：在其中可指定图像作为无序列表的项目符号，可直接在其中输入图像的路径，也可单击 浏览(W)... 按钮，在打开的对话框中选择图像。

- "List-style-Position"下拉列表框：在其中可以选择列表文本是否换行和缩进。"outside"选项表示当列表过长而自动换行时以缩进方式显示；"inside"选项表示当列表过长而自动换行时不缩进。

8.3.7　设置定位属性

在 CSS 规则定义对话框的"分类"列表框中选择"定位"选项卡，在该对话框右侧可对定位的样式进行设置，如图 8-27 所示为定义了一些规则后的对话框，如图 8-28 所示为应用该样式后，将 Div 标签的宽、高定位为"100%"和"137px"的效果。

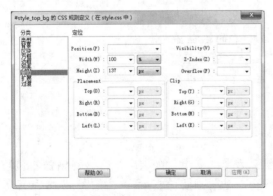

图 8-27　设置"定位"属性　　　　　　图 8-28　应用后的效果

"定位"属性中部分选项的含义介绍如下。

- "Position"下拉列表框：用于设置定位的方式，选择"绝对"选项可以使用"定

　　"方框"样式是在 Div+CSS 布局方式中使用最多的样式，它可以确定 Div 的位置、宽度、高度和对齐方式等。

位"框中输入的坐标相对于页面左上角来放置层；选择"相对"选项可以使用"定
位"框中输入的坐标相对于对象当前位置来放置层；选择"静态"选项可以将层放
在它在文本中的位置。

- "Visibility"下拉列表框：确定层的显示方式，选择"继承"选项将继承父层的可
见性属性，如果没有父层，则可见；选择"可见"选项将显示层的内容；选择"隐
藏"选项将隐藏层的内容。
- "Z-Index"下拉列表框：确定层的堆叠顺序。编号较高的层显示在编号较低的层
的上面。
- "Overflow"下拉列表框：确定当层的内容超出层的大小时的处理方式，选择"可
见"选项将使层向右下方扩展，使所有内容都可见；选择"隐藏"选项将保持层的
大小并剪辑任何超出的内容；选择"滚动"选项将在层中添加滚动条，无论内容是
否超出层的大小；选择"自动"选项，则当层的内容超出层的边界时显示滚动条。
- "Placement"栏：指定层的位置和大小。
- "Clip"栏：定义层的可见部分。

8.3.8　设置扩展属性

在 CSS 规则定义对话框的"分类"列表框中选择"扩展"选项卡，在该对话框右侧可
对扩展的样式进行设置，如图 8-29 所示为定义了一些规则后的对话框，如图 8-30 所示为
应用该样式后，设置鼠标的样式为"　"的效果。

图 8-29　设置"扩展"属性

图 8-30　应用后的效果

"扩展"属性中各选项的含义介绍如下。

- "Page-break-before"下拉列表框：控制打印时在 CSS 样式的网页元素之前进行
分页。
- "Page-break-after"下拉列表框：控制打印时在 CSS 样式的网页元素之后进行分页。
- "Cursor"下拉列表框：用于设置鼠标指针移动到应用 CSS 样式的网页元素上的
形状。如表 8-1 所示为该下拉列表框中各选项所对应的鼠标样式。

在"Filter"下拉列表框中选择不同的选项，其设置的方法也不相同，如某些选项需要对参数的
值进行设置。

表 8-1　鼠标指针选项与对应的样式

选　项	说　　明	形　状	选　项	说　　明	形　状
crosshair	交叉十字	＋	n-resize	向北的箭头	↕
text	文本选择符号	I	nw-resize	指向西北的箭头	↖
wait	等待状态	○	w-resize	向西的箭头	↔
pointer	手形符号	🖐	sw-resize	指向西南的箭头	↙
default	默认状态	↖	s-resize	向南的箭头	↕
help	帮助状态	↖?	se-resize	指向东南的箭头	↘
e-resize	向东的箭头	↔	auto	正常状态的箭头，即采用系统默认的状态进行显示	
ne-resize	指向东北的箭头	↗			

- "Filter"下拉列表框：设置应用 CSS 样式的网页元素的特殊效果，不同的选项有不同的设置参数的方法。

8.3.9　设置过渡属性

在 CSS 的规则定义对话框中选择"过渡"选项卡，在该对话框右侧可对过渡样式进行设置，如图 8-31 所示。

图 8-31　设置"过渡"属性

"过渡"属性中各选项的含义介绍如下。

- ☑所有可动画属性(A)复选框：选中该复选框，"属性"栏将不可用，为网页中的所有动画属性设置相同的参数。
- "属性"栏：取消选中所有可动画属性(A)复选框，可单击⊞按钮添加需要设置的属性，单击⊟按钮删除属性。
- "持续时间"文本框：设置动画的持续时间，可在后面的下拉列表框中选择时间的单位。
- "延迟"文本框：设置动画的延迟时间，可在后面的下拉列表框中选择时间的单位。
- "计时功能"下拉列表框：用于选择需要的计时器。

定义了"扩展"属性后，在"CSS 样式"面板的"属性"栏中还可选择更多的鼠标样式。

8.4　应用并管理层叠样式表

定义好 CSS 样式后，即可将其应用到网页中，如果发现效果不尽如人意，还可以对其进行修改。对于未使用的样式，还可将其删除，使网页内容更加简洁。下面就来具体讲解。

8.4.1　应用层叠样式表

设置好 CSS 样式后，标签 CSS 样式和伪类 CSS 样式会自动应用到相应的 HTML 标签和伪类上，而类 CSS 则需要手动应用到需要的网页元素上。

1. 使用网页元素的快捷菜单应用 CSS 样式

在 Dreamweaver CS6 中选中要应用样式的网页元素后，在其上单击鼠标右键，在弹出的快捷菜单中选择"CSS 样式"命令，在弹出的子菜单中选择相应的 CSS 样式即可，如图 8-32 所示。

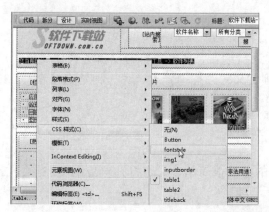

图 8-32　使用网页快捷菜单应用 CSS 样式

2. 使用网页元素的"属性"面板应用 CSS 样式

选中要应用样式的网页元素后，在其"属性"面板的"类"下拉列表框中选择需要的选项即可，如图 8-33 所示。

图 8-33　使用网页元素的"属性"面板应用 CSS 样式

选择网页元素后，在其"属性"面板中的"ID"下拉列表框中可选择应用 ID 类型的层叠样式；在"类"下拉列表框中则可选择应用类层叠样式。

3．在"CSS 样式"面板中应用层叠样式

选中要应用样式的网页元素后，在"CSS 样式"面板中要应用的 CSS 样式名称上单击鼠标右键，在弹出的快捷菜单中选择"应用"命令即可，如图 8-34 所示。

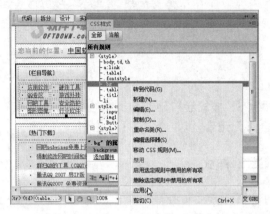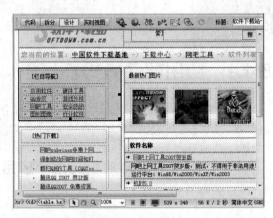

图 8-34　在"CSS 样式"面板中应用层叠样式

8.4.2　编辑层叠样式

如果对创建的层叠样式表不满意，可对其进行编辑，使其更符合网页的整体风格。编辑层叠样式的方法有两种：一种是在 CSS 规则定义对话框中修改，另一种是直接在"CSS 样式"面板中修改。

1．在 CSS 规则定义对话框中修改

在 CSS 规则定义对话框中修改 CSS 样式的方法很简单，只需打开对应的 CSS 规则定义对话框，重新对其参数进行定义即可。

 修改"body"CSS 样式 ●●●

下面将对网页的"body"样式进行修改，将文本字号、颜色分别修改为"12"、"白色"，页面背景修改为"白色"。

> 参见
> 光盘　光盘\素材\第 8 章\flower\index.html
> 光盘\效果\第 8 章\flower\index.html

1️⃣ 打开网页文件"index.html"，此时可查看到网页的原始效果，如图 8-35 所示。然后选择【窗口】/【CSS 样式】命令，打开"CSS 样式"面板。

2️⃣ 在其中单击 全部 按钮，选中需要进行修改的 CSS 样式，这里选择"body"选项，并在其上单击鼠标右键，在弹出的快捷菜单中选择"编辑"命令，如图 8-36 所示。

在 CSS 的规则定义对话框中，只能重新对其属性进行设置，不能对其类型进行更改。

图 8-35　查看网页的原始效果

图 8-36　选择"编辑"命令

3 打开"body 的 CSS 规则定义"对话框，在"类型"选项卡下的"Font-size"下拉列表框中选择"12"选项，在"Color"文本框中输入"#FFF"，如图 8-37 所示。

4 在"分类"列表框中选择"背景"选项卡，在右侧的"Background-color"文本框中输入背景颜色为"#FFFFFF"，如图 8-38 所示。

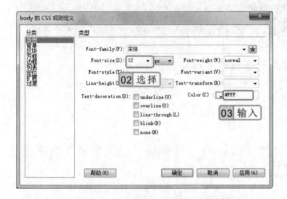

图 8-37　修改"类型"属性

图 8-38　修改"背景"属性

5 单击 确定 按钮，返回网页中即可看到修改样式后的效果。此时，页面的背景和字体颜色都变为了白色，且字体字号变小了，如图 8-39 所示。

图 8-39　修改样式后的效果

操作提示

155

在"CSS 样式"面板中双击需要修改的选项或选中该选项后，单击"编辑样式"按钮 ，也可打开 CSS 的规则定义对话框对其进行修改。

2．在"CSS 样式"面板中修改

如果对 CSS 样式较为熟悉，可以直接在"CSS 样式"面板中对其进行修改。其方法是：在"CSS 样式"面板中选中需要进行修改的样式，在"属性"栏中直接对其进行设置即可，如图 8-40 所示。

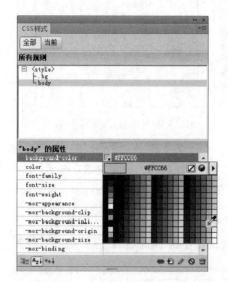

图 8-40　在"CSS 样式"面板中修改属性

8.4.3　删除层叠样式表

如果网页中存在未使用的 CSS 样式，可对其进行删除。只要在"CSS 样式"面板中选中要删除的 CSS 样式，再单击"删除 CSS 规则"按钮 即可。

8.5　提高实例——美化鸿宇装饰页面

下面将美化鸿宇装饰网页，对页面进行美化，使网页效果更加符合大众的审美要求。通过本例的制作，使用户熟练掌握层叠样式表的应用。

本例将对制作好的鸿宇装饰网页的首页进行美化。通过链接外部 CSS 样式文件，为网页中已定义好的标签应用样式，然后再根据网页中的具体内容创建层叠样式表，将其应用到需要的部分，最后再通过浏览器浏览美化后的效果，如图 8-41 所示。

专　家　指　导

用户也可在网页的 HTML 代码或 CSS 层叠样式表代码中选择需删除的 CSS 样式所对应的代码，按"Delete"键进行删除。

图 8-41　鸿宇装饰网页效果

对网页进行美化，是制作网站必不可少的一步，用户应该先对网站进行布局，并填充内容后，再对其进行具体设置、美化。

8.5.1　行业分析

使用层叠样式表美化网页是网页制作中必不可少的步骤，通过它可以对网页的整体风格进行统一，确定网页的色调，也可以对网页中的每一部分进行定义，使其效果更为丰富。使用层叠样式表的方法较为简单，只需对其进行定义并将其应用到网页标签中即可，但在进行层叠样式表的设置时，应掌握一些设置的方法和技巧，以避免花费太多时间，却仍不得要领的情况。常见的层叠样式设置方法有以下几种。

- **CSS 样式的优先级**：在 Dreamweaver CS6 中，定义的 CSS 样式具有优先级特性，其顺序是行内样式<ID 样式<类样式<标签样式。
- **文字水平居中**：是指将文字置于中间，可通过定义 "text-align" 属性的值为 "center" 来实现。
- **图片宽度自适应**：是指较大的图片能够自动适应容器的大小，可通过定义图片的 "max-width" 属性的值为 "100%" 来实现。
- **禁止自动换行**：是指在一行中显示内容，不进行自动换行，可通过定义"white-space"属性的值为 "nowrap" 来实现。
- **使用图片替换文本**：是指在标题栏中使用图片，且保证搜索引擎能够读取到图片，可通过定义 "text-indent" 属性的值为 "-9999px" 来实现。

8.5.2　操作思路

为更快完成本例的制作，并尽可能运用本章讲解的知识，本例的操作思路如下。

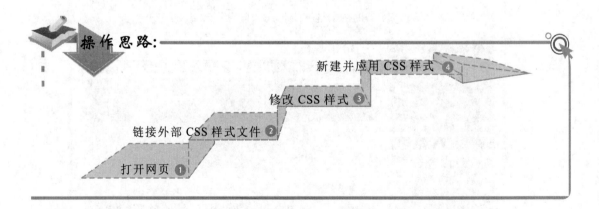

8.5.3　操作步骤

下面介绍对鸿宇装饰网页进行美化的方法。其操作步骤如下：

美化页面时，一般先对页面的整体属性进行设置，如 body、link 等，然后再对每一部分进行设置。

参见光盘　光盘\素材\第 8 章\鸿宇装饰\index.html
　　　　　　光盘\效果\第 8 章\鸿宇装饰\index.html
　　　　　　光盘\实例演示\第 8 章\美化鸿宇装饰网页　＞＞＞＞＞＞＞＞

1. 使用 Dreamweaver CS6 打开 "鸿宇装饰" 文件夹中的 "index.html" 网页，然后选择【窗口】/【CSS 样式】命令，打开 "CSS 样式" 面板，在其中单击 "附加样式表" 按钮 。

2. 打开 "链接外部样式表" 对话框，在 "文件/URL" 文本框后单击 浏览… 按钮，打开 "选择样式表文件" 对话框，在其中选择需要进行链接的层叠样式表文件，单击 确定 按钮，如图 8-42 所示。

3. 返回 "链接外部样式表" 对话框，在其中即可查看到链接的外部样式表的路径和名称，选中 链接(L) 单选按钮，单击 确定 按钮，如图 8-43 所示。

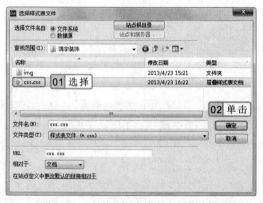

图 8-42　选择需链接的层叠样式表　　　图 8-43　"链接外部样式表" 对话框

4. 返回 "CSS 样式" 面板中即可看到已链接的 CSS 样式文件，并显示出其中的所有层叠样式表，如图 8-44 所示。

5. 在 "CSS 样式" 面板中双击 "body" 选项，打开 "body 的 CSS 规则定义（在 css.css 中）" 对话框，在 "Font-size" 下拉列表框中输入 "10"，如图 8-45 所示。

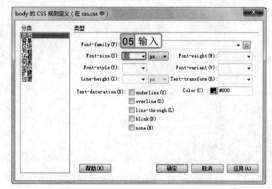

图 8-44　查看链接的样式表　　　　图 8-45　修改 body 的 "类型" 属性

6. 选择 "背景" 选项，在 "Background-color" 文本框前单击色块，在弹出的列表框中

在 "链接外部样式表" 对话框的 "添加为" 栏中选中 导入(I) 单选按钮，可直接将外部样式表文件中的所有样式导入到当前网页中。使用此方法允许样式表的嵌套，但不是所有的浏览器都能识别该方法，故一般都采用 "链接" 的方式。

选择"默认颜色"选项，然后单击 确定 按钮，如图 8-46 所示。

7 在"CSS 样式"面板中单击"新建 CSS 规则"按钮，打开"新建 CSS 规则"对话框。在"选择器类型"下拉列表框中选择"类（可应用于任何 HTML 元素）"选项，在"选择器名称"下拉列表框中输入"titlefont"，在"规则定义"下拉列表框中选择"css.css"选项，单击 确定 按钮，如图 8-47 所示。

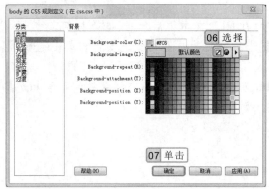

图 8-46　修改 body 的"背景"属性　　　　图 8-47　新建 titlefont 样式

8 打开".titlefont 的 CSS 规则定义（在 css.css 中）"对话框，在"分类"列表框中选择"类型"选项卡，在右侧的"Font-size"下拉列表框中输入"14"，在"Font-weight"下拉列表框中选择"bold"选项，在"Color"文本框中输入"#F96"，单击 确定 按钮，如图 8-48 所示。

9 返回"CSS 样式"面板中可看到新建的".titlefont"样式，然后再单击"新建 CSS 规则"按钮，打开"新建 CSS 规则"对话框。

10 在"选择器类型"下拉列表框中选择"ID（仅应用于一个 HTML 元素）"选项，在"选择器名称"下拉列表框中输入"imagestyle"，在"规则定义"下拉列表框中选择"css.css"选项，单击 确定 按钮，如图 8-49 所示。

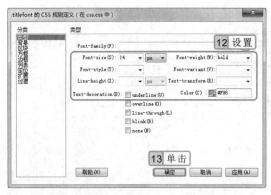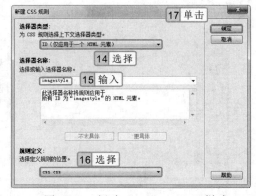

图 8-48　设置".titlefont"样式的规则　　　　图 8-49　新建"imagestyle"样式

11 打开"#imagestyle 的 CSS 规则定义（在 css.css 中）"对话框，选择"背景"选项，在"Background-color"文本框中输入"#F9EBC8"，如图 8-50 所示。

160

通过右键快捷菜单应用 CSS 样式时，选择【CSS 样式】/【无】命令，可以取消 CSS 样式的应用。

12 选择"方框"选项卡，在"Margin"栏中选中 ☑全部相同(F) 复选框，在"Top"下拉列表框中输入"2"，单击 确定 按钮，如图 8-51 所示。

图 8-50　设置"背景"属性

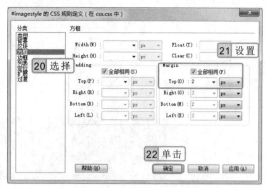

图 8-51　设置"方框"属性

13 返回网页中，将鼠标光标定位在"产品快速通道"文本中，在其"属性"栏的"类"下拉列表框中选择"titlefont"选项，如图 8-52 所示。

14 使用相同的方法，为网页中的"经典装修赏析"、"常见装修技巧"和"装修经典案例"文本应用该层叠样式。

15 选择"经典装修赏析"栏下的 <div> 标签，在其"属性"栏的"Div ID"下拉列表框中选择"imagestyle"选项，如图 8-53 所示。

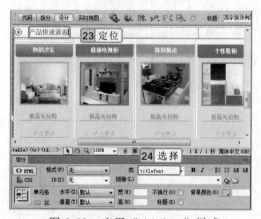

图 8-52　应用"titlefont"样式

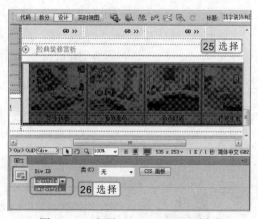

图 8-53　应用"imagestyle"样式

16 完成后保存并预览网页效果。

8.6　提高练习——美化红驴旅行网网页

下面通过美化红驴旅行网网页，进一步练习层叠样式表的应用。该练习主要通过新建 CSS 样式来对网页的文本格式、图像格式和背景进行设置，其最终效果如图 8-54 所示。

对于需定义的样式属性大部分相同时，可以使用重制样式的方法进行操作，只需对不同的样式属性重新进行设置即可，这样可以节省重复设置相同部分的时间。

图 8-54　红驴旅行网网页效果

参见
光盘　光盘\素材\第 8 章\红驴旅行网\index.html
光盘\效果\第 8 章\红驴旅行网\index.html
光盘\实例演示\第 8 章\美化红驴旅行网网页

该练习的操作思路与关键提示如下。

操作思路:

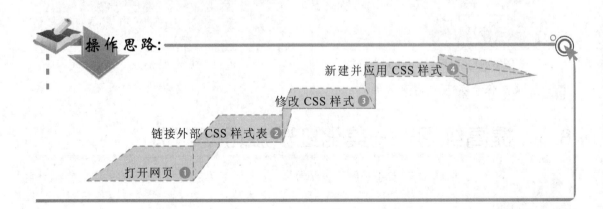

新建并应用 CSS 样式 4

修改 CSS 样式 3

链接外部 CSS 样式表 2

打开网页 1

专家指导

在"代码"视图中直接输入样式语句也可以创建任何样式,但这种方式要求制作者非常熟悉样式的写法并了解各属性的含义。

本例需要先导入素材中的 "style.css" 外部层叠样式表,其中包含了很多已经定义的 CSS 样式,然后再新建需要的样式,这里主要新建 "quote" 样式,设置其字体为 " 'Times New Roman',Times,serif"、字号为 "24"、字体样式为 "italic",间距为 "30",颜色为 "#f2e190",并将其应用到网页导航下的文字上。然后依次新建 "stopContent"、"testiText"、"testiName" 和 "picContainer" 样式并进行应用即可。需要注意的是,"picContainer" 样式是基于表格样式的。

8.7　知识问答

在使用 CSS 美化页面的过程中,难免会遇到一些问题。为了使读者更好地对 CSS 的知识进行理解,制作出符合自己要求的网页,下面将对一些常见的问题进行解答。

问: 想为图像设置一种线性透明的效果,使用 CSS 如何实现呢?

答: 在 CSS 规则定义对话框的 "分类" 列表框中选择 "扩展" 选项卡,在 "Filter" 下拉列表框中选择 "Alpha(Opacity=?, FinishOpacity=?, Style=?,StartX=?, StartY=?, FinishX=?, FinishY=?)",设置其中的值即可。其中 "Opacity"、"FinishOpacity" 为起始透明度,其值为 0~100;"Style" 为透明方式,其中值为 "1" 表示为线性透明;"StartX"、"StartY" 表示渐变开始坐标;"FinishX"、"FinishY" 表示渐变结束坐标。

问: 若想将内部样式表中的样式保存为外部样式表,该如何操作呢?

答: 在 "CSS 样式" 面板中选中任意内部样式表名称,并单击鼠标右键,在弹出的快捷菜单中选择 "移动 CSS 规则" 命令。在打开的 "移至外部样式表" 对话框中选中 ◉新样式表(N) 单选按钮,单击 确定 按钮,打开 "保存样式表文件为" 对话框。在 "文件名" 文本框中输入样式表文件的名称,再单击 保存(S) 按钮即可。

知识关联　CSS 的语法结构

在 Dreamweaver CS6 中可以直接通过新建 CSS 样式来创建层叠样式,但对于较为熟悉 CSS 的用户而言,他们一般采用手写的方式来进行定义。此时就需要对 CSS 样式的语法结构有清楚的认识。CSS 的语法结构由 3 部分组成,分别是选择符(Selector)、属性(Property)和值(Value)。在书写时可以采用如下方式进行。

```
选择符{                          body{
属性: 值;                        Background-color: red;
}                                }
```

操作提示

使用 CSS 样式虽然可以实现图像的线性透明效果,但最好还是直接在图像处理软件中将图像作线性透明处理,因为一些低版本的浏览器可能不支持这些 CSS 效果。

第9章

使用 Div+CSS 灵活布局网页

网站标准

Div+CSS 布局

块元素和行内元素

在页面中插入Div

Div+CSS布局定位

常用的Div+CSS布局方式

　　Div 是 Dreamweaver CS6 中最常用，也是最基础的布局方法，它比表格、AP Div 更适合用于布局，其方法十分简单，只需插入<Div>标签并对 Class 或 id 属性进行设置即可。其中 Class 或 id 属性就需要通过 CSS 来进行定义，以确定<Div>标签的大小和位置，实现网页布局的操作。

本章导读

9.1　网站标准

网站标准即 Web 标准，它不是一个单一的标准，而是一系列标准的集合，一般包括结构化标准语言、表现标准语言和行为标准。掌握了这 3 种语言，有利于学习并制作出效果美观的网页。下面将分别对其进行介绍。

9.1.1　结构化标准语言

结构化标准语言主要包括 XML 和 XHTML，其中 XML 是指可扩展表示语言，XHTML 是可扩展超文本表示语言，下面分别进行介绍。

1．XML

XML 是 The Extensible Markup Language 的缩写，用于标记电子文件使其具有结构性的标记语言。可以用来标记数据、定义数据类型，是一种允许用户对自己的标记语言进行定义的源语言。它只能进行数据的存储，适合用于 Web 传输。

2．XHTML

XHTML 是 The Extensible HyperText Markup Language 的缩写，是一种置标语言，表现方式与超文本置标语言（HTML）类似，不过语法上更加严格。XHTML 的标签必须闭合，即开始标签要有相应的结束标签。另外，XHTML 中所有的标签必须小写，所有的参数值，包括数字，必须用双引号括起来。所有元素，包括空元素，例如 img、br 等，也都必须闭合。它是一个过渡技术，结合了部分 XML 的强大功能及大多数 HTML 的简单特性，使其在 XML 的规则上对其进行扩展，使网页制作更加简单、方便。

9.1.2　表现标准语言

表现标准语言主要是指 CSS（Cascading Style Sheets），即层叠样式表，是一种用来表现 HTML 或 XML 等文件样式的计算机语言。CSS 能够对网页中对象的位置进行精确控制，支持几乎所有的字体字号样式，并能对网页对象和模型样式进行编辑，进行初步的交互设计，是目前基于文本展示最优秀的表现设计语言，目前的最新版本为 CSS 3，它能够真正做到网页表现与内容的分离。同时 CSS 还能根据使用者不同，对其进行简化或优化，适合各类人群，具有较强的易读性和实用性。

9.1.3　行为标准

行为标准主要包括 DOM 和 ECMAScript 两种。下面分别对其进行介绍。

XML 与 HTML 的区别是，XML 用于传输和存储数据，其特点是数据的内容，而 HTML 则是用于显示数据，其特点是数据的外观。

1．DOM

DOM 是 Document Object Model 文档对象模型的缩写，是 W3C 组织推荐的处理可扩展置标语言的标准编程接口，可以以一种独立于平台和语言的方式访问和修改一个文档的内容和结构。DOM 是以对象管理组织（OMG）的规约为基础的，可以用于任何编程语言，它可以使页面动态变化（如动态显示或隐藏元素、改变元素的属性等），大大提高了页面的交互性。

2．ECMAScript

ECMAScript 是 ECMA（European Computer Manufacturers Association）制定的标准脚本语言（JavaScript）。它在万维网上应用广泛，被称为 JavaScript 或 JScript，但实际上它们都是基于 ECMA-262 标准的实现和扩展。

9.2　关于 Div+CSS 布局

 要使用 Div+CSS 进行布局，需要对 Div+CSS 布局进行一些简单的了解，如 Div+CSS 布局的含义、什么是块元素和行内元素等。下面将分别进行介绍。

9.2.1　认识 Div+CSS

Div+CSS 是网站标准中的常用术语之一，是一种网页布局的方法，可实现网页页面内容与表现的分离。Div+CSS 是由 Div 标签和 CSS（层叠样式表）进行布局的，其中 Div 标签和 CSS 分别介绍如下。

- ▶ **Div 标签**：是 HTML 中的一种网页元素，通常用于进行页面的布局。在 HTML 代码中以<div> </div>的形式存在，在<div> </div>之间可填充标题、文本、段落、图像和表格等网页元素，因此，可将该标签看作一个区块容器标签。
- ▶ **CSS**：即层叠样式表，关于它的知识已经在第 8 章中进行了详细讲解，这里不再赘述。

使用 Div+CSS 进行布局时，先在网页中通过 Div 进行页面的布局，将需要的元素进行定位，并显示出网页中的信息，后期再通过 CSS 进行样式的定义和美化。

9.2.2　了解基于 CSS 的页面布局

基于 CSS 的页面布局，就是使用 Div 代替表格进行布局，它比使用表格布局更精简，代码更加规范。使用表格和 CSS 进行布局，各有其优缺点，下面分别进行介绍。

在使用 Div 进行页面布局之前，应先使用 Photoshop 或 Fireworks 将页面的大致布局情况绘制出来，至少应在头脑中有一个清晰的页面布局结构。

◎ **表格布局**：对于显示表格式数据（如重复元素的行和列）很有用，并且其操作简单，很容易在页面上进行创建。但使用表格时，常常需要进行嵌套，为制作过程带来很多不便，还会在网页中生成大量难以阅读和维护的代码，如图 9-1 所示。在许多 Web 站点中，常使用基于表格的布局方式来显示其页面上的信息。

图 9-1 使用表格布局

◎ **Div 布局**：基于 CSS 的布局通常使用 Div 标签，而不是 table 标签来创建。用户可以在网页中创建 Div，并通过设置其属性，指定其宽度、高度、边框、边距、背景颜色及对齐方式等信息。Div 标签产生的代码简单、短小，能使用户更容易地浏览并使用 CSS 构建的页面，其包含的代码数量要比具有相同特性的基于表格的布局中的代码数量少很多，如图 9-2 所示。

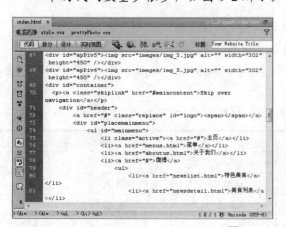

图 9-2 Div 布局

9.2.3 块元素

使用 Div+CSS 布局时，网页中的内容都是放置在 Div 中的，此时 Div 也可叫做"块"或"容器"。这里所说的"块"，一般是指其他元素的容器元素，其高度和宽度都可以进行自定义设置，如经常使用的\<div\>、\<p\>和\<ul\>等都属于块元素，它们在默认状态下每次都

默认状态下，块元素是以每次另起一行的方式一直往下排列的，而通过 CSS 则可改变 html 的默认布局模式，将块元素放置到需要的位置。

占据一整行,可以容纳内联元素和其他块元素。在 Dreamweaver CS6 中常见的块元素如表 9-1 所示。

表 9-1 Dreamweaver CS6 中常见的块元素

元 素	说 明	元 素	说 明
address	地址	h5	5 级标题
blockquote	块引用	h6	6 级标题
center	居中对齐	hr	水平分隔线
dir	目录列表	isindex	input prompt
div	常用块容器	menu	菜单列表
dl	定义列表	noframes	frames 可选内容,对于不支持 frame 的浏览器显示此区块内容
fieldset	form 控制组	noscript	可选脚本内容,对于不支持 script 的浏览器显示此内容
form	交互表单	ol	排序表单
h1	大标题	p	段落
h2	副标题	pre	格式化文本
h3	3 级标题	table	表格
h4	4 级标题	ul	非排序列表

9.2.4 行内元素

行内元素也叫内联元素,其实质是指网页内容的显示方式,它与块元素相反,其高度和宽度都不能进行设置。在 Dreamweaver CS6 中常用到的<a>、<span>和<img>等都属于行内元素,如表 9-2 所示。

表 9-2 Dreamweaver CS6 中常见的行内元素

元 素	说 明	元 素	说 明
a	锚点	img	图片
abbr	缩写	input	输入框
acronym	首字	label	表格标签
b	粗体	q	短引用
br	定义字段	s	中划线
big	大字体	select	项目选择
em	强调	small	小字体文本
font	字体设定	span	定义文本内区块
i	斜体	strike	中划线
textarea	多行文本输入框	strong	粗体强调

专家指导

块元素可以通过 CSS 的 "display:inline;" 和 "float" 属性来实现转换成行内元素的功能。

9.3　在网页中插入 Div

了解了关于 Div+CSS 布局的基本知识后，需要先在网页中插入 Div，以对网页结构进行布局和划分。下面将对 Div 的创建、Div 的嵌套方法进行详细介绍。

9.3.1　插入 Div

在 Dreamweaver CS6 中插入 Div 的方法很简单，在需要插入的位置处单击定位插入点，然后选择【插入】/【布局对象】/【Div 标签】命令，在打开的"插入 Div 标签"对话框中对其属性进行设置即可，如图 9-3 所示。

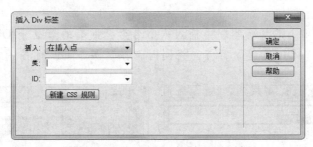

图 9-3　"插入 Div 标签"对话框

该对话框中各选项的含义介绍如下。

- "插入"下拉列表框：用于选择 Div 标签插入的位置，包括"在插入点"、"在开始标签之后"和"在结束标签之前" 3 个选项。
- "类"下拉列表框：用于选择或输入 Div 的 class 属性。
- "ID"下拉列表框：用于选择或输入 Div 的 id 属性。
- 新建 CSS 规则 按钮：单击该按钮，可为 Div 标签直接创建 CSS 样式。

9.3.2　Div 的嵌套

在进行网页制作的过程中，仅仅只插入一个 Div 标签，远远达不到制作的要求，一般情况下，都需要在一个 Div 标签中插入更多的 Div 标签，以对网页元素进行定位，这就是 Div 的嵌套。

实例 9-1 ▶ 在 Div 标签中嵌套两个 Div 标签 ●●●

1 在 Dreamweaver CS6 中新建一个空白网页，选择【插入】/【布局对象】/【Div 标签】命令，打开"插入 Div 标签"对话框，保持默认设置不变，单击 确定 按钮，如图 9-4 所示。

用户也可直接在 HTML 源代码界面中直接输入 Div 代码，实现 Div 标签的插入和嵌套。

2 此时，插入的 Div 标签呈选中状态，并默认输入"此处显示 Div 标签的内容"文本，如图 9-5 所示。

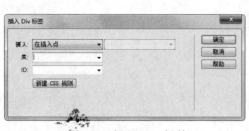

图 9-4　插入 Div 标签　　　　　　　　　　图 9-5　查看插入的 Div 标签

3 将鼠标光标定位在文本后，再插入一个 Div 标签，并为其命名为"嵌套的第 1 个 Div 标签"，此时，返回网页中选择第 1 次插入的 Div 标签，将同时选择这两个 Div 标签，如图 9-6 所示。

4 在"嵌套的第 1 个 Div 标签"中插入一个名为"嵌套的第 2 个 Div 标签"，然后选择"嵌套的第 1 个 Div 标签"标签，将同时选择这两个 Div 标签，如图 9-7 所示。

图 9-6　选择第 1 次插入的 Div 标签　　　　图 9-7　选择第 2 次插入的 Div 标签

9.4　关于 Div+CSS 盒模型

盒模型是进行 Div+CSS 布局的一个重要概念，只有掌握了盒模型的原理，以及盒模型中每一个元素的布局方法，才能通过 Div+CSS 的方法对页面中的元素进行定位，设置元素的大小或位置。

　　盒模型的原理就是将页面中的元素都看作一个占据了一定空间的盒子，它由 margin（边界）、border（边框）、padding（填充）和 content（内容）组成，其中 margin 位于最外层，content 位于最里层，如图 9-8 所示为一个定义了 margin、border 和 padding，以及填充 content 后的 Div 标签效果。

网页中的任何一个元素，都可以将其看作一个盒子，然后再通过 Div+CSS 对其进行美化。

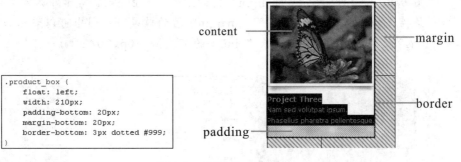

```
.product_box {
    float: left;
    width: 210px;
    padding-bottom: 20px;
    margin-bottom: 20px;
    border-bottom: 3px dotted #999;
}
```

图 9-8　盒模型

9.4.1　margin（边界）

margin 表示元素与元素之间的距离，设置盒子的边界距离时，可以对 margin 的上、下、左和右边距进行设置，其对应的属性介绍如下。

- top：用于设置元素上边距的边界值。
- bottom：用于设置元素下边距的边界值。
- right：用于设置元素右边距的边界值。
- left：用于设置元素左边距的边界值。

Dreamweaver CS6 中可以在 CSS 的规则定义对话框中选择"方框"选项，在其右侧界面的"Margin"栏中即可对其进行设置。因标签的类型与嵌套的关系不同，则相邻元素之间的边距也不相同，一般来说，分为以下几种情况。

- 行内元素相邻：当两个行内元素相邻时，它们之间的距离是第一个元素的边界值与第二个元素的边界值之和。如图 9-9 所示为定义的两个行内元素，如图 9-10 所示为这两个元素之间的距离。

```
<head>
<meta http-equiv="Content-Type" content=
"text/html; charset=utf-8" />
<title>无标题文档</title>
<style type="text/css">

.img1 {
    height: 240px;
    width: 223px;
    margin-right: 10px;
}

.img2 {
    height: 240px;
    width: 223px;
    margin-left: 30px;
}
</style>
</head>
<body>
  <span class="img1"><img src=
"images/main_04.jpg" width="223" height="240" />
  </span>
  <span class="img2"><img src=
"images/main_05.jpg" width="222" height="239" />
  </span>
</body>
```

图 9-9　定义的两个行内元素

图 9-10　两个元素之间的距离

- 父子关系：是指存在嵌套关系的元素，它们之间的间距值是相邻两个元素之和。如

元素的实际大小是元素本身大小加上 margin、border、padding 各属性的值。

图 9-11 所示为未应用 "margin" 前的效果，如图 9-12 所示即为定义的 "margin"
属性，如图 9-13 所示为应用 "margin" 后的效果。从图中可以看出，这里 img1 与
img2 之间的间距是 "20px"，即 img1 的下边据 "10px" 加上 "img2" 的上边据 "10px"。

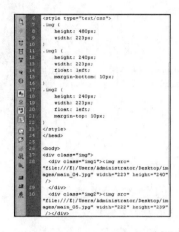

图 9-11　未应用前的效果　　图 9-12　定义的 "margin" 属性　图 9-13　应用后的效果

产生换行效果的块级元素：如果没有对块元素的位置进行定位，而只用于产生换行
效果，则相邻两个元素之间的间距会以边界值较大的元素的值来决定。如图 9-14
所示为定义的 "img1" 和 "img2" div 标签，其中 "img1" 的边界值为 10px，"img2"
的边界值为 30px，如图 9-15 所示为 "img1" div 标签在网页中的位置，如图 9-16
所示为 "img2" div 标签在网页中的位置。

图 9-14　定义的标签　　图 9-15　 "img1" 的位置　图 9-16　 "img2" 的位置

9.4.2　border（边框）

border 用于设置网页元素的边框，可达到分离元素的效果。border 的属性主要有 color、

在并列显示的 Div 标签中，可设置 margin 属性的值，使其与其他元素分离。

width 和 style，下面分别进行介绍。

- 　color：用于设置 border 的颜色，其设置方法与文本的 color 属性相同，但一般采用十六进制来进行设置，如黑色为 "#000000"。
- 　width：用于设置 border 的粗细程度，其值包括 Medium、Thin、Thick 和 length。如表 9-3 所示为这几个值的名称和其说明。

表 9-3　width 中各值的名称和其说明

名　　称	说　　明
Medium	默认值，一般情况下为 2px
Thin	细边框
Thick	粗边框
length	具体的数值，用户可进行自定义

- 　style：用于设置 border 的样式，其值包括 dashed、dotted、double、groove、hidden、inherit、none 和 Solid，如表 9-4 所示即为 style 参数中各参数的名称和其说明。

表 9-4　style 中各值的名称和其说明

名　　称	说　　明
dashed	虚线边框
dotted	点划线边框
double	双实线边框
groove	雕刻效果边框
hidden	无边框
inherit	集成上一级元素的值
none	无边框
Solid	单实线边框

如图 9-17 所示为在 Div 标签中定义的 border 样式，如图 9-18 所示为应用样式后的效果。从图中可以看出 "img1" 没有应用 border 样式；"img2" 应用了 border 的 style 和 width 属性，且其 style 值为 "soid"；"width" 值为 "3"。

图 9-17　设置 border 属性　　图 9-18　应用 border 属性效果

border 的样式很多，用户可在 Dreamweaver CS6 中先进行预览，再决定使用哪种样式。

9.4.3　padding（填充）

用于设置 content 与 border 之间的距离，其属性主要有 top、right、bottom 和 left，如图 9-19 所示为设置 padding 的过程，如图 9-20 所示为在网页中应用后的效果。

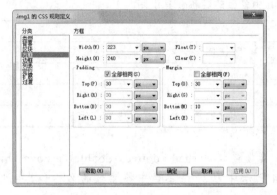

图 9-19　设置 padding 属性　　　　　图 9-20　应用填充后的效果

9.4.4　content（内容）

content 即盒子包含的内容，就是网页要展示给用户观看的内容，它可以是网页中的任一元素，包含块元素、行内元素或 HTML 中的任一元素，如文本、图像等。如图 9-21 所示为 Div 标签中包含的内容。

图 9-21　content 内容

在使用 Div+CSS 进行布局时，通常要结合这几个属性来设置，以达到丰富的效果。

9.5　Div+CSS 布局定位

布局时要对 Div 进行定位，以确定容器在页面中的位置。这可以通过 CSS 的 Position 属性的 relative、absolute 和 fixed 来进行定位，也可通过 float 属性进行定位，下面分别进行讲解。

对 Div 进行布局时，主要可以通过 CSS 的 position 和 float 属性来进行设置，下面分别进行介绍。

- position：包含了几种较为常用的定义方法，即 relative（相对定位）、absolute（绝对定位）和 fixed（悬浮定位）等。在 CSS 的规则定义对话框中选择"定位"选项卡，在右侧的"Position"下拉列表框中即可进行设置，如图 9-22 所示。
- float：可用于设置 Div 的浮动属性，使其相对于另一个 Div 进行定位。在 CSS 的规则定义对话框中选择"方框"选项，在右侧的"Float"下拉列表框中即可进行设置，如图 9-23 所示。

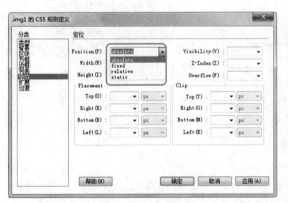

图 9-22　Position 属性

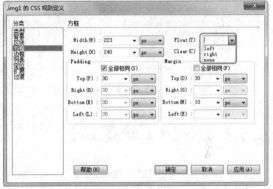

图 9-23　Float 属性

9.5.1　relative（相对定位）

relative 即相对定位，是指在元素所在的位置上，通过设置其水平或垂直位置，让该元素相对于起点进行移动，可通过设置 top、left、right 和 bottom 属性的值对其位置进行定位。如图 9-24 所示为定义的名为"left"和"right"的 Div 标签的 CSS 属性，如图 9-25 所示为这两个标签在网页中显示的位置，从中可以看出"right"Div 标签应用 relative 进行定位后，它以"left"Div 标签为起点，向下移动了 60px，向右移动了 40px。

使用 CSS 进行定位的前提是，必须先存在可用于进行定位的元素。

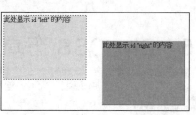

图 9-24　定义的 Div 标签属性　　　　　　　图 9-25　定位的效果

9.5.2　absolute（绝对定位）

absolute 即绝对定位，是指通过设置 Position 属性的值，将其定位在网页中的绝对位置。如图 9-26 所示为定义的名为"left"和"right"的 Div 标签的 CSS 属性，如图 9-27 所示为这两个标签在网页中显示的位置，从中可以看出"right"的 Div 标签应用 absolute 进行定位后，它以网页的边界为起点，向下移动了 60px，向右移动了 40px。

图 9-26　定义的 Div 标签属性　　　　　　　图 9-27　定位的效果

9.5.3　fixed（悬浮定位）

fixed 即悬浮定位，是指使某个元素悬浮在上方，用于固定元素位于页面的某个位置。如图 9-28 所示为定义的名为"left"和"right"的 Div 标签的 CSS 属性，如图 9-29 所示为这两个标签在网页中显示的位置，从中可以看出"left"的 Div 标签应用 fixed 进行定位后，它悬浮在"right"的 Div 标签的上方，其相对于"right"的位置，向下移动了 60px，向右移动了 40px。

图 9-28　定义的 Div 标签属性　　　　　　　图 9-29　定位的效果

每个网页都可以采用这几种方法来进行定位，用户可根据需要适当结合这几种方法。

9.5.4　float（浮动定位）

float 即浮动定位，主要用于控制网页元素的显示方式，如靠左显示、靠右显示等。在 Dreamweaver CS6 中进行定位时，通常先通过它来对元素进行定位，然后再通过其他定位属性对其具体位置进行设置。

float 主要有 left、right 和 none 3 个参数，下面分别进行介绍。

- left：定位于盒子的左侧。
- right：定位于盒子的右侧。
- none：不进行定位。

如图 9-30 所示为定义的 3 个名为 "left"、"center" 和 "right" 的 Div 标签属性，如图 9-31 所示为其在网页中显示的效果。

```
#left {
    background-color: #CF3;
    height: 150px;
    width: 200px;
    float: left;
}
#center {
    float: left;
    height: 150px;
    width: 200px;
    background-color: #F09;
}
#right {
    background-color: #F90;
    height: 150px;
    width: 200px;
    float: right;
}
```

图 9-30　定义的标签　　　　　　　图 9-31　显示的效果

9.6　常用的 Div+CSS 布局方式

 学习并掌握了 Div+CSS 的定位方法后，还应对使用 Div+CSS 进行布局的常用方式进行了解，以提高制作网页的速度，下面将对 Div 高度自适应、网页内容居中布局、网页元素浮动布局和流体网格布局进行讲解。

9.6.1　Div 高度自适应

高度自适应是指相对于浏览器而言，盒模型的高度随着浏览器高度的改变而改变，这时需要使用到高度的百分比。当一个盒模型不设置宽度时，它默认是相对于浏览器显示的。

实例 9-2　在网页中新建高度自适应的 Div 标签 ●●●

1 在 Dreamweaver CS6 中新建一个网页，然后选择【插入】/【布局对象】/【Div 标

相比较其他定位方法而言，float 定位是使用最为频繁的一种。

签】命令，打开"插入 Div 标签"对话框。

2　在"ID"下拉列表框中输入"box"，单击 [新建 CSS 规则] 按钮，如图 9-32 所示。然后在打开的对话框中保持默认设置不变，单击 [确定] 按钮。

3　打开"#box 的 CSS 规则定义"对话框，选择"背景"选项，并设置其"Background-color"的值为"#FCF"，选择"方框"选项卡，设置"Width"和"Height"的值分别为"800"和"600"，单击 [确定] 按钮，如图 9-33 所示。

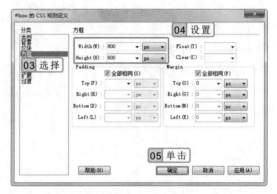

图 9-32　插入 Div 标签　　　　　　　　图 9-33　设置#box 标签的规则

4　返回网页中即可看到新建的 Div 标签，删除标签中的文字，并使用相同的方法插入一个 ID 名称为"left"、"Background-color"为"#CF0"、"width"为"200px"、"float"为"left"、"height"为"590px"和"clear"为"none"的 Div 标签，其效果如图 9-34 所示。

5　使用相同的方法插入一个 ID 名称为"right"、"background-color"为"#FC3"、"float"为"right"、"height"为"100%"、"width"为"580px"和"margin"为"5px"的 Div 标签，此时，可看到该 Div 标签的高度与文本内容的高度相同。当在其中输入其他内容后，高度被自动填充，如图 9-35 所示。

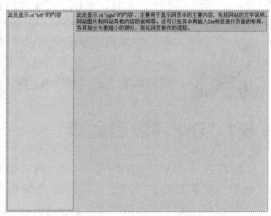

图 9-34　"left"的 Div 标签效果　　　　　图 9-35　"right"的 Div 标签效果

使用类似的方法，可以实现 Div 的宽度自适应，即将 Width 属性设置为"100%"，使其自定义于父容器。

9.6.2　网页内容居中布局

Dreamweaver CS6 中默认的居中布局方式是左对齐，要想使网页中的内容居中，需要结合元素的属性进行设置，可通过设置自动外边距居中、结合相对定位与页边距和设置父容器的 padding 属性来实现。

1．自动外边距居中

自动外边距居中是指设置 margin 属性的 left 和 right 值为"auto"。但在实际设置时，可为需要进行居中的元素创建一个 Div 容器，并为该容器指定宽度，以避免出现在不同的浏览器中观看的效果不同的现象。如图 9-36 所示为在网页中定义的一个 Div 标签与其 CSS 属性，如图 9-37 所示为其在网页中显示的效果。

图 9-36　设置 margin 属性　　　　　　　　图 9-37　查看显示效果

2．结合相对定位与负边距

该方法的原理是：通过设置 Div 标签的 position 属性为"relative"，然后使用负边距抵消边距的偏移量。其表示方法如图 9-38 所示，效果如图 9-39 所示。

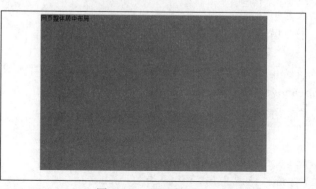

图 9-38　HTML 代码　　　　　　　　　　图 9-39　显示效果

居中布局是指整个网页内容的居中，如果要实现部分元素的居中，可直接通过其属性进行设置。

这段代码中的"position:relative;"表示 content 是相对于其父元素 body 标签进行定位的；"left:50%;"表示将其左边框移动到页面的正中间；"margin-left:-300px;"表示从中间位置向左偏移回一半的距离，其值需根据 Div 标签的宽度值来进行计算。

3. 设置父容器的 padding 属性

使用前面的两种方法都需要先确定父容器的宽度，但当一个元素处于一个容器中时，如果想让其宽度随窗口的变化而改变，同时保持内容居中，可通过 padding 属性来进行设置，使其父元素左右两侧的填充相等，如图 9-40 所示为其在 HTML 中的代码，实际效果如图 9-41 所示。

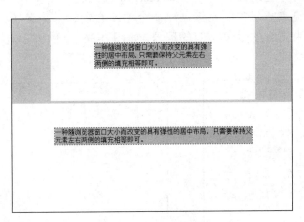

图 9-40　HTML 代码　　　　　　　图 9-41　显示效果

9.6.3　网页元素浮动布局

CSS 中的任何元素都可以浮动，浮动布局即通过 float 属性来设置网页元素的对齐方式。通过该属性与其他属性的结合使用，可使网页元素达到特殊的效果，如首字下沉、图文混排等。同时在进行布局时，还要适当地清除浮动，以避免元素超出父容器的边距而造成布局效果不同。

1. 首字下沉

首字下沉是指将文章中的第一个字放大并与其他文字并列显示，以吸引浏览者的注意。在 Dreamweaver CS6 中可通过 CSS 的 float 与 padding 属性进行设置。

制作首字下沉效果　●●●

参见
光盘　光盘\效果\第 9 章\首字下沉.html　　　　　　▶▶▶▶▶▶▶

实现浮动布局的原理是通过 float 属性使网页元素进行浮动，再通过其他属性来固定元素的位置，如设置 float 为"left"时，设置 margin-left 为 5px，此时元素左边距将距离父元素 5px 浮动显示。

1 启动 Dreamweaver CS6 并新建一个空白网页，将其保存为"首字下沉.html"，并通过 p 和 span 标签输入一段文本，其效果如图 9-42 所示。

2 打开"CSS 样式"面板，单击"添加 CSS 规则"按钮，打开"新建 CSS 规则"对话框。在"选择器类型"下拉列表框中选择"标签"选项，在"选择器名称"下拉列表框中选择"span"选项，单击 确定 按钮，如图 9-43 所示。

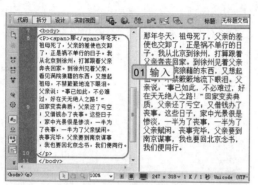
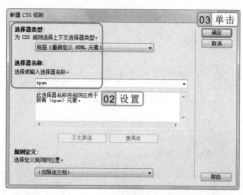

图 9-42　新建网页　　　　　　　　　　图 9-43　新建 CSS 规则

3 打开"span 的 CSS 规则定义"对话框，在"类型"选项中设置 font-size 为"60px"，color 为"#F60"，font-weight 为"bold"；在"方框"选项中设置 float 为"left"，padding-right 为"5px"。

4 单击 确定 按钮，返回 Dreamweaver 的代码视图中即可查看到添加 CSS 后的源代码，如图 9-44 所示。

5 切换到设计视图，可看到应用 CSS 样式后的效果，保存网页并在浏览器中进行预览，其效果如图 9-45 所示。

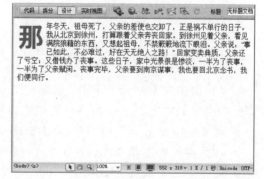

图 9-44　查看添加的 CSS 代码　　　　　　图 9-45　查看首字下沉效果

2. 图文混排

图文混排就是将图片与文字混合排列，文字可在图片的四周、嵌入图片下面或浮于图片上方等。在 Dreamweaver CS6 中可通过 CSS 的 float 与 padding、margin 等属性进行设置。

首字的字体越大，其下沉的位置越低。

制作左图右文的图文混排效果 ●●●

参见　光盘\素材\第 9 章\图文混排\图文混排.html
光盘　光盘\效果\第 9 章\图文混排\图文混排.html　　　　➤➤➤➤➤➤➤➤➤

1️⃣ 打开网页文件"图文混排.html",将鼠标光标定位在第 3 行行首,插入"images"文件夹中的"bg.jpg"图片素材,其效果如图 9-46 所示。

2️⃣ 切换到代码视图,在 style 标签中输入如图 9-47 所示的代码,设置 img 的 CSS 属性。

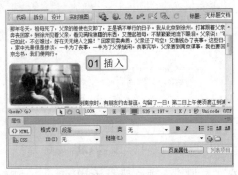

图 9-46　插入图片

图 9-47　重新定义 img 标签

3️⃣ 此时网页中的图片将向左浮动,且与文本的上、右、下和左的距离分别为"15px"、"20px"、"20px"和"0px"。

4️⃣ 切换到设计视图,在其中即可查看到设置 CSS 样式后的效果,如图 9-48 所示。

图 9-48　查看图文混排效果

3.清除浮动

如果页面中的 Div 元素太多,且使用 float 属性较为频繁,可通过清除浮动的方法来消除页面中溢出的内容,使父容器与其中的内容契合。清除浮动的常用方法有以下几种:

◐ 定义 Div 或 p 标签的 CSS 属性 clear:both;。

◐ 在需要清除浮动的元素中定义其 CSS 属性 overflow:auto。

◐ 在浮动层下设置空 Div。

9.6.4　流体网格布局

流体网格布局也叫做自适应 CSS 布局,通过它可以创建自适应网站的系统,它可通过设置 Div,宽、高百分比等来进行设置。在 Dreamweaver CS6 中还可以通过系统自带的流

修改图片与文本的上、右、下、左的浮动距离,可实现不同的混排效果。

体网格布局功能来创建网页。其方法是：选择【文件】/【新建】命令，打开"新建文档"对话框，选择"流体网格布局"选项卡，在右侧的窗格中可选择需要创建的类型下的文本框中输入自适应的百分比，单击 创建(R) 按钮即可。如图 9-49 所示为创建的基于"桌面电脑"的流体网格布局。

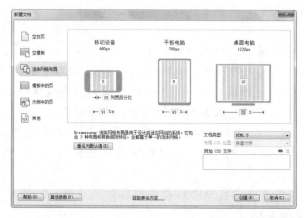
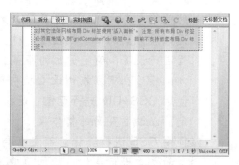

图 9-49　流体网格布局

9.7　提高实例——制作化工材料网页

本例将制作化工材料网页，将网页划分为 6 部分，分别用于放置 Logo、导航菜单、广告条、产品展示、产品导购和网页信息。通过该网页的制作，使用户掌握 Div+CSS 布局网页的方法，其最终效果如图 9-50 所示。

图 9-50　化工材料网页效果

操 作 提 示

创建流体网格布局时，系统会提示用户保存其预定义的 CSS 文件。

9.7.1　行业分析

Div+CSS 是制作网页最为流行的一种布局方法，通过它能精确定位网页中各元素的位置，使其达到预期的效果。使用 Div+CSS 布局时，需要了解其布局的流程，主要可分为以下几个方面。

- ◗ **对页面进行整体规划**：在布局网页前，需要先对网页有一个整体的规划，确定网页的整体布局方式，如将页面分为 5 个部分，即头部、横幅、主要内容、链接和底部。
- ◗ **设置被分割的模块的位置**：对整个页面进行规划后，就可以对被规划的各模块的位置进行设置，确定页面的框架。如将头部信息放在网页最上方，将横幅放在头部下方，然后在下方左侧设置模块为链接，右侧模块为主要内容，而最下方则是底部。
- ◗ **使用 CSS+Div 进行定位**：是指通过 CSS 对各个模块在网页中的位置和大小进行确定，以设置页面的整体大小。
- ◗ **使用 CSS 进行美化**：确定布局后，就可以在其中添加页面内容，然后使用 CSS 对页面元素进行美化，使网页效果更加美观。

9.7.2　操作思路

为更快完成本例的制作，并尽可能运用本章讲解的知识，本例的操作思路如下。

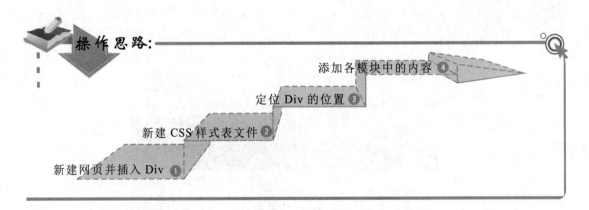

操作思路：

添加各模块中的内容 ❹

定位 Div 的位置 ❸

新建 CSS 样式表文件 ❷

新建网页并插入 Div ❶

9.7.3　操作步骤

下面介绍制作"化工材料"网页的方法。其操作步骤如下：

参见
光盘

光盘\素材\第 9 章\化工材料
光盘\效果\第 9 章\化工材料\index.html
光盘\实例演示\第 9 章\制作化工材料网页

❶ 在 Dreamweaver CS6 中新建一个空白网页并将其保存为"index.html"，然后插入 6

使用 Div+CSS 进行布局的方法大同小异，只要掌握了其基本原理即可完成各种网站的制作。

个 Div 标签，其源代码和效果如图 9-51 所示。

2　选择【文件】/【新建】命令，在打开的对话框中新建一个空白 CSS 文件，并将其命名为 "layout.css"。

3　打开 "CSS 样式" 面板，单击 "附加样式表" 按钮 ，在打开的对话框中选择链接的文件为新建的 "layout.css"，如图 9-52 所示。

图 9-51　添加 Div 标题　　　　　　　　图 9-52　链接 CSS 样式表文件

4　单击 确定 按钮返回 CSS 样式表文件，在 "layout.css" 文件中输入对页面进行重新定义的标签 CSS 样式，如图 9-53 所示。

5　继续在其中对添加的 6 个 Div 标签进行定义，其 CSS 代码如图 9-54 所示。

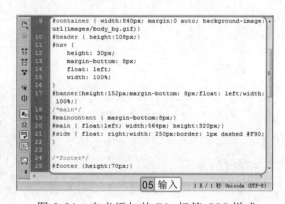

图 9-53　定义标签 CSS 样式　　　　　　图 9-54　定义添加的 Div 标签 CSS 样式

6　切换到网页的设计视图，可看到页面中添加的 Div 标签的分布位置并未达到预期的效果，此时，可在 CSS 样式文件中再添加一个 CSS 样式为 ".clearfloat {clear:both; height:0;font-size: 1px;line-height: 0px;}"，通过其进行浮动的消除。

7　切换到 "index.html" 的代码视图界面，在 <maincontent> 和 <footer> 之间添加 class 属性为 "clearfloat" 的 Div 标签，并在设计视图中预览布局后的效果，如图 9-55 所示。

185

用户也可先创建 CSS 文件，再创建网页文档，将其链接在一起。

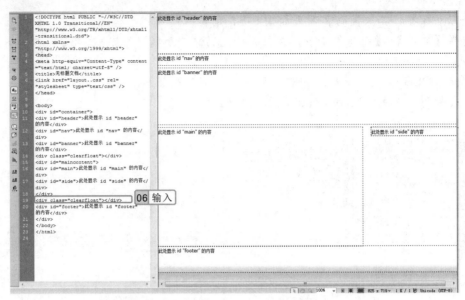

图 9-55　预览布局后的效果

8　将鼠标光标定位在 "header" Div 标签中，删除其中的文本，并添加一个 id 为 "logo" 的 Div 标签，并在其中插入 "logo.gif" 图像，其源代码如图 9-56 所示。然后在 "layout.css" 样式表中添加 Logo 的 CSS 样式为 "#logo { float:left; margin-top:5px; }"。

9　删除 "nav" Div 标签中的文本，在其中添加 7 个 class 属性为 "menu" 的 Div 标签，然后分别在其中添加 "images" 文件夹中的图像，其源代码如图 9-57 所示。

图 9-56　在 "header" 的 Div 标签中添加内容　　　图 9-57　添加菜单标签

10　在 "layout.css" 样式表文件中添加 menu 的类 CSS 样式为 ".menu{height: 30px;width: 120px;float: left;}"，此时，页面中的菜单将并列显示，效果如图 9-58 所示。

图 9-58　查看菜单布局效果

在最初划分页面时，可对每部分设置背景色，以便于区分。

11　删除 "banner" Div 标签中的文本，在其中插入 "images" 文件中的 "banner.gif" 图像。

12　删除 "main" Div 标签中的文本，在其中添加 id 名为 "index_pic" 的 Div 标签，并在其中添加列表，其源代码如图 9-59 所示。

13　在 "layout.css" 样式表文件中添加 Div 标签对应的 CSS 样式，其源代码如图 9-60 所示。

图 9-59　添加 "index_pix" Div 标签　　　　图 9-60　设置 Div 标签的 CSS 属性

14　返回网页中，可看到应用 CSS 样式后，"main" Div 标签中图片的排列方式发生了变化，其效果如图 9-61 所示。

15　删除 "side" Div 标签中的文本，在其中添加一个 id 为 "side_box" 和 "side_product" 的 Div 标签，并分别在其中输入如图 9-62 所示的内容。

图 9-61　排列产品图片

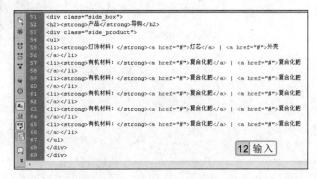

图 9-62　输入产品导购信息

16　完成后再将添加的内容粘贴到代码下方，再添加一个列表，其效果如图 9-63 所示。

17　删除 "footer" Div 标签中的文本，在其中输入如图 9-64 所示的内容，然后再在 CSS 样式表文件中添加 "footer" 的属性为 "padding:15px 0px;text-align:center;"。

18　完成后保存并预览网页效果。

使用 ul 和 li 标签进行菜单或列表的创建，是较为频繁的一种方式。通过它们可以创建纯文本类型的菜单或列表。

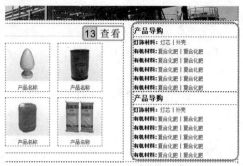

图 9-63　添加列表　　　　　　　图 9-64　添加"footer"的内容

9.8　提高练习——制作美佳化妆品网页

下面通过制作美佳化妆品网页进一步掌握 Div+CSS 布局的相关知识，本例将新建网页和 CSS（层叠样式表），然后对页面进行布局，并应用 CSS 样式美化网页，其最终效果如图 9-65 所示。

图 9-65　美佳化妆品网页效果

光盘\素材\第 9 章\美佳化妆品
光盘\效果\第 9 章\美佳化妆品\index.html
光盘\实例演示\第 9 章\制作美佳化妆品网页

该练习的操作思路与关键提示如下。

　　创建网页时，可先使用 Div+CSS 将网页的整体布局划分出来，并添加一些简单的内容，当最终确定效果后，再添加需要的内容。

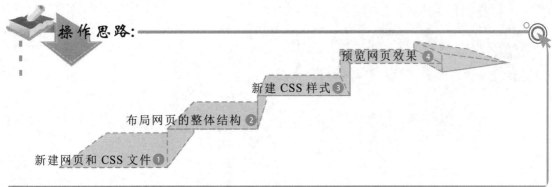

操作思路:

预览网页效果 ❹

新建 CSS 样式 ❸

布局网页的整体结构 ❷

新建网页和 CSS 文件 ❶

关键提示:

本例需要先将网页划分为 4 部分，即 header、banner、main 和 footer，然后新建 CSS 样式文件对 Div 的位置进行定位，再在每个部分进行划分，并添加内容。

9.9　知识问答

在 Div+CSS 布局网页的过程中，难免会遇到一些难题，如使用 table 布局、在不同的浏览器中打开网页时，其效果不相同等。下面将介绍 Div+CSS 布局网页过程中常见的问题和解决方案。

　　问：使用 Div+CSS 布局后，网页中还可以使用 table 布局吗？
　　答：可以使用 table 布局。但 table 布局网页时，页面加载很慢，且会造成网页代码的冗余。建议在使用 Div+CSS 进行布局的网页中，使用 table 来进行数据的显示，而不是用于布局。

　　问：使用 Div+CSS 布局后，在不同的浏览器中打开网页，效果有时不同，这是为什么呢？
　　答：这是因为不同的浏览器其兼容性不同。虽然 Div+CSS 布局具有很强的兼容性，但是不同浏览器对于 CSS 版本的兼容性不同，在进行网页布局时，可同时打开多个浏览器进行检测，如 IE 6、7、8、9、10 等版本及 Google 和 Firefox。

知识　关联　CSS Sprites 技术

　　CSS Sprites 是指将网页中的几个背景图片整合到一张图片中，CSS 的"background-image"、"background-repeat"和"background-position"的组合进行背景定位，以便减少文件体积和对服务器的请求次数，提高访问网站的速度。

操 作 提 示

　　如果是对 Div+CSS 较为熟悉的用户，建议直接在 CSS（层叠样式表）中进行代码的书写，以简化操作步骤。

第10章

网页模板快速建站

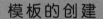 模板的创建

模板的应用

模板的管理

模板的编辑

从"从模板新建"对话框中创建新网页

在"资源"面板中创建新网页

本章导读

　　一个完整的网站中包含了很多子网页，如果一个一个地进行网页的制作，无疑会增加网页开发者的工作量，为此，Dreamweaver 专门提供了模板的功能。用户将网页中包含的大部分相同的内容，创建为网页模板，然后将模板套用到需要的网页中，添加不同的内容，高效地完成网页的制作。本章将具体讲解模板的创建、编辑、应用和管理等知识。

10.1　模板的创建

模板是 Dreamweaver CS6 提供的一种对站点中文档的管理功能，通过模板制作网页时，Dreamweaver CS6 自动生成了公用部分，以提供其他网页的制作。下面将学习模板的创建方法，包括将现有网页另存为模板和创建空白模板。

10.1.1　将现有网页另存为模板

将现有网页另存为模板是指像制作普通网页文档一样，先制作出一个完整的网页，然后将其另存为模板并指定可编辑区域，在制作其他网页时就可以通过该模板进行创建。

 将 "index" 网页另存为模板 ●●●

参见　光盘\素材\第 10 章\Haweb\index.html
光盘　光盘\效果\第 10 章\Haweb\Templates\template.dwt　　

1 在 Dreamweaver CS6 中打开网页文件 "index.html"，选择【文件】/【另存为模板】命令，打开 "另存模板" 对话框。

2 在 "站点" 下拉列表框中选择存储模板的站点，这里选择 "myweb"，在 "另存为" 文本框中输入模板的名称为 "template"，单击 保存 按钮，如图 10-1 所示。

3 模板文件即被保存在指定站点的 Templates 文件夹中，扩展名为.dwt，如图 10-2 所示。

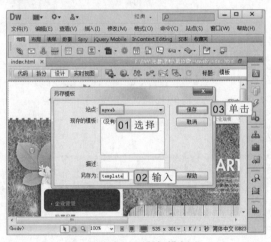

图 10-1　另存模板

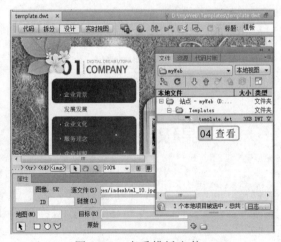

图 10-2　查看模板文件

10.1.2　创建空白模板

空白网页模板与空白网页文档类似，是指创建不包含任何内容的网页模板文件，其扩

创建模板后应为模板指定可编辑区域，否则整个文档都无法进行编辑。通过模板建立的网页内容将保持一致，否则就失去了模板的作用。

展名为.dwt。然后再使用与编辑普通网页相同的方法来创建网页内容，为其指定可编辑区域，保存模板文档后即可用该模板文档创建其他的网页。

 实例 10-2 创建"main"空白网页模板文件 ●●●

 参见光盘 光盘\效果\第 10 章\main.dwt >>>>>>>

1 启动 Dreamweaver CS6，选择【文件】/【新建】命令，打开"新建文档"对话框。

2 在左侧选择"空模板"选项卡，在右侧的"模板类型"列表框中选择"HTML 模板"选项，单击 创建(R) 按钮进行创建，如图 **10-3** 所示。

3 像编辑普通网页一样创建网页文档内容，指定可编辑区域（该部分知识将在 10.2 节中进行讲解）后，按"Ctrl+S"快捷键进行保存，打开"另存模板"对话框。

4 在其中选择保存模板的站点，输入模板的名称为"main"，单击 保存 按钮即可，如图 **10-4** 所示。

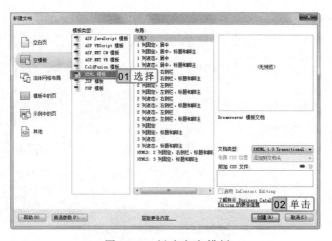
图 10-3 新建空白模板

图 10-4 保存模板文件

10.2 模板的编辑

创建的模板不能直接应用于网页中，还应为其指定可编辑区域。这是因为通过模板创建的网页文档中只有可编辑区域中的内容能进行编辑。下面将具体讲解可编辑区域的创建和编辑方法。

10.2.1 指定可编辑区域

可编辑区域是指通过模板创建的网页中可以进行添加、修改和删除网页元素等操作的区域，在 Dreamweaver CS6 中可以将模板中的任何对象指定为可编辑区域，如表格、表格

 专 家 指 导

创建空白模板文档并保存模板时，如果未创建可编辑区域，则会打开一个提示对话框，提示"此模板不含有任何可编辑区域。您想继续吗？"，可先单击 确定 按钮进行模板的保存，再指定可编辑区域并保存模板。

行、文本和图像等网页元素。

 为"template1"模板网页指定可编辑区域 ●●●

> 参见
> 光盘
> 光盘\素材\第 10 章\Haweb\Templates\template1.dwt
> 光盘\效果\第 10 章\Haweb\Templates\template1.dwt

1 在 Dreamweaver CS6 中打开"template1.dwt"模板网页,将鼠标光标定位到需创建可编辑区域的位置或选中要设置为可编辑区域的对象,这里选中网页中间的白色图片。

2 选择【插入】/【模板对象】/【可编辑区域】命令,打开"新建可编辑区域"对话框,在"名称"文本框中输入"maincontent",单击 确定 按钮,如图 10-5 所示。

3 返回网页中即可看到模板中创建的可编辑区域以绿色高亮显示,如图 10-6 所示。

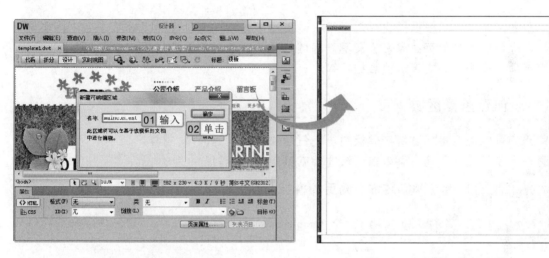

图 10-5　新建可编辑区域　　　　　　　　　　图 10-6　查看可编辑区域

10.2.2　更改可编辑区域的名称

指定可编辑区域后,还可对其名称进行更改,以便与其他区域进行区别,使用户快速识别出每一部分应填充的内容。其方法是:单击可编辑区域左上角的标签选中该可编辑区域,此时"属性"面板如图 10-7 所示,在面板的"名称"文本框中输入一个新名称,按"Enter"键即可。

图 10-7　更改可编辑区域的名称

可编辑区域的名称中不能包含双引号、单引号、小于符号和大于符号等特殊字符。

10.2.3 取消对可编辑区域的标记

如果不再需要使用某个可编辑区域,可取消对其标记。其方法主要有以下两种:

◗ 单击可编辑区域左上角的可编辑区域标签,选中该可编辑区域,然后再在可编辑区域中单击鼠标右键,在弹出的快捷菜单中选择【修改】/【模板】/【删除模板标记】命令。

◗ 在 Dreamweaver 的标签选择器中选中可编辑区域的标签名称,在其上单击鼠标右键,在弹出的快捷菜单中选择"删除标签"命令。

10.2.4 定义模板的重复区域

重复区域是可以根据需要在基于模板的页面中复制任意次数的模板部分。它通常用于表格,也可以为其他页面元素定义重复区域,还可以通过重复特定项目来控制页面布局,如目录项、说明布局或者重复数据行等。

1.创建重复区域

用户可以使用重复区域在模板中复制任意次数的指定区域。重复区域不是可编辑区域,只有在重复区域中创建了可编辑区域才能在其中进行编辑。

 为"鸿宇装饰"网页的模板文件创建重复区域 ●●●

参见
光盘　光盘\素材\第 10 章\鸿宇装饰\Templates\template.dwt
　　　光盘\效果\第 10 章\鸿宇装饰\Templates\template.dwt

1 在 Dreamweaver CS6 中打开网页模板文件"template.dwt",选中想要设置为重复区域的文本或内容,或将鼠标光标定位到要创建重复区域的位置。这里选择如图 10-8 所示的表格。

2 选择【插入】/【模板对象】/【重复区域】命令,打开"新建重复区域"对话框。在"名称"文本框中输入名称为" caselist",单击 确定 按钮,如图 10-9 所示。

3 返回网页中,即可查看到创建的重复区域,如图 10-10 所示。

图 10-8　选择需要创建的区域

重复区域和重复表格一般用于结构相同的布局。

图 10-9　"新建重复区域"对话框　　　　图 10-10　查看创建的重复区域

2．创建重复表格

可以使用重复表格创建包含重复行的表格式的可编辑区域，并且可以定义表格属性并设置哪些表格单元格可编辑。

 实例 10-5 为"鸿宇装饰"网页的模板文件创建重复表格 ●●●

参见
光盘　光盘\素材\第 10 章\鸿宇装饰\Templates\template1.dwt
　　　光盘\效果\第 10 章\鸿宇装饰\Templates\template1.dwt

1　在 Dreamweaver CS6 中打开网页模板文件"template1.dwt"，选中想要设置为重复表格的文本或内容，或将鼠标光标定位到要创建重复区域的位置。这里将鼠标光标定位到网页底部的表格中。

2　选择【插入】/【模板对象】/【重复表格】命令，打开"插入重复表格"对话框。在"行数"和"列"文本框中设置表格的行数和列数，在"单元格边距"和"单元格间距"文本框中设置间距值，在"宽度"文本框中输入表格宽度。在"重复表格行"栏的"起始行"和"结束行"文本框中输入重复的表格行，在"区域名称"文本框中输入名称，单击 确定 按钮，完成重复表格的创建，如图 10-11 所示。

3　返回网页中，即可查看到创建的重复表格，如图 10-12 所示。

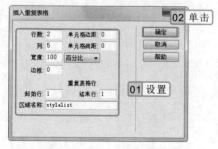

图 10-11　插入重复表格　　　　　　图 10-12　查看插入的重复表格

重复表格区域并不代表输入的内容必须完全一致，用户可按照需要输入实际的内容。

10.2.5　定义模板的可选区域

可选区域是模板中的区域，可通过定义条件来控制该区域的显示或隐藏，在通过该模板创建的网页文档中可修改参数值来改变其显示或隐藏状态。Dreamweaver CS6 有两种可选区域对象，即可选区域和可编辑的可选区域。

1．插入可选区域

可选区域只能设置其显示或隐藏状态，不能对其中的内容进行编辑。如在通过模板创建的网页中需要显示某张图像，而在另外的网页中却不需要显示，此时即可创建可选区域来实现。

 为"鸿宇装饰"网页的模板文件创建可选区域 ●●●

参见
光盘　光盘\素材\第 10 章\鸿宇装饰\Templates\template2.dwt
　　　光盘\效果\第 10 章\鸿宇装饰\Templates\template2.dwt

1 在 Dreamweaver CS6 中打开网页模板文件"template2.dwt"，单击编辑窗口左上角的 代码 按钮，切换到源代码界面。

2 在 </head> 标签前添加代码创建模板参数，这里添加"<!-- TemplateParam name="nomal" type="boolean" value="true" -->"，如图 10-13 所示。其中，"name"属性为模板参数的名称，"type"属性为数据类型，"boolean"属性为布尔值，"value"属性为参数值，由于数据类型为 boolean，其值就只能是"true"或"false"。

3 单击 设计 按钮切换到设计视图，选中想要设置为可选区域的元素，再选择【插入】/【模板对象】/【可选区域】命令，打开"新建可选区域"对话框。

4 在"基本"选项卡的"名称"文本框中输入可选区域的名称，选中 ☑ 默认显示 复选框使其默认状态下为显示，如图 10-14 所示。

图 10-13　添加创建模板参数

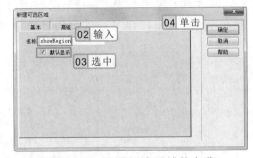
图 10-14　设置可选区域的名称

5 选择"高级"选项卡，选中 ◉ 使用参数 单选按钮，并在其后的下拉列表框中选择已创建的模板参数名称，如图 10-15 所示。

如果事先没有添加模板代码，可以选择"高级"选项卡，在其中选中 ◉ 输入表达式 单选按钮，在下方的列表框中输入代码即可。

6 单击 确定 按钮，完成可选区域的创建。此时，编辑窗口的显示效果如图 10-16 所示。

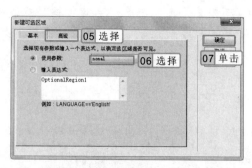

图 10-15　设置模板参数名称

图 10-16　查看创建的可选区域

2. 插入可编辑的可选区域

可编辑的可选区域与可选区域不同的是，它可以进行内容的编辑。其与可选区域的操作方法相同，可以先在代码视图中定义模板参数，再切换到设计视图，将鼠标光标定位在要插入可选区域的位置。选择【插入】/【模板对象】/【可编辑的可选区域】命令，打开"新建可选区域"对话框，采用与创建可选区域相同的方法进行设置，如图 10-17 所示。

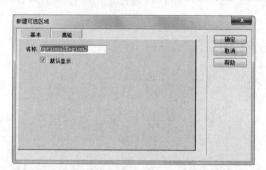

图 10-17　可编辑的可选区域

10.3　模板的应用

创建并编辑模板后，就可以将模板应用到网页，使用户能通过模板来进行网页的制作。主要是通过"从模板新建"对话框和"资源"面板来进行应用，也可以为当前网页应用模板。

10.3.1　从"从模板新建"对话框创建新网页

通过"从模板新建"对话框来应用模板，可以选择已经创建的任一站点的模板来创建

通过模板创建的网页在编辑窗口的四周为淡黄色，将鼠标指针移至可编辑区域时，其变为 I 状态，表示可编辑；移至锁定区域时变为 ◎ 状态，表示不可编辑。

新网页。

实例 10-7　应用"myWeb"站点中的模板新建网页 ●●●

1　启动 Dreamweaver CS6，选择【文件】/【新建】命令，打开"新建文档"对话框。

2　选择"模板中的页"选项卡，在"站点"列表框中选择所需站点，然后从右侧的列表框中选择所需的模板，如图 10-18 所示。

3　单击 创建(R) 按钮，通过模板创建的新网页将出现在窗口中，如图 10-19 所示。

图 10-18　选择模板

图 10-19　通过模板创建的新网页

10.3.2　在"资源"面板中创建新网页

在"资源"面板中只能使用当前站点的模板创建网页，其方法是：选择【窗口】/【资源】命令，或按"F11"键，打开"资源"面板，单击左侧的"模板"按钮 ，查看当前站点中的模板列表，右击所需的模板，在弹出的快捷菜单中选择"从模板新建"命令，如图 10-20 所示，从模板新建的网页将会在编辑窗口中打开。

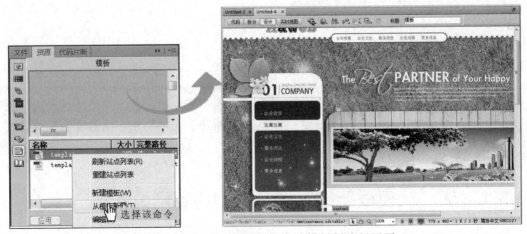

图 10-20　在"资源"面板中从模板创建新网页

在"资源"面板的模板上单击鼠标右键，在弹出的快捷菜单中选择"重命名"命令，可对模板名称进行重新设置。

10.3.3　为网页应用模板

在 Dreamweaver CS6 中还可以为已编辑的网页应用模板，将已编辑的网页内容套用到模板中。其方法是：选择【窗口】/【资源】命令，打开"资源"面板。在"资源"面板中单击左侧的"模板"按钮▤，查看当前站点中的模板列表，选择需要应用的模板，单击面板左下角的 应用 按钮即可，如图 10-21 所示。如果网页中存在不能自动指定到模板区域的内容，将打开"不一致的区域名称"对话框，此时可在"可编辑区域"列表中选择应用模板中的可编辑区域，在"将内容移到新区域"下拉列表框中选择将现有内容移到新模板中的区域，如图 10-22 所示。

图 10-21　应用模板到网页

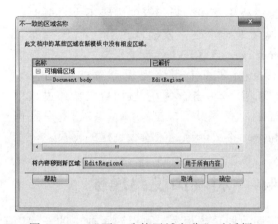

图 10-22　"不一致的区域名称"对话框

10.4　模板的管理

 创建模板后，还需对模板进行适当的管理，以便于网页的制作。如删除不需要的模板，将网页脱离模板和更新网页模板等。下面将对管理模板的方法进行具体介绍。

10.4.1　删除模板

如果不再需要使用某个模板，可以将其删除。其方法是：在"文件"面板中选中要删除的模板文件，按"Delete"键删除模板文件，此时将打开提示对话框，在其中单击 是(Y) 按钮可删除模板文件，如图 10-23 所示。

图 10-23　删除模板

删除模板操作将使模板文档彻底从电脑中删除，无法进行恢复，因此，执行删除模板操作时应确认该模板文档不再需要使用。

10.4.2　打开网页所附模板

在编辑通过模板创建的网页时，如果发现模板的某处内容需要修改，可以通过"打开附加模板"命令打开该网页所用的模板文件，进而对模板进行修改。其方法是：打开用模板创建的网页，选择【修改】/【模板】/【打开附加模板】命令，此时将自动打开网页中所应用的模板，对模板进行编辑后进行保存即可。

10.4.3　更新网页模板

当模板中某些公用部分的内容不太合适时，可对模板进行修改，模板修改并进行保存时，Dreamweaver 会打开"更新模板文件"对话框提示是否更新站点中用该模板创建的网页，如图 10-24 所示。单击 更新(U) 按钮可更新通过该模板创建的所有网页；单击 不更新(D) 按钮则只是保存该模板而不更新通过该模板创建的网页。

图 10-24　更新网页模板

10.4.4　将网页脱离模板

将网页脱离模板后，可以对页面中的任何内容进行编辑，包括原来的锁定区域。但更新原模板文件后，脱离模板后的网页是不会发生变化的，因为它们之间已没有任何关系。脱离模板的方法是：打开使用模板创建的网页，选择【修改】/【模板】/【从模板分离】命令即可。

10.5　提高实例——制作广告相册网页

本章主要介绍了模版的各种操作，包括新建、编辑、应用和管理等，要想熟练使用模板制作网页，还应多加练习。下面将通过制作广告相册网页使用户进一步掌握模板的各种操作。

本例将通过模板制作广告相册网页的主页为例，介绍通过模板制作一个完整网页的方法。需要打开"AiaseHoimg"文件夹中的"index.html"网页，将其另存为模板，并为模板添加可编辑区域，然后再新建基于该模板的网页，将原本的内容删除后，添加具体的信息。其最终效果如图 10-25 所示。

将网页与模板进行脱离后，不能再将其与模板进行链接。

图 10-25 广告相册网页效果

10.5.1 行业分析

　　模板是网页制作中非常重要的知识，尤其是需要制作整个网站的内容时，可以先制作出一个页面的内容，然后再将其另存为模板。在该模板的基础上，划分出每个页面中相同的部分，并将不同的部分添加可编辑区域，使创建的基于模板的网页能够进行编辑。这种方法大大提高了用户制作网页的效率，不仅节省了网页制作的时间，也使网页制作者对网站的结构和每个页面的布局更加清晰，便于后期的网站维护。

操作提示

　　一般来说，可以为网站建立一个基本的模板文件，然后在该模板的基础上，再创建基于其他内容的模板，使网站中各种类型的网页都能找到适应的模板。

10.5.2　操作思路

为更快完成本例的制作，并尽可能运用本章讲解的知识，本例的操作思路如下。

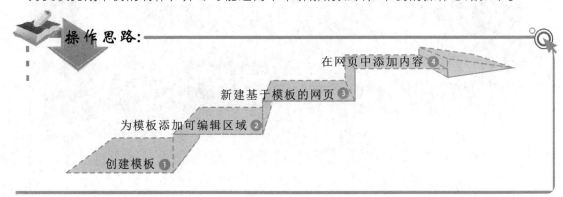

10.5.3　操作步骤

下面介绍通过模板制作广告相册网页的方法。其操作步骤如下：

参见
光盘
光盘\素材\第 10 章\AiaseHoimg\index.html
光盘\效果\第 10 章\AiaseHoimg\mainpage.html
光盘\实例演示\第 10 章\制作广告相册网页

1️⃣ 使用 Dreamweaver CS6 打开 "AiaseHoimg" 文件夹中的 "index.html" 网页，然后选择【文件】/【另存为模板】命令。

2️⃣ 打开 "另存模板" 对话框，在 "站点" 下拉列表框中选择 "aiase" 选项，在 "另存为" 文本框中输入名称为 "template"，单击 保存 按钮，如图 10-26 所示。

3️⃣ 在打开的提示对话框中单击 是(Y) 按钮，完成模板的创建。此时，将打开 "template .dwt" 模板文件，如图 10-27 所示。

图 10-26　另存模板

图 10-27　查看创建的模板文件

当对模板进行了保存操作后，再次保存模板时，将不会打开 "另存模板" 对话框。

4　选中模板文件中导航栏中的"公司简介"文本,选择【插入】/【模板对象】/【可编辑区域】命令。

5　打开"新建可编辑区域"对话框,在"名称"文本框中输入名称为"banner01",单击 确定 按钮,如图 10-28 所示。

6　使用相同的方法,为导航栏中的其他对象创建可编辑区域,并分别将其命名为"banner02"、"banner03"、"banner04"和"banner05",完成后的效果如图 10-29 所示。

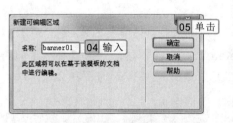

图 10-28　新建可编辑区域　　　　图 10-29　查看创建的可编辑区域

7　选中网页中间的第一张空白图片,选择【插入】/【模板对象】/【可编辑区域】命令,打开"新建可编辑区域"对话框,在"名称"文本框中输入名称为"title",单击 确定 按钮,如图 10-30 所示。

8　选择网页中间的第二张空白图片,选择【插入】/【模板对象】/【可编辑区域】命令,打开"新建可编辑区域"对话框,在"名称"文本框中输入名称为"content",单击 确定 按钮,如图 10-31 所示。

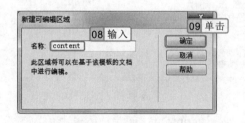

图 10-30　新建"title"可编辑区域　　　　图 10-31　新建"content"可编辑区域

9　完成后返回网页中可查看到模板的可编辑区域,如图 10-32 所示,然后保存模板文件并关闭。

10　选择【文件】/【新建】命令,打开"新建文档"对话框。选择"模板中的页"选项卡,在"站点"列表框中选择"aiase"选项,在"站点'aiase'的模板"列表框中选择"template"选项,单击 创建(R) 按钮,如图 10-33 所示。

11　此时,可在界面中看到新建的网页,选择【文件】/【保存】命令,将其保存为

网页头部包含的内容基本相同,因此,可不为其设置可编辑区域,但 banner 却会根据每个页面进行变化,因此需为其进行设置。

"mainpage.html" 网页。

图 10-32　查看其他可编辑区域

图 10-33　新建基于模板的网页

12　选择 "title" 可编辑区域中的内容，按 "Delete" 键删除，然后选择【插入】/【图像】命令，打开 "选择图像源文件" 对话框，在其中选择需要插入的图片为 "index_title.jpg"，单击 [确定] 按钮，如图 10-34 所示。

13　在打开的对话框中单击 [确定] 按钮，完成图像的插入。此时，"title" 可编辑区域中将显示如图 10-35 所示的内容。

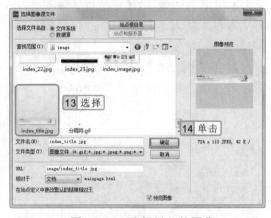

图 10-34　选择插入的图像

图 10-35　查看插入图像后的效果

14　选择 "content" 可编辑区域中的内容，按 "Delete" 键将其删除，然后选择【插入】/【表格】命令，打开 "表格" 对话框。

15　在 "行数" 文本框中输入 "2"，在 "列" 文本框中输入 "1"，在 "表格宽度" 文本框中输入 "724"，设置 "边框粗细" 为 "0"，单击 [确定] 按钮，如图 10-36 所示。

16　返回网页中，将鼠标光标定位在插入表格后的第 1 行中，选择【插入】/【图像】命令，在打开的对话框中选择插入的图像为 "index_image.jpg"，完成后返回网页中可看到插入图像后的效果，如图 10-37 所示。

这里的 "title" 可编辑区域是每个页面的一个说明，应根据不同的主旨进行更改。

图 10-36　插入表格

图 10-37　插入图像

17 将鼠标光标定位在第 2 行中，输入关于公司介绍的相关文本，使其与主页的内容对应，如图 10-38 所示。

图 10-38　输入文本

18 完成后保存并预览网页效果。

10.6　提高练习——制作梦雪婚纱网页

下面通过制作梦雪婚纱网页进一步掌握模板的应用。该练习主要需要应用保存模板、新建基于模板的网页、编辑模板内容和添加页面内容等，其最终效果如图 10-39 所示。

操 作 提 示

编辑可编辑区域中内容的方法与一般的网页制作的方法完全相同。

图 10-39　"梦雪婚纱"网页

参见　光盘\素材\第 10 章\DreamSnow\index.html
光盘　光盘\效果\第 10 章\DreamSnow\main.html
　　　光盘\实例演示\第 10 章\制作"梦雪婚纱"网页

该练习的操作思路如下。

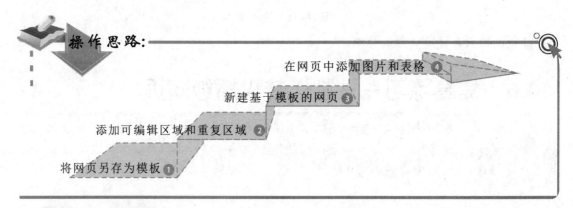

操作思路：

在网页中添加图片和表格 ④

新建基于模板的网页 ③

添加可编辑区域和重复区域 ②

将网页另存为模板 ①

专　家　指　导

在创建模板前，必须先建立站点，否则模板文件的路径将采用绝对路径。

10.7 知识问答

在使用模板进行网页制作的过程中，难免会遇到一些问题，如移动模板文件、手动更新站点中的模板等。下面将对网页模板在应用中的问题进行解答。

问：模板文件默认是保存在站点的"Templates"文件夹中，能否将其移动到其他位置存放呢？

答：不能，如果模板文件改变了位置，Dreamweaver 将无法识别该模板文件。

问：在保存修改后的模板时会自动更新站点中用该模板创建的网页，那能不能手动更新站点中用模板制作的网页呢？

答：可以。在 Dreamweaver 的起始页中选择【修改】/【模板】/【更新页面】命令，打开"更新页面"对话框。在"查看"下拉列表框中选择"整个站点"选项，在其后的下拉列表框中选择站点名称，单击 开始(S) 按钮，Dreamweaver 会将整个站点中用模板创建的网页文档自动进行更新。

知识关联 **模板的嵌套**

　　嵌套模板是指在已有的模板中再添加一个模板，即基于模板的模板。用户可以通过嵌套模板在基本模板的基础上进一步创建可编辑区域。通过嵌套模板创建的网页只有在嵌套模板中指定新的可编辑区域才能进行网页内容的编辑。因此，若要创建嵌套模板，必须先创建基本模板，然后基于该模板创建新文档，最后将该文档另存为模板。

　　需要注意的是，嵌套模板不能直接在模板文件中进行创建，应在创建了基于模板的网页中进行嵌套操作。

第11章 •••

框架式网页布局

框架和框架集

创建框架网页

嵌套框架集

框架及框架集的基本操作

设置框架的属性

设置框架集的属性

一个完整的网站包括前台和后台，前台即用户能直接观看的网页，后台则是指网站管理员进行控制的网页，通过它能完全控制网站前台。在 Dreamweaver CS6 中通常通过框架来进行后台页面的设计与创建。本章将详细讲解框架网页的创建、框架及框架集的基本操作、框架及框架集的设置等知识。

本章导读

11.1　了解框架及框架集

框架实际上是一种特殊的网页，通过它可以在同一浏览窗口中显示多个不同的页面。它的每一个框架区域都是一个单独的网页。下面将对框架及框架集的基本知识进行介绍。

框架（Frames）网页主要包括两部分，即框架集（Frameset）和框架（Frame）。框架集是用于定义框架结构的网页，它记录了整个框架页面中各框架的信息，如框架的布局、在页面中的位置、大小等。框架被包含在框架集中，是框架集的一部分，用于记录具体的网页内容，如图 11-1 所示为一个框架网页。

图 11-1　框架网页

从图 11-1 中可以看出，该网页由 3 个框架组成，即顶部框架，包括 Logo 和常用的一些按钮；左侧框架，主要包括网站的导航条；右侧框架，占据的面积最大，包含了页面的主要内容。从中可以看出，每个框架都对应一个网页，每个框架中都放置了一个内容网页，它们组合起来就是用户最终看到的框架网页。

框架网页之所以能够实现在同一窗口中显示内容，其实质是通过超级链接，将网站的目录或导航条与具体的内容页面进行链接，将各框架对应网页的内容一并显示在同一个窗口中，给浏览者的感觉就如在一个网页中。使用框架布局最常用的布局模式如图 11-1 所示。将窗口的左侧或顶部区域设置为目录区，用于显示文件的目录或导航条；而将右侧面积较大的区域设置为页面的主体区域。通过在文件目录和文件内容之间建立超级链接，实现页面内容的访问。

使用框架布局页面一般用于进行网页后台的制作，其优点主要有以下几种：

- 网页结构清晰，便于网站的维护和更新。
- 通过超级链接进行导航与页面之间的链接，减少了图形与页面的加载，提高了访问网站的速度。
- 框架网页中包含具有独立的滚动条，可以分别对每个页面进行单独的控制。

框架网页中的每个框架有着不同的 HTML 网页，因此需要分别保存每个框架文件和框架集文件，并确保文件中的每个超级链接都正确。

虽然框架网页具有很多优点，但也存在以下缺点：

- ▷ 某些早期的浏览器不支持框架结构的网页。
- ▷ 下载框架式网页速度慢。
- ▷ 不利于内容较多、结构复杂页面的排版。
- ▷ 大多数的搜索引擎都无法识别网页中的框架，或者无法对框架中的内容进行遍历或搜索。

11.2　框架网页的创建

了解了框架和框架集的基本知识后，下面就学习创建框架网页的方法，主要包括两种，即从"框架标签辅助功能属性"对话框中创建和手动创建及创建嵌套框架集。

11.2.1　创建空白框架网页

从"框架标签辅助功能属性"对话框中创建框架与创建一般的网页方法类似，不同的是，需要为每一个框架指定标题。

实例 11-1　创建 Dreamweaver CS6 预设的框架 ●●●

1 启动 Dreamweaver CS6，新建一个空白网页，选择【插入】/【HTML】/【框架】命令，在弹出的子菜单中包含了 Dreamweaver 提供的各种预设的框架，这里选择"上方及左侧嵌套"命令，如图 11-2 所示。

2 打开"框架标签辅助功能属性"对话框，在"框架"下拉列表框中选择框架，在"标题"文本框中输入框架的名称，这里保持默认设置不变，单击 确定 按钮，如图 11-3 所示。

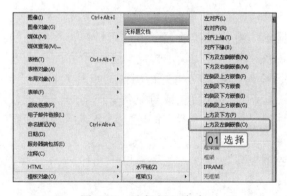

图 11-2　选择插入命令

图 11-3　设置框架的属性

3 Dreamweaver 将自动在网页文档中创建选择的框架，其效果如图 11-4 所示。

在创建框架时，可以先创建基本符合制作需求的框架，然后选择【修改】/【框架集】命令，在弹出的子菜单中可选择拆分框架集，以得到最终符合制作需求的框架。

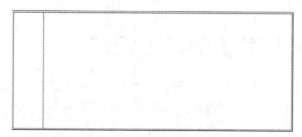

图 11-4　查看创建的框架

11.2.2　手动创建框架网页

创建好的框架集是系统预设的样式，如果对该样式不满意，可将鼠标指针放置在需要调整的框架边框线上，当其变为双向箭头形状时，按住"Alt"键的同时拖动鼠标至合适位置后，即可将一个框架拆分为两个框架，如图 11-5 所示。

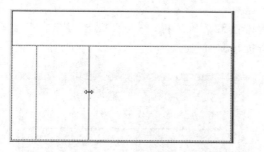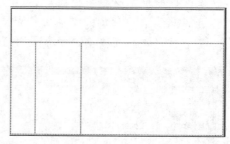

图 11-5　手动创建框架网页

11.2.3　创建嵌套框架集

在框架内部还可以创建框架集，即嵌套框架集。其方法与创建框架的方法类似，只需选择【插入】/【HTML】/【框架】命令，在弹出的菜单中选择需要嵌套的框架即可，如图 11-6 所示。

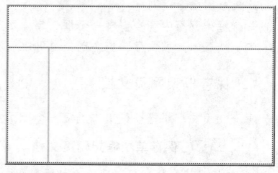

图 11-6　创建嵌套框架集

如果 Dreamweaver CS6 中预设的框架不符合用户的需要，可先创建其基本框架，再通过手动创建的方法来进行设计。

11.3　框架及框架集的基本操作

 在创建框架网页后，还需要掌握框架及框架集的基本操作，如选择、删除和保存等，为使用框架及框架集布局页面打下基础。下面将分别介绍这些知识。

11.3.1　选择框架和框架集

在对框架及框架集进行属性设置等操作时，应首先选择框架或框架集。用户可通过"框架"面板来进行操作。在 Dreamweaver CS6 中选择【窗口】/【框架】命令，打开"框架"面板，即可在其中进行框架及框架集的选择操作，其方法分别介绍如下。

▷ **选择框架**：直接在"框架"面板中的框架内单击即可选择该框架，如图 11-7 所示，被选择的框架以粗黑框显示。

▷ **选择框架集**：在面板中单击包含要选择框架集的边框，如图 11-8 所示，若要选择整个框架集，直接单击框架最外面的边框即可。

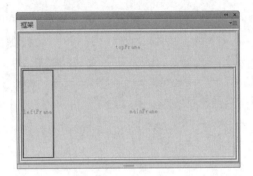　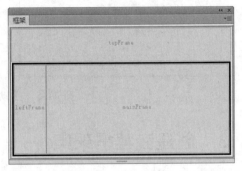

图 11-7　选择框架　　　　　　　　　图 11-8　选择框架集

11.3.2　保存框架和框架集文档

一个框架网页中至少包含一个框架集网页文档和多个框架网页文档，在 Dreamweaver CS6 中，既可以分别保存这些文档，也可以一次性保存所有的文档。

1．保存框架网页文档

框架网页文档是指框架集中的每一个网页文档，可分别对其进行保存操作。

实例 11-2 ▶ 保存单个框架网页文档 ●●●

1 将鼠标光标定位到框架网页文档中需保存网页文档的框架中，如图 **11-9** 所示。

　　在设计视图中，单击需要选择的框架集边框，可选择框架集，此时，选择的框架集包含的所有框架边框呈虚线显示。

2 选择【文件】/【保存框架】命令，打开"另存为"对话框，在"保存在"下拉列表框中选择保存位置，在"文件名"文本框中输入文件名，如图 11-10 所示。

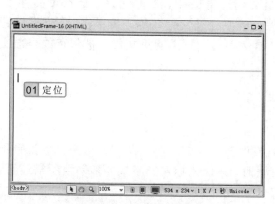

图 11-9　定位鼠标光标

图 11-10　"另存为"对话框

3 单击 保存(S) 按钮即可完成框架网页文档的保存。

2．保存框架集网页文档

保存框架集网页文档的方法与保存框架网页文档的方法类似，但需先选择整个框架集。

实例 11-3　保存整个框架集网页 ●●●

1 在需要保存的框架网页中选择【窗口】/【框架】命令，打开"框架"面板，在其中选择整个框架集，如图 11-11 所示。

2 选择【文件】/【保存框架页】命令，在打开的"另存为"对话框的"保存在"下拉列表框中选择保存位置，在"文件名"文本框中输入文件名，如图 11-12 所示。

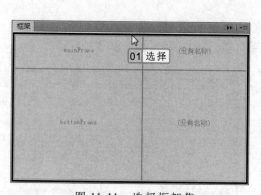

图 11-11　选择框架集

图 11-12　"另存为"对话框

3 单击 保存(S) 按钮即可完成框架网页文档的保存。

如果对已保存过的框架网页文档或框架集网页文档进行保存，选择保存命令后系统不打开"另存为"对话框，而是直接将按原文件的保存路径和文件名进行保存。

3．保存全部

使用"保存全部"命令可以同时将框架集网页文档及所有的框架网页文档进行保存，这种保存方法常用于首次对框架及框架集网页文档进行保存。其方法是：选择【文件】/【保存全部】命令，在打开的对话框中设置保存的路径及文件名称，再单击 保存(S) 按钮即可。在保存时通常先保存框架集网页文档，再保存各个框架网页文档，被保存的当前文档所在的框架或框架集用粗线表示。

11.3.3　调整框架的大小

当用户在网页文档中插入框架后，常常需要调整框架的大小，此时，可将鼠标指针移至需调整的框架边框上，当其变为双向箭头形状时，按住鼠标左键不放并拖动至所需位置，然后释放鼠标，即可改变框架的大小，如图 11-13 所示。

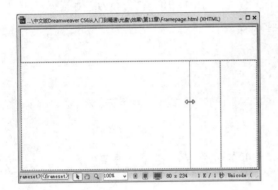 

图 11-13　调整框架的大小

11.3.4　删除框架

若需删除框架，可用鼠标将要删除框架的边框拖至页面外即可，如图 11-14 所示；如果要删除嵌套框架集，需将其边框拖到父框架边框上或拖离页面，如图 11-15 所示。

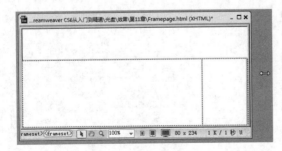 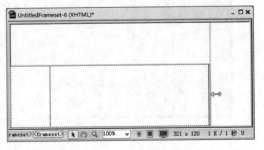

图 11-14　删除框架　　　　　　　　　图 11-15　删除嵌套框架集

嵌套框架集可以删除，但框架集却不能删除。

11.4　框架及框架集的设置

选择框架或框架集后，可在"属性"面板中设置其属性，如名称、源文件、空白边距、滚动特性、大小特性和边框特性等。下面将对框架及框架集的设置进行详细讲解。

11.4.1　设置框架的属性

选择需设置属性的框架，其"属性"面板如图 11-16 所示。

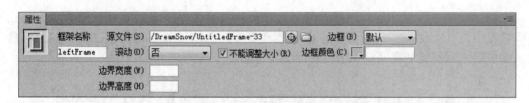

图 11-16　框架的"属性"面板

"属性"面板中各参数的含义如下。

- "框架名称"文本框：用于设置和显示框架的名称，可被 JavaScript 程序引用，也可以作为打开链接的目标框架名。
- "源文件"文本框：用于显示框架网页文档的路径及文件名称，单击文本框后的按钮，将打开"选择 HTML 文件"对话框，可在其中重新对文件进行指定。
- "滚动"下拉列表框：用于设置框架出现滚动条的方式，包括"是"、"否"、"自动"和"默认"4 种。其中"是"表示始终显示滚动条；"否"表示始终不显示滚动条；"自动"表示当框架文档内容超出了框架大小时，才会出现框架滚动条；"默认"表示采用大多数浏览器采用的自动方式。
- ☑不能调整大小(R) 复选框：选中该复选框，将不能在浏览器中通过拖动框架边框来改变框架大小。
- "边框"下拉列表框：设置是否显示框架的边框。
- "边框颜色"文本框：设置框架边框的颜色。
- "边界宽度"文本框：输入当前框架中的内容距左右边框间的距离。
- "边界高度"文本框：输入当前框架中的内容距上下边框间的距离。

11.4.2　设置框架集的属性

选择需设置属性的框架集，其"属性"面板如图 11-17 所示。

框架集网页不能在 Dreamweaver CS6 中删除，只能在其源文件的文件夹中进行删除操作。

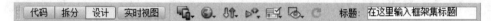

图 11-17　框架集的"属性"面板

框架集的"属性"面板中各设置参数的含义与框架的"属性"面板基本相同，不同的是在"行"或"列"栏中可设置框架的行或列的宽度（即框架的大小），在"单位"下拉列表框中选择度量单位后即可输入所需数值。

11.4.3　设置框架集的网页标题

设置了框架集网页标题后，浏览者在浏览器中查看该框架集时，标题将显示在浏览器的标题栏中。其方法是：选择要设置框架集网页标题的框架集，在文档工具栏的"标题"文本框中输入网页标题即可，如图 11-18 所示。

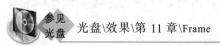

图 11-18　设置框架集的网页标题

11.4.4　使用链接控制框架的内容

通过超级链接等方式可改变框架中的网页文档，可通过单击左侧框架中的超级链接，使网页在同一个框架中打开，以改变右侧框架中显示的内容。

下面以创建一个框架网页并创建超级链接为例，讲解在框架中添加超级链接后在同一个框架中显示出对应网页的方法。

参见
光盘　光盘\效果\第 11 章\Frame

1　新建空白 HTML 文档，选择【插入】/【HTML】/【框架】/【上方及左侧嵌套】命令，在打开的"框架标签辅助功能属性"对话框中单击 确定 按钮。

2　此时，系统将自动创建框架集，然后分别在框架中输入文本，如图 11-19 所示。

3　选择【文件】/【保存全部】命令，在打开的"另存为"对话框中选择保存目录并输入框架集名称，如图 11-20 所示，单击 保存(S) 按钮保存框架集。

4　在依次打开的"另存为"对话框中将框架分别保存为 "main.html"、"left.html" 和 "top.html"。

框架名只能是字母、数字、下划线符号等组成的字符串，必须以字母开头，不能出现连字号、句点和空格，不能使用 JavaScript 的保留关键字。

图 11-19　在框架中输入内容　　　　图 11-20　保存框架集

5　新建 4 个 HTML 文档,并分别将其命名为"page1.html"、"page2.html"、"page3.html"和 "page4.html",再分别在其中输入对应的内容。

6　在左边框架中选择文本"列表 1",再在其"属性"面板中输入"page1.html",在"目标"下拉列表框中选择"mainFrame"选项,如图 11-21 所示。使用相同的方法设置左边项目链接文件和目标,如图 11-22 所示。

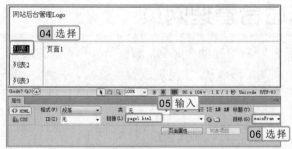 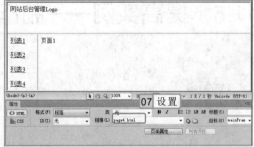

图 11-21　设置链接文件和目标　　　　图 11-22　设置其他的链接文件和目标

7　选择【文件】/【保存全部】命令保存文档,按"F12"键预览效果,如图 11-23 所示。

图 11-23　预览框架网页效果

操 作 提 示

　　这里选择链接目标 mainFrame 为右侧框架的标题,目的是在单击项目链接时,在右侧框架中打开链接文件,而不会在浏览器窗口中打开页面。

11.4.5　生成无框架内容

　　由于低版本的浏览器不支持框架技术，浏览者在低版本浏览器中浏览框架网页时可能不能正常显示，此时可以给出一些提示，如让浏览者使用最新的浏览器进行浏览等，使用"编辑无框架内容"命令可以输入这些提示。其方法是：选择【修改】/【框架集】/【编辑无框架内容】命令，打开"无框架内容"编辑窗口。在打开的新窗口中输入提示内容即可，如图 11-24 所示。再次选择【修改】/【框架集】/【编辑无框架内容】命令，退出"无框架内容"编辑窗口，完成无框架内容的设置。保存网页后预览，如果浏览器支持框架则显示框架网页的内容，如果不支持则显示无框架内容。

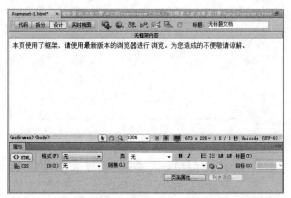

图 11-24　编辑无框架内容

11.5　提高实例——制作后台管理网页

本例将使用框架制作一个后台网站管理的主页面，其分为 3 部分，即顶部、左侧和右侧，顶部用于放置网站 Logo，左侧用于放置导航条，右侧则用于显示主要的内容，且将其分为了上、下两部分，其效果如图 11-25 所示。

图 11-25　后台管理网页效果

　　"页面"可以表示单个 HTML 文档，也可以表示给定时刻浏览器窗口中的全部内容，即使同时显示了多个 HTML 文档。

11.5.1　行业分析

网站后台管理系统是为了让不熟悉网站的用户能够通过简单的界面，直观地查看信息并进行信息管理的一种平台。它的功能十分强大，能够完全控制网站前台的信息，并对其进行管理，几乎所有的动态网站系统中都会建立网站的后台管理系统，如 ASP、JSP 等网站。网站后台管理系统主要用于对网站前台的信息进行管理，主要包括以下几个方面：

- 文本、图片、多媒体等信息的更新。
- 文件上传、发布、更新和删除等操作。
- 会员信息、订单信息、访客信息的统计和管理。

网站后台管理系统其实就是对网站数据库和文件的管理，通过它可以使前台内容得到及时更新和调整。

11.5.2　操作思路

为更快完成本例的制作，并尽可能运用本章讲解的知识，本例的操作思路如下。

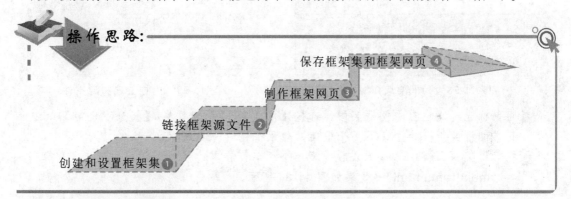

操作思路：

保存框架集和框架网页 ❹

制作框架网页 ❸

链接框架源文件 ❷

创建和设置框架集 ❶

11.5.3　操作步骤

下面介绍制作后台管理页面的方法。其操作步骤如下：

参见
光盘

光盘\素材\第 11 章\后台管理
光盘\效果\第 11 章\后台管理\index.html
光盘\实例演示\第 11 章\制作后台管理网页　➤>>>>>>>>

1 新建一个空白 HTML 文档，选择【插入】/【HTML】/【框架】/【上方及左侧嵌套】命令，在打开的"框架标签辅助功能属性"对话框中保持默认设置不变，单击 确定 按钮，如图 11-26 所示。

2 系统自动创建一个包含上、左、右 3 部分的框架，然后使用鼠标拖动框架的边框，调整上方和左侧框架的高度和宽度，效果如图 11-27 所示。

操 作 提 示

在设计视图中单击选择的为该框架处的网页，在"框架"面板中单击则会选择该框架。

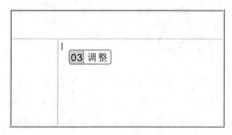

图 11-26　设置框架标题　　　　　　图 11-27　调整框架的宽度和高度

3 选择【窗口】/【框架】命令，打开"框架"面板，在其中单击上方框架缩览图选择框架，然后在"属性"面板中单击□按钮，在打开的对话框中选择源文件为"topframe.html"，设置顶部网页效果如图 11-28 所示。

4 使用相同的方法设置左侧框架的"源文件"为"leftframe.html"，效果如图 11-29 所示。

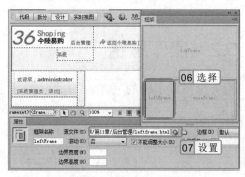

图 11-28　为框架选择源文件　　　　图 11-29　为框架选择源文件

5 将鼠标光标定位在右侧框架中，选择【修改】/【框架集】/【拆分下框架】命令，再将右侧框架拆分为上、下两个框架，效果如图 11-30 所示。

6 在"框架"面板中选择拆分后的第 1 个框架，在其"属性"面板中设置其"源文件"为"mainframe.html"，效果如图 11-31 所示。

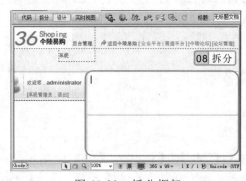

图 11-30　拆分框架　　　　　　　　图 11-31　设置框架的源文件

7 使用相同的方法，选择下方的框架，设置其"源文件"为"content.html"，如图 11-32 所示。

8 选择【文件】/【保存全部】命令，在打开的"另存为"对话框中保存框架和网页，

可以先制作好各框架网页文档，创建框架网页后，再分别指定各框架网页文档，也可以在创建框架网页的同时，在各个框架中直接编辑各框架网页的内容。

如图 11-33 所示。将框架网页保存为"index.html"，然后按"F12"键在浏览器中进行预览。

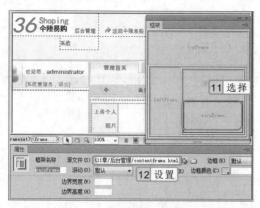

图 11-32　设置框架的源文件

图 11-33　保存框架网页

11.6　提高练习——制作软件推广网页

下面通过制作软件推广网页进一步掌握框架的使用。该网页主要通过框架与 Div 来进行制作，将页面分为上、左、右 3 部分，并使用 Div 布局右侧页面中的内容，其最终效果如图 11-34 所示。

图 11-34　软件推广网页效果

"保存全部"命令会将框架集合上方的框架网页一起保存，对于左侧和右侧的链接源文件则不需要保存。

参见 光盘 光盘\素材\第 11 章\soft
光盘\效果\第 11 章\soft\index.html
光盘\实例演示\第 11 章\制作软件推广网页

该练习的操作思路与关键提示如下。

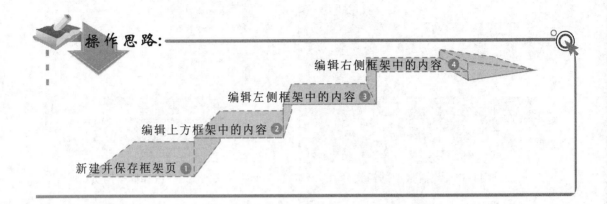

操作思路：

编辑右侧框架中的内容 ④

编辑左侧框架中的内容 ③

编辑上方框架中的内容 ②

新建并保存框架页 ①

 关键提示：

在进行框架页面的制作时，当框架中的内容较多时，可设置框架的"滚动"属性值为"是"，使其根据窗口的大小自动进行调节。

11.7 知识问答

在使用框架制作网页的过程中，难免会遇到一些难题，如能否将框架放在表格中、删除框架是否将删除框架页面等。下面将介绍使用框架制作网页过程中常见的问题和解决方案。

问：可以将框架放在表格中吗？
答：不可以，一个框架在某种意义上相当于一个网页，是无法将其放置于表格中的，只能把表格放置于框架中。

问：删除某个框架后，该框架页面一起删除了吗？
答：如果删除框架前未对该框架进行保存，若在打开的提示框中单击了 [否(N)] 按钮，则该框架页面将不会存在，若是框架页面已经保存，删除该框架后，其框架页面还在原来的保存位置，不会被删除，只是框架集中不再显示该框架。

问：拆分框架时，若原有的框架中有内容，拆分后网页元素还在吗？
答：当然还在，如果选择"拆分右框架"选项，则先前框架中的网页元素会出现在拆

 专家指导

框架、表格、AP Div 都是常用的布局方式，采用何种布局方式可根据网页的内容来确定。框架适用于页面中有大量相同部分的网页，如许多网页的顶部、左侧和底部内容都相同，只有右侧的内容不同，此时即可使用框架。

分后的右侧框架中，同理，若选择"拆分左框架"选项，则先前框架中的网页元素会在拆分后的左侧框架中。

　　问：如果想要为整个框架集设置同一颜色的背景色，能不能一次性地为其设置呢？

　　答：先创建一个外部层叠样式表文件，并定义好网页背景颜色，然后链接到各框架网页中，如果需要修改背景颜色，直接修改外部层叠样式表文件中网页背景的颜色即可。

　　问：使用框架网页时，每个框架的大小都是固定的，有什么办法可以使框架更加灵活，使其可以根据制作的需要进行变化呢？

　　答：可以使用<iframe>标签来创建浮动框架，使框架更加灵活地控制网页的内容。在Dreamweaver CS6 中创建浮动框架的方法是：选择【插入】/【HTML】/【框架】/【IFrame】命令，系统将自动在页面中插入一个浮动框架，并且页面会自动切换到拆分视图，并在代码中生成<iframe></iframe>标签，此时，该框架中没有任何内容，需对框架的属性进行设置，<iframe>标签常见的写法如下所示：

<iframe src="main.html" scrolling="no" width="1002px" height="774px"　frameborder="0" name="main"></iframe>

　　其中，"src"属性表示要链接的网页的路径及名称，"scrolling"属性表示是否需要滚动条，"width"及"height"属性指定网页的可视范围，"frameborder"表示设置边框大小，"name"属性表示 iframe 的名称，其名称在动态改变链接的网页或 iframe 的属性时非常有用。

　框架使用技巧

　　框架虽然具有很多优点，但在进行网页制作时，仍存在很多不足，如难以实现不同框架中元素的精确对齐；需要长时间进行导航测试或框架中加载的每个页面的URL 不显示在浏览器中等问题。因此，框架一般不用于制作用户的浏览界面，而是用于进行网站的后台管理。如果用户要使用框架来制作网页，可将其用于导航。一般来说，一组框架中通常包含两个框架，一个含有导航条，另一个显示主要的内容。按这种方式来使用框架，可以使浏览器不需要为每个页面重新加载与导航相关的图形；并且每个框架都具有自己的滚动条，可以独立滚动这些框架。

　　可以设置框架滚动条的颜色，其方法是：设置 body 标签的 CSS 样式，其代码为："body{scrollbar-face-color:#e8e7e7;scrollbar-highlight-color:#ffffff;scrollbar-shadow-color:#ffffff;scrollbar-3dlight-color:#cccccc;scrollbar-arrow-color:#ff6600;scrollbar-track-color:#efefef;scrollbar-darkshadow-color:#b2b2b2;scrollbar- base-color: #000000}"。

第12章 ●●●

表单和行为的应用

创建表单

表单对象的作用

表单对象的添加

行为的添加与编辑

使用Dreamweaver预置的行为

应用Spry行为效果

本章导读

　　在 Dreamweaver CS6 中还有两种较为特殊的对象，即表单和行为。表单可以实现用户与服务器之间的交互，将用户填写的信息发送到服务器中。行为则是通过 Dreamweaver 预置的一些功能，实现网页元素的动态展示效果。通过它们可以进行交互式网页的制作，提高网页内容和功能的丰富性。下面将分别对创建表单、添加表单对象、行为的添加与编辑、使用行为和 Spry 行为的方法进行介绍。

12.1 创建表单

表单是用户向服务器提交信息的一种手段，如申请账号时填写个人信息的页面、网上购物填写的购物单等，都是表单页面。它通常由多个表单对象组成，如文本字段、单选按钮、图像域和按钮等，如图 12-1 所示。

会员基本信息 ——必填项：

用户名(*)	[ ]
	[用户名验证]
真实姓名(*)	[ ] (中文) [ ] (拼音)
生日	[ ] 年 [ ] 月 [ ] 日 (****/**/**)
工作行业(*)	农/林/牧/渔业 ▼
电子邮箱(*)	[ ]
所在省/市(*)	省份：北京 ▼ 城市：北京 ▼ 区： [ ]
通信地址(*)	[ ]
邮政编码(*)	[ ]

校验码(*) [ ] 请输入校验码：5487
性别(*) ● 男 ○ 女　婚姻状况(*) 未婚 ▼
证件类型(*) 身份证 ▼　证件号码(*) [ ]
家庭收入(*) 1000元以下 ▼　学历(*) 小学 ▼
电话(*) [ ]　手机 [ ]
昵称 [ ]

拥有产品
☐ MP3数字播放器　☐ DVD　☐ 数码照相机　☐ 数码摄像机　☐ 录音笔
☐ 电视机　☐ MYMY随身听　☐ 音响　☐ 8毫米摄像机　☐ VCD
☐ 硬盘　☐ 光驱　☐ 传真机　☐ 手机　☐ 大冰箱
☐ 空调　☐ 微波炉　☐ 洗衣机　☐ 背投电视　☐ 显示器
☐ 冰箱　☐ 打印机　☐ 笔记本电脑　☐ 家庭影院　☐ 多功能一体机
☐ 集团电话　☐ 保安监控系统

提交　重填

图 12-1　表单

12.1.1 创建表单的方法

表单是表单对象的容器，同时也包含如何传送表单数据、向哪一个动态网页提交表单数据等信息。在制作表单页面之前首先要创建表单，表单对象必须添加到表单内才能正常运行。创建表单的方法一般有以下两种。

◎ **通过"表单"插入栏**：将鼠标光标定位到要插入表单的位置，单击"表单"插入栏中的"表单"按钮□。

◎ **通过菜单栏**：将鼠标光标定位到要插入表单的位置，选择【插入】/【表单】/【表单】命令。

执行创建表单的操作后，Dreamweaver CS6 会自动在鼠标光标定位处插入一个如图 12-2 所示的表单。表单默认以红色的虚线显示，且能够根据其包含的表单对象的多少，自动调整其大小。

图 12-2　插入的表单

操 作 提 示

同一个网页中可以有多个表单，各个表单的名称应不相同，否则会引起冲突。

12.1.2　设置表单属性

设置表单属性（如表单名称、表单动作、表单方法等）后，单击 按钮，才能将表单内容提交到服务器上。表单属性的设置在"属性"面板中进行，选中表单即可看到表单的"属性"面板，如图 12-3 所示。

图 12-3　表单的"属性"面板

表单的"属性"面板中各项属性的含义如下。

- **"表单 ID"文本框**：用于命名表单的名称，以便引用表单。如在 JavaScript 脚本中的"usrinfo"表示表单，"usrinfo.usrname"表示"usrinfo"表单中的"usrname"表单对象。
- **"动作"文本框**：用于指定处理表单的动态页或脚本的路径，如"userinfo.asp"。可以是 URL 地址、HTTP 地址，也可以是 Mailto 地址。
- **"方法"下拉列表框**：设置将数据传递给服务器的方法。通常使用的是"POST"方法。"POST"方法将所有信息封装在 HTTP 请求中，是一种可以传递大量数据的较安全的传送方法。"GET"方法则直接将数据追加到请求该页的 URL 中，只能传递有限的数据，并且不安全(在浏览器地址栏中直接可看到，如"userinfo.asp?username=ggg"的形式)。
- **"目标"下拉列表框**：设置打开处理页面（如"usrinfo.asp"）的方式。包括_blank、_new、_parent、_self 和_top 5 种。
- **"编码类型"下拉列表框**：指定提交数据时使用的编码类型。默认设置为 application/x- www-form-urlencoded，通常与 POST 方法协同使用。如果要创建文件上传表单，则应选择"multipart/form-data"类型。
- **"类"下拉列表框**：用于选择表单所在的 CSS 样式，可通过预定义的样式对其进行美化。

12.2　添加表单对象

表单对象是实现具体功能的网页元素，通过在表单中添加不同的表单对象，可以允许用户进行输入、选择等操作。下面就先对常用的表单对象和其添加方法进行介绍。

12.2.1　表单对象的作用

在 Dreamweaver CS6 中选择"表单"插入栏，在其中即可看到所有的表单对象（第一

表单只在 Dreamweaver 软件中才能显示，在浏览器中呈不可见状态。

个对象为表单），如图 12-4 所示。

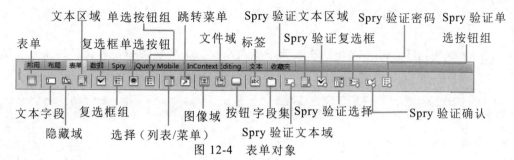

图 12-4　表单对象

下面对这些表单对象的含义及作用进行介绍。

- **文本字段**：用于在表单中插入一个可以输入一行或多行文本的文本域，文本可以为任何类型的文本、数字与字母的组合，也可以在文本字段的"属性"面板中选中 ⊙密码(P) 单选按钮，对文本进行加密，使其以星号显示，避免其他用户查看信息，如图 12-5 所示。

图 12-5　文本字段

- **隐藏域**：用于存储用户输入的信息，如姓名、性别、联系方式或其他常用信息等，当用户下次访问该网站时，可直接使用存储的数据。
- **文本区域**：用于在表单中插入一个可输入多行文本的文本域，其实质相当于属性为多行的文本字段。
- **复选框**：用于进行数据的选择，可允许用户在一组选项中选择多个选项，如图 12-6 所示。
- **复选框组**：用于在表单中插入一组复选框，以快速添加多个复选框选项。当添加复选框组时，将打开"复选框组"对话框，在其中可以事先对所有的复选框选项进行设置，将其添加到表单中，如图 12-7 所示。

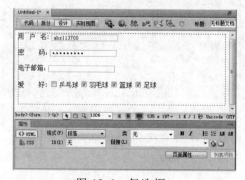

图 12-6　复选框

图 12-7　"复选框组"对话框

复选框组其实就是多个复选框的组合，通过它可以快速将多个复选框添加到需要的位置。

- 　**单选按钮**：用于进行数据的选择，但只能选择其中的一个选项。当表单中包含某一单选按钮组时，选中某一个单选按钮，则会取消该组中其他按钮的选中状态，如图 12-8 所示。
- 　**单选按钮组**：用于添加多个（两个或两个以上）单选按钮，其使用方法与复选框组类似，如图 12-9 所示。

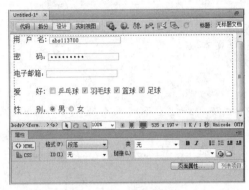

图 12-8　单选按钮

图 12-9　"单选按钮组"对话框

- 　**选择（列表/菜单）**：用于插入一个列表或菜单。当插入列表时，用户可从列表框中选择需要的多个选项；当为菜单时，则只能选择某个单一的选项，如图 12-10 所示。
- 　**跳转菜单**：可插入带链接属性的菜单，当单击该菜单时，即可跳转到对应的网页或文件。
- 　**图像域**：可在表单中插入一个可以放置图像的区域，常见的有注册、取消、重置、登录和提交等图像。
- 　**文件域**：用于插入一个文本字段和一个 浏览... 按钮，用户可以通过单击该按钮浏览本地电脑中的某个文件，并将其作为表单数据上传到网站中，如图 12-11 所示。

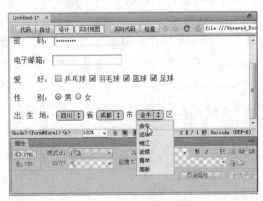

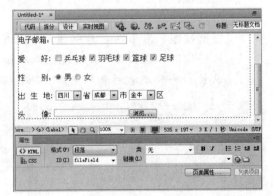

图 12-10　列表/菜单

图 12-11　文件域

- 　**按钮**：用于插入一个按钮，并可对按钮上的文本进行自定义。当单击该按钮时，可执行某一脚本或程序。如单击 注册 按钮，可将用户的注册信息提交到网站的服务器中。
- 　**标签**：用于插入一个标签，可在其中输入文本。但标签只能在 Dreamweaver 的代码

在添加单选按钮组和复选框时，可选择使用换行标签或表格两种方式进行显示。

视图中进行编辑。

- 字段集：用于插入一个字段的合集，在其中可包含其他的表单对象。
- Spry 验证文本域：用于验证文本输入的有效性，可根据用户输入的信息实时显示输入状态（如无效或有效）。用户可以在 Spry 验证文本域的"属性"面板中的"类型"下拉列表框中选择需要进行验证的选项，也可以进行自定义设置，如图 12-12 所示。

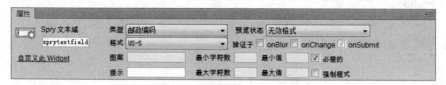

图 12-12　Spry 验证文本域

- Spry 验证文本区域：与 Spry 验证文本域类似，都可用于进行输入信息的判断，当 Spry 验证文本区域中必须输入数据，但用户没有输入任何文本时，可根据其"属性"面板的"提示"文本框中的内容进行提示，如图 12-13 所示。

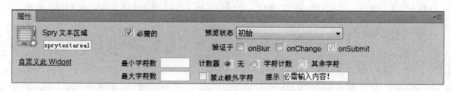

图 12-13　Spry 验证文本区域

- Spry 验证复选框：可在用户选中复选框时，对其进行验证。如设置必须选中至少两个复选框时，若用户只选中了一个，或没有选中，将返回信息，提示不符合最小选择数要求，如图 12-14 所示。

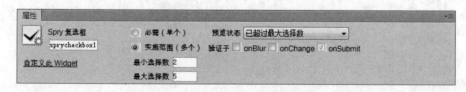

图 12-14　Spry 验证复选框

- Spry 验证选择：是对下拉列表进行的验证，当用户对其进行选择时，会显示选择结果的有效或无效。
- Spry 验证密码：是对密码文本域的验证，可对密码的规则（如字符的数目、类型）进行强制限制，当用户输入密码时，将根据规定返回信息。
- Spry 验证确认：当用户输入的信息与同一表单中类似域的值不匹配时，Spry 确认验证将显示数据的有效或无效状态。常用于进行重新输入密码的确认。
- Spry 验证单选按钮组：可对所选内容进行验证，或强制从该单选按钮组中选中一个选项。

Spry 验证表单对象通常用于需要进行验证的元素，如验证账号是否重复、密码是否一致、数据不为空或限制数据的输入格式等情况。

12.2.2　表单对象的添加

虽然 Dreamweaver CS6 中提供的表单对象很多，但其操作方法却都较为类似，只需将其添加到表单中，再通过其"属性"面板对其进行设置即可。

 制作"儿童乐园"表单网页 ●●●

下面将打开"zhuce.html"网页文档，在其中添加表单和表单对象，如文本字段、文本区域、按钮和复选框等，这里以此为例介绍表单对象的添加方法。

> 参见　光盘\素材\第 12 章\儿童乐园\zhuce.html
> 光盘　光盘\效果\第 12 章\儿童乐园\zhuce.html　

1. 在 Dreamweaver CS6 中打开网页文件"zhuce.html"，将鼠标光标定位在网页表格的最后一行中，选择【插入】/【表单】/【表单】命令，系统自动在该行中插入表单。
2. 选择【插入】/【表格】命令，打开"表格"对话框，在"行数"和"列"文本框中输入"9"和"4"，在"表格宽度"文本框中输入"100"，在其后面选择"百分比"选项，单击 确定 按钮，如图 12-15 所示。
3. 选择第 1 列，单击"属性"面板中的 按钮合并单元格，然后在"宽"文本框中输入"50"，按"Enter"键确认。
4. 设置第 2 列的宽为"200"，对齐方式为"右对齐"；设置第 3 列的对齐方式为"左对齐"；合并第 4 列，设置其宽为"50"，完成后的表格效果如图 12-16 所示。

图 12-15　插入表格

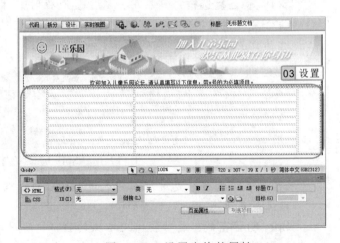

图 12-16　设置表格的属性

5. 将第 3 列最后 1 行拆分为两列，并在第 2 列中输入如图 12-17 所示的文本，然后将鼠标光标定位到第 3 列第 1 行，在"表单"插入栏中单击"文本字段"按钮 。
6. 打开"插入标签辅助功能属性"对话框，在"ID"文本框中输入文本字段的 ID 名称为"name"，在"标签"文本框中输入标签名称，在"样式"栏中设置表单对象的显

除了在"表单"插入栏中通过表单按钮进行添加外，还可以选择【插入】/【表单】命令，在弹出的子菜单中选择需要的表单对象。

示方式，这里选中 ⚬ 无标签标记 单选按钮，如图 **12-18** 所示。

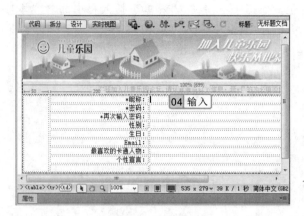

图 12-17　输入文本　　　　　　　　　　图 12-18　插入文本字段

7 单击 确定 按钮，返回 **Dreamweaver** 中即可插入文本字段，然后选择该文本字段，在其"属性"面板中的"最多字符数"文本框中输入"8"。

8 使用相同的方法在第 3 列第 2 行中添加一个名为"password"的文本字段，然后选择该文本字段，在其"属性"面板中的"最多字符数"文本框中输入"10"，在"类型"栏中选中 ⚬ 密码(P) 单选按钮，如图 **12-19** 所示。

9 将鼠标光标定位在第 3 行中，单击"插入栏"中的"Spry 验证确认"按钮 🔲，在打开的对话框中设置其 ID 为"repassword"、样式为"无标签标记"。

10 选择插入的验证确认，在其"属性"面板中选中 ☑ 必填 复选框，在"验证参照对象"下拉列表框中选择"'password'在表单'form1'"选项，选中"验证时间"栏中的 ☑ onBlur 复选框，如图 **12-20** 所示。

图 12-19　设置"密码"文本字段的属性　　　　图 12-20　设置 Spry 验证确认的属性

11 将鼠标光标定位在第 4 行，单击"表单"插入栏中的"单选按钮组"按钮 🔲，打开"单选按钮组"对话框。

12 在"名称"文本框中输入单选按钮组的名称为"**sex**"，在"单选按钮"栏中的"标签"列表中输入"男"，在"值"列表中输入"1"。然后再依次输入"女"和"2"，如

在"初始值"文本框中输入数据，表单对象将默认显示设置的内容。

图 **12-21** 所示。

13 单击 ⬛确定 按钮，将鼠标光标定位到第 5 行，单击"表单"插入栏中的"文本字段"按钮⬛，在打开的对话框中的"ID"文本框中输入"year"，在"标签"文本框中输入"年"，选中⚫ 用标签标记环绕 和 ⚫ 在表单项后 单选按钮，如图 **12-22** 所示。

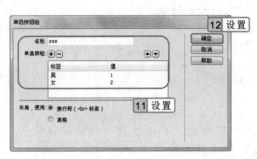

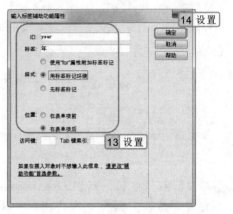

图 12-21　添加单选按钮组　　　　　图 12-22　添加文本字段

14 单击 ⬛确定 按钮，返回 Dreamweaver 中选择添加的文本字段，然后在其"属性"面板的"字符宽度"文本框中输入"6"，如图 **12-23** 所示。

15 将鼠标光标定位在该文本字段后，单击"表单"插入栏中的"选择（列表/菜单）"按钮⬛，在打开的对话框中进行如图 **12-24** 所示的设置，单击 ⬛确定 按钮。

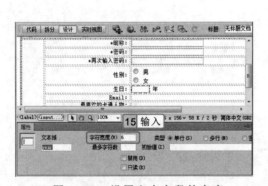

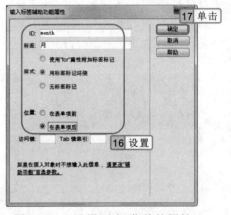

图 12-23　设置文本字段的宽度　　　　图 12-24　设置列表/菜单的属性

16 选中插入的对象，在其"属性"面板中单击 ⬛列表值... 按钮，打开"列表值"对话框。在"项目标签"和"值"列表中分别输入对应的值，然后单击⬛按钮添加列表，直到添加到 **12** 为止，如图 **12-25** 所示。

17 单击 ⬛确定 按钮返回"属性"面板，在"初始化时选定"列表框中选择"1"选项，设置列表/菜单的默认值。

18 使用相同的方法添加一个名为"day"、标签为"日"的列表/菜单，并设置其"列表

单选按钮组和复选框默认只有两个选项，单击对话框中的⬛按钮，即可添加更多选项。

值"从"1~31"。

19 将鼠标光标定位到下一行，插入一个名为"email"的 Spry 验证文本域，并在其"属性"面板的"类"下拉列表框中选择"电子邮件地址"选项，如图 12-26 所示。

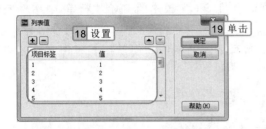

图 12-25 "列表值"对话框

图 12-26 添加 Spry 验证文本域

20 将鼠标光标定位到下一行，单击"表单"插入栏中的"复选框组"按钮，使用与添加单选按钮组相同的方法进行添加，效果如图 12-27 所示。

21 在下一行中添加一个文本区域，并保持其默认设置不变，然后在最后一行中的两列中单击"表单"插入栏中的"按钮"按钮，添加两个按钮，并在"属性"面板中分别设置"值"文本框为"注册"和"取消"。

22 完成后保存网页并在浏览器中进行预览，其填写后的效果如图 12-28 所示。

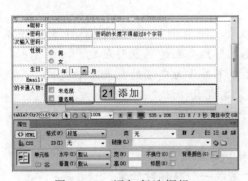

图 12-27 添加复选框组

图 12-28 预览网页效果

12.3 行为的添加与编辑

 HTML 网页文档是指静态网页，要想让其实现动态效果，可通过 Dreamweaver CS6 中的行为来进行设置。下面将对行为的含义、添加和编辑方法进行介绍。

 操作提示

表单对象的添加和编辑方法都较为类似，只要掌握了常用的方法，即可举一反三，学会对其他对象的相关操作方法。

12.3.1　行为概述

行为是指在某种事件的触发下，通过一定的过程来达到某种目的。如用户在浏览网页时单击（这是触发事件）某超级链接，然后浏览器就打开了一个对话框（这就是要达到的目的，通过执行 JavaScript 代码来实现这一目的），这就是一个完整的行为。

行为由动作和事件两部分组成，动作控制何时执行（如单击时开始执行等），事件控制执行的内容（如弹出对话框显示提示信息等）。

每个浏览器都提供一组事件，不同的浏览器有不同的事件，但常用的事件大部分的浏览器都支持。常用的事件及作用说明如下。

- onLoad：当载入网页时触发。
- onUnload：当用户离开页面时触发。
- onMouseOver：当鼠标指针移入指定元素范围时触发。
- onMouseDown：当用户按下鼠标左键但没有释放时触发。
- onMouseUp：当用户释放鼠标左键后触发。
- onMouseOut：当鼠标指针移出指定元素范围时触发。
- onMouseMove：当用户在页面上拖动鼠标时触发。
- onMouseWheel：当用户使用鼠标滚轮时触发，适用于 IE 6。
- onClick：当用户单击了指定的页面元素，如链接、按钮或图像映像时触发。
- onDblClick：当用户双击了指定的页面元素时触发。
- onKeyDown：当用户按下任意一键时，在没有释放之前触发。
- onKeyPress：当用户按下任意一键，然后释放该键时触发。该事件是 onKeyDown 和 onKeyUp 事件的组合事件。
- onKeyUp：当用户释放了被按下的键后触发，适用于 IE 6、IE 5.5、IE 5 和 IE 4。
- onFocus：当指定的元素（如文本框）变成用户交互的焦点时触发。
- onBlur：和 onFocus 事件相反，当指定元素不再作为交互的焦点时触发。
- onAfterUpdate：当页面上绑定的数据元素完成数据源更新之后触发。
- onBeforeUpdate：当页面上绑定的数据元素已经修改并且将要失去焦点时也就是数据源更新之前触发。
- onError：当浏览器载入页面或图像发生错误时触发。
- onFinish：当用户在选择框元素的内容中完成一个循环时触发。
- onHelp：当用户选择浏览器中的"帮助"菜单命令时触发。
- onMove：当浏览器窗口或框架移动时触发。

12.3.2　认识"行为"面板

Dreamweaver CS6 中内置了许多行为，网页设计者都可在"行为"面板中对其进行添加与编辑。只需选择【窗口】/【行为】命令，或按"Shift+F4"快捷键即可打开"行为"

在"行为"面板中可以查看 Dreamweaver CS6 中包含的行为和事件。

面板，如图 12-29 所示。

"行为"面板中各按钮的功能如下。

图 12-29　"行为"面板

> 按钮：单击该按钮，只显示已设置的事件列表。
> 按钮：单击该按钮，显示所有事件列表。
> 按钮：单击该按钮，会弹出"行为"菜单，在其中可进行行为的添加操作。
> 按钮：单击该按钮，可进行行为的删除。
> 按钮：单击该按钮，将向上移动所选择的动作。若该按钮为灰色，则表示不能移动。
> 按钮：单击该按钮，将向下移动所选择的动作。

12.3.3　添加行为

在 Dreamweaver CS6 中添加行为的方法很简单，只需打开"行为"面板，单击 按钮，在弹出的下拉菜单中选择需要添加的行为，并在打开的对话框中进行相应的设置即可。完成后行为将显示在"行为"面板中。此时，行为所对应的事件是系统默认的，用户可在事件的下拉列表框中选择对应的选项，如图 12-30 所示。

图 12-30　添加行为

12.3.4　修改行为

如果对添加的行为不满意可对其进行修改，其中包括事件的修改和行为本身的修改，修改事件的方法是：在"事件"下拉列表框中重新选择所需的事件即可。修改行为本身的方法是：在"行为"面板中选中要修改的行为，并双击，将打开相应的行为对话框，在其中重新进行设置后，单击 确定 按钮即可。

12.3.5　删除行为

如果已不需要某种行为，可将其删除。删除行为的操作很简单，只需在"行为"面板中选中要删除的行为，单击 按钮或直接按"Delete"键即可。

操 作 提 示

行为的添加方法相同，但其具体的操作却不同，用户只需在选择命令后，按照提示进行操作即可。

12.4　使用 Dreamweaver 预置的行为

了解了行为的含义和基本操作方法后，就可以通过行为来进行网页的编辑。下面将对行为的使用方法进行介绍。

Dreamweaver CS6 自带有大约 20 多种行为，为对象添加这些行为可以使网页产生各种效果，如交换图像、弹出信息等。这些行为的使用方法十分类似，只要在"行为"面板中进行添加，然后按照提示进行对应的操作即可。

　制作"照片展示"行为页面 ●●●

下面将打开"sunlight"文件夹中的"photo.html"网页，在其中以添加弹出信息、交换图像和转到网页等行为为例，讲解使用 Dreamweaver 预置行为的方法。

> 参见　光盘\素材\第 12 章\sunlight\photo.html
> 光盘　光盘\效果\第 12 章\sunlight\photo.html

1 打开网页文件"photo.html"，选择【窗口】/【行为】命令，打开"行为"面板，单击"添加行为"按钮 ，在弹出的下拉菜单中选择"弹出信息"命令。

2 打开"弹出信息"对话框，在"消息"文本框中输入如图 **12-31** 所示的文本，单击 确定 按钮进行添加。

3 返回网页中，在"行为"面板中即可看到添加的行为，此时"弹出信息"行为的默认事件为"onLoad"，保持该事件不变，使该信息在网页加载时弹出。

4 选择"photo.html"网页文档中表格中的第 1 张图片，单击"行为"面板中的"添加行为"按钮 ，在弹出的下拉菜单中选择"交换图像"命令。

5 打开"交换图像"对话框，保持"图像"列表框中的选择默认不变，单击 浏览… 按钮，在打开的"选择图像源文件"对话框中选择"photo_11.jpg"图像，单击 确定 按钮，如图 **12-32** 所示。

图 12-31　添加消息

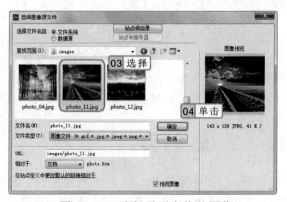

图 12-32　选择需要交换的图像

通过"调用 JavaScript"行为，可以达到与"弹出信息"行为相同的效果。

6 返回"交换图像"对话框，在"设定原始档为"文本框中即可看到添加的图像，选中
☑ 预先载入图像 和 ☑ 鼠标滑开时恢复图像 复选框，单击 确定 按钮，如图 12-33 所示。

7 返回"行为"面板中可查看添加的"交换图像"行为，然后使用相同的方法，为剩余
的 3 张图片依次添加"交换图像"行为，并设置其交换的图像分别为"photo_12.jpg"、
"photo_13.jpg" 和 "photo_14.jpg"。

8 此时可保存网页，按"F12"键在浏览器中进行预览。当将鼠标移动到图像上时，图
像变为添加后的效果，移动鼠标到其他位置，则恢复原始效果，如图 12-34 所示。

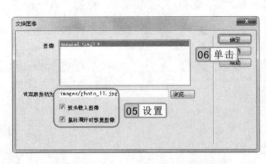

图 12-33　"交换图像"对话框　　　　　图 12-34　预览添加交换图像后的效果

9 再选择第 1 张图片，在"行为"面板中的下拉菜单中选择"打开浏览器窗口"命令，
打开"打开浏览器窗口"对话框。

10 在"要显示的 URL"文本框中输入需要打开的新页面，在"窗口宽度"和"窗口高
度"文本框中设置窗口的大小，在"属性"栏中选中需要显示的属性，在"窗口名称"
文本框中输入名称，单击 确定 按钮，如图 12-35 所示。

11 使用相同的方法依次为剩余的 3 张图片添加"打开浏览器窗口"行为，并分别设置网
页为 "infoyj.html"、"infolw.html" 和 "infosl.html"。使其实现单击图片时，打开新
窗口的效果。

12 此时选择网页中的图片，即可在"行为"面板中查看其添加的事件，如图 12-36 所示
为第 1 张图片的所有事件。

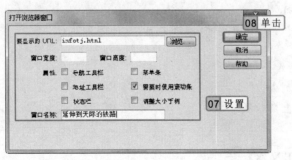
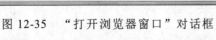

图 12-35　"打开浏览器窗口"对话框　　　　　图 12-36　查看事件

13 完成后保存网页并进行预览，在浏览器中可查看其最终效果，如图 12-37 所示。

操 作 提 示

添加"交换图像"行为后，会自动默认添加"恢复交换图像"行为。

图 12-37 　预览效果

12.5 　应用 Spry 行为效果

Spry 行为效果是特指"行为"面板中下拉菜单的"效果"命令中包含的 7 个行为。通过这些行为可以增强静态网页的视觉效果，使信息保持高亮显示或创建动画过渡效果等。

12.5.1 　Spry 效果概述

Spry 效果是视觉增强功能，可以将它们应用于使用 JavaScript 的 HTML 页面上的几乎所有元素。通过它们可以使网页元素显示或隐藏、使元素滚动显示、增大或收缩，达到类似动画的效果。在"行为"面板的下拉菜单中选择"效果"命令，在弹出的菜单中可看到包含的 Spry 效果。下面分别进行介绍。

- 显示/渐隐：使元素显示或渐隐。
- 高亮颜色：更改元素的背景颜色。
- 遮帘：模拟百叶窗，向上或向下滚动百叶窗来隐藏或显示元素。
- 滑动：上下移动元素。
- 增大/收缩：使元素变大或变小。
- 晃动：模拟从左向右晃动元素。
- 挤压：使元素从页面的左上角消失。

12.5.2 　为页面添加 Spry 效果

合理应用 Spry 效果可以丰富页面效果，如更改元素的不透明度、缩放比例和背景颜色

"转到 URL"行为的效果与"打开浏览器窗口"类似，不同的是"转到 URL"行为不需要对窗口进行设置，而采用系统默认的属性。

等，以达到网页设计者预期的效果。

实例 12-3 在"Spry 效果"网页中添加行为 ●●●

下面以在"Spry 效果.html"网页中添加"遮帘"、"滑动"和"挤压"行为为例讲解添加 Spry 效果的方法。

参见
光盘   光盘\素材\第 12 章\Spry 效果\Spry 效果.html
        光盘\效果\第 12 章\Spry 效果\Spry 效果.html

1 打开网页文件"Spry 效果.html"，可看到页面中包含了 3 个并排的 Div 标签和其包含的内容，效果如图 12-38 所示。

2 在设计视图中选择第 1 个 Div 标签，然后打开"行为"面板，单击"添加行为"按钮 ➕，在弹出的下拉菜单中选择【效果】/【遮帘】命令。

3 打开"遮帘"对话框，在"效果持续时间"文本框中输入"1000"，在"效果"下拉列表框中选择"向上遮帘"选项，在"向上遮帘自"文本框中输入"100"，在"向上遮帘到"文本框中输入"30"，单击 确定 按钮，如图 12-39 所示。

图 12-38 查看网页原始效果

图 12-39 设置遮帘效果属性

4 此时，将返回网页中并为 Div 标签创建遮帘效果。然后选择第 2 个 Div 标签，在"行为"面板的下拉菜单中选择【效果】/【晃动】命令，打开"晃动"对话框，保持默认设置不变，单击 确定 按钮，如图 12-40 所示。

5 选择第 2 个 Div 标签中的图片，在"行为"面板的下拉菜单中选择【效果】/【增大/收缩】命令，打开"增大/收缩"对话框，在其中进行如图 12-41 所示的设置。

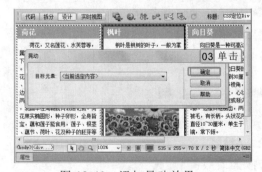

图 12-40 添加晃动效果

图 12-41 添加增大/收缩效果

当设置为向下遮帘时，将产生由下到上的遮帘效果，反之则由上到下。

6　完成后选择第 3 个 Div 标签，在"行为"面板的下拉菜单中选择【效果】/【挤压】命令，打开"挤压"对话框，保持默认设置不变，单击 确定 按钮为其应用效果。

7　保存文档，在浏览器中预览网页，当单击不同的文本时会分别产生收缩、抖动等效果，如图 12-42 所示。

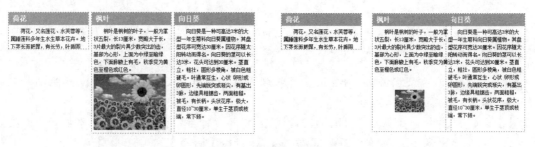

图 12-42　预览 Spry 效果

12.6　提高实例——制作意见调查网页

 本例将制作意见调查网页，通过在网页中添加行为、表单和表单对象等元素来丰富网页的内容，使其包含意见调查的主要内容。通过该页面可以查看学校的意见调查，其效果如图 12-43 所示。

图 12-43　意见调查网页效果

Spry 效果的操作十分简单，只需选择命令后，按照提示进行操作即可。

12.6.1　行业分析

意见调查是调查问卷的一种形式，调查问卷又称调查表或询问表，是以问题的形式记载调查内容的一种方式，它的表现形式多种多样，如表格、卡片或试卷，但在如今网络发达的社会，网络调查问卷也成为了一种十分流行的调查方式。在进行调查问卷的设计时，必须保证问题能传达给参与调查的人员，并使其乐于参与回答。因此在设计网络调查问卷时应注意以下几个方面：

◐ 主题明确，从实际问题出发，突出重点，不要出现可有可无的问题。

◐ 问题应通俗易懂，使应答者一目了然，并愿意如实回答。

◐ 问题应按照先易后难、先简后繁、先具体后抽象的顺序进行排列，使其符合应答者的思维。

◐ 问卷的语气要亲切，符合应答者的理解能力和认识能力，避免使用专业术语。

◐ 对问题应采取公正的态度，使问卷具有合理性和可答性，避免主观性和暗示性，以免答案失真。

◐ 控制问卷的长度，一般不宜太长，否则应答者容易失去耐心。

12.6.2　操作思路

为更快完成本例的制作，并尽可能运用本章讲解的知识，本例的操作思路如下。

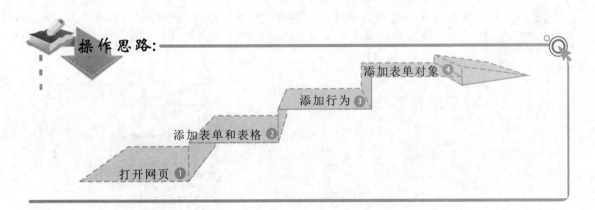

12.6.3　操作步骤

下面介绍制作意见调查网页的方法。其操作步骤如下：

光盘\素材\第 12 章\意见调查\opinion.html
光盘\效果\第 12 章\意见调查\opinion.html
光盘\实例演示\第 12 章\制作意见调查网页

调查问卷有很多类型，可以根据不同的商业用途进行制作，如产品调查、商品信息反馈和意见收集等。

1. 打开"意见调查"文件夹中的"opinion.html"网页，将鼠标光标定位在<body>标签中，选择【窗口】/【行为】命令，打开"行为"面板。

2. 单击"行为"面板中的"添加行为"按钮，在弹出的下拉菜单中选择"调用 JavaScript"命令。

3. 打开"调用 JavaScript"对话框，在"JavaScript"文本框中输入 JavaScript 的代码，这里输入"confirm("感谢您参与本次的意见调查，希望您能认真填写！")"，然后单击 确定 按钮，如图 12-44 所示。

4. 返回"行为"面板中即可看到已添加的行为，如图 12-45 所示。

图 12-44　"调用 JavaScript"对话框　　图 12-45　查看添加的行为

5. 将鼠标光标定位在页面中间的空白处，选择【插入】/【表单】/【表单】命令插入一个表单，然后再插入一个 9 行 4 列的表格，设置第 1 列的宽度为"20"，第 2 列的宽度为"200"，第 4 列的宽度为"100"。

6. 设置第 2 列的对齐方式为"右对齐"，第 3 列的对齐方式为"左对齐"。在第 2 列中输入调查需要的问题，其效果如图 12-46 所示。

7. 将鼠标光标定位在第 3 列第 3 行中，单击"表单"插入栏中的"文本字段"按钮，打开"输入标签辅助功能属性"对话框，在"ID"文本框中输入名称为"name"，单击 确定 按钮，如图 12-47 所示。

图 12-46　设置表格格式并添加文本　　图 12-47　设置文本字段对象的属性

8. 将鼠标光标定位在第 3 列第 4 行，单击"表单"插入栏中的"单选按钮"按钮，在打开的对话框中设置其 ID 值为"girl"，标签为"女"，选中 用标签标记环绕 和 在表单项后单选

在加载页面时，一般设置其事件为"onLoad"。

按钮，并单击 确定 按钮，如图 12-48 所示。

9 使用相同的方法，在之后插入一个 ID 为 "man"，标签为 "男" 的单选按钮，然后选中该单选按钮，在其 "属性" 面板中选中 "初识状态" 栏中的 已勾选(C) 单选按钮，如图 12-49 所示。

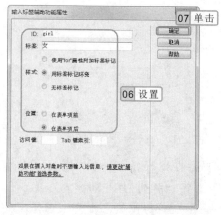

图 12-48　添加单选按钮

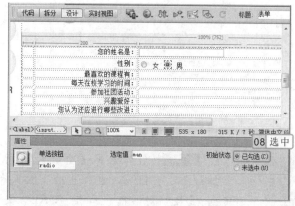

图 12-49　设置单选按钮的属性

10 将鼠标光标定位在第 3 列第 5 行，单击 "表单" 插入栏中的 "单选按钮组" 按钮，单击 确定 按钮，打开 "单选按钮组" 对话框。

11 在 "名称" 文本框中输入 "course"，在 "单选按钮" 列表框中分别输入 "语文"、"数学"、"英语"、"音乐"、"美术" 和 "社会"，单击 确定 按钮，如图 12-50 所示。

12 将鼠标光标定位在第 3 列第 6 行，单击 "表单" 插入栏中的 "复选框组" 按钮，在打开的对话框中添加标签为 "网球"、"足球"、"动漫社" 和 "音乐社" 的复选框，如图 12-51 所示。

图 12-50　添加单选按钮组

图 12-51　添加复选框组

13 在第 3 列第 7 行中插入一个文本字段，然后将鼠标光标定位在第 3 列第 8 行，单击 "文本区域" 按钮，插入一个 ID 为 "mend" 的文本区域。

14 将最后一列拆分为两个单元格，单击 "表单" 插入栏中的 "图像域" 按钮，在打开的对话框中选择插入的图片 "poinion_tj.jpg"，如图 12-52 所示。

15 使用相同的方法，在拆分后的一个单元格中插入 "图像域" 按钮，并设置其图像源

用户可根据需要，设置单选按钮和复选框的初始选中状态。

文件为 "opinion_cz.jpg"，效果如图 **12-53** 所示。

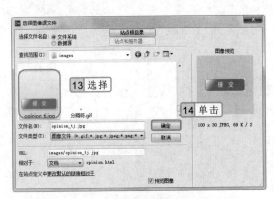

　　图 12-52　选择图像源文件　　　　　　　　　　图 12-53　查看效果

16 选中插入的 ▢提交▢ 按钮，选择【窗口】/【行为】命令，打开 "行为" 面板，单击其中的 "添加行为" 按钮 ➕，在弹出的下拉菜单中选择 "转到 URL" 命令。

17 打开 "转到 URL" 对话框，单击 "URL" 文本框后的 ▢浏览▢ 按钮，打开 "选择文件" 对话框，在其中选择需要打开的页面为 "refer.html"，如图 **12-54** 所示。

18 单击 ▢确定▢ 按钮，返回 "转到 URL" 对话框，在 "URL" 文本框中即可查看网页的地址，然后单击 ▢确定▢ 按钮完成设置，如图 **12-55** 所示。

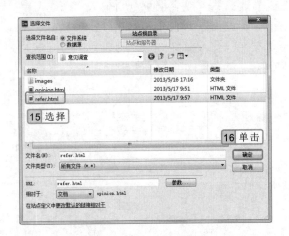

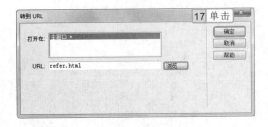

　　图 12-54　选择文件　　　　　　　　　　图 12-55　返回 "转到 URL" 对话框

19 返回 "行为" 面板，在其下拉菜单中选择 "检查表单" 命令，打开 "检查表单" 对话框。

20 在 "检查表单" 对话框的 "域" 列表框中选择 "textarea 'mend'" 选项，选中 ☑必需的 复选框，然后单击 ▢确定▢ 按钮，如图 **12-56** 所示。

21 完成后保存网页，并按 "F12" 键对网页进行预览，填写的内容将自动对表单进行验证。完成表单的填写后单击 ▢提交▢ 按钮时，将自动跳转到 "refer.html" 页面，如图 **12-57** 所示。

　　添加 "转到 URL" 行为，其效果与添加超级链接较为类似。

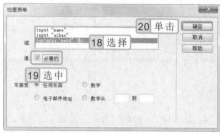

图 12-56　检查表单

图 12-57　预览效果

12.7　提高练习——制作留言板页面

下面通过制作留言板页面进一步巩固层叠样式表的应用知识。该练习主要通过新建 CSS 样式来对网页的文本格式、图像格式和背景进行设置，其最终效果如图 12-58 所示。

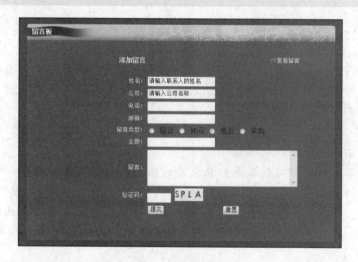

图 12-58　留言板网页效果

参见
光盘

光盘\素材\第 12 章\留言板\message.html
光盘\效果\第 12 章\留言板\message.html
光盘\实例演示\第 12 章\制作留言板页面

>>>>>>>>>>

该练习的操作思路与关键提示如下。

制作企业网站的留言板，其基本要求是主题清晰、内容明确且需保留留言者的基本信息。

操作思路：

添加表单对象和 Spry 验证对象 ④

新建 CSS 样式并应用 ③

添加表单和表格 ②

打开网页 ①

关键提示：

新建的 CSS 样式：

- 新建 ID 为"title"的 CSS 样式，设置其文字大小为"14px"，宽度为"bold"，颜色为"#FFFF00"。
- 新建 class 为"loop"的 CSS 样式，设置其字体大小为"13px"，颜色为"#FF6"，文本对齐方式为"right"。

表单对象的添加：

电话、邮箱、留言等内容的表单添加 Spry 验证文本域，并设置其格式为必需的。

12.8　知识问答

在应用表单和行为的过程中，难免会遇到一些难题，如表单添加的位置、如何让对象实现更复杂的效果等。下面将对应用表单和行为的过程中常见的问题给出相应的解决方案。

问：表单对象必须添加在表单域中吗？

答：如果需要通过表单将该表单对象包含的信息提交给动态处理页，则必须将表单对象添加在表单域中；如果只是用于显示一些文本，不需要提交给动态处理页，则可以不用添加在表单域中。当鼠标光标定位在没有表单域的位置上进行表单对象的添加时，将打开一个提示对话框，单击 否(N) 按钮即可不添加表单域，即表单对象不在表单域中。

问：Dreamweaver CS6 预置的"检查表单"行为中的提示是英文的，有没有办法将其修改为中文呢？

答：有。可打开添加了"检查表单"行为的网页文档，切换到代码视图中找到"MM_validateForm"函数，在其中修改英文提示为中文即可，如图 12-59 所示为原本的英文提示，如图 12-60 所示为修改为中文后的效果。

专　家　指　导

添加表单和行为后，Dreamweaver CS6 会自动在网页中添加代码，这些代码都是与其对象一一对应的，在对 HTML 代码不熟悉的情况下，不要随意进行修改。

```
function MM_validateForm() { //v4.0
  if (document.getElementById) {
    var i,p,q,num,test,num,min,max,errors='',args=MM_validateForm.
arguments;
    for (i=0; i<(args.length-2); i+=3) { test=args[i+2]; val=
document.getElementById(args[i]);
      if (val) { num=val.name; if ((val=val.value)!="") {
        if (test.indexOf('isEmail')!=-1) { p=val.indexOf('@');
          if (p<1 || p==(val.length-1)) errors+='- '+num+' must
contain an e-mail address.\n';
        } else if (test!='R') { num = parseFloat(val);
          if (isNaN(val)) errors+='- '+num+' must contain a
number.\n';
          if (test.indexOf('inRange') != -1) { p=test.indexOf(':'
);
            min=test.substring(8,p); max=test.substring(p+1);
            if (num<min || max<num) errors+='- '+num+' must contain
a number between '+min+' and '+max+'.\n';
          } } else if (test.charAt(0) == 'R') errors += '- '+num+'
is required.\n';
      } } if (errors) alert('The following error(s) occurred:\n'+
errors);
      document.MM_returnValue = (errors == '');
} }
```

图 12-59 英文提示

```
function MM_validateForm() { //v4.0
  if (document.getElementById) {
    var i,p,q,num,test,num,min,max,errors='',args=MM_validateForm.
arguments;
    for (i=0; i<(args.length-2); i+=3) { test=args[i+2]; val=
document.getElementById(args[i]);
      if (val) { num=val.name; if ((val=val.value)!="") {
        if (test.indexOf('isEmail')!=-1) { p=val.indexOf('@');
          if (p<1 || p==(val.length-1)) errors+='- '+num+' must
contain an e-mail address.\n';
        } else if (test!='R') { num = parseFloat(val);
          if (isNaN(val)) errors+='- '+num+' 必须包含一个数字';
          if (test.indexOf('inRange') != -1) { p=test.indexOf(':'
);
            min=test.substring(8,p); max=test.substring(p+1);
            if (num<min || max<num) errors+='- '+num+' 数值必须介于
'+min+' and '+max+'之间';
          } } else if (test.charAt(0) == 'R') errors += '- '+num+'
是必须的';
      } } if (errors) alert('发生了如下错误'+errors);
      document.MM_returnValue = (errors == '');
} }
```

图 12-60 中文提示

问：Dreamweaver CS6 中预置的行为只能让对象实现简单的效果，有什么方法能让对象实现更复杂的效果吗？

答：有。单击 代码 按钮可打开代码页面，在其中添加合适的 VBScript、JavaScript 等脚本语言即可让对象实现更复杂的效果。

Spry 框架

Spry 效果是视觉增强功能，通常用于在一段时间内高亮显示信息，创建动画过渡或者以可视方式修改页面元素。可以将效果直接应用于 HTML 元素，而无须其他自定义标签。在 Dreamweaver CS6 的工作界面中选择 "Spry" 插入栏，其右侧包含了 5 个较为常用的 Spry 对象：，分别是 Spry 菜单栏、Spry 选项卡式面板、Spry 折叠式面板、Spry 可折叠面板和 Spry 工具提示。单击对应的对象即可创建 Spry 框架，如图 12-61 所示为创建的 Spry 菜单栏。

图 12-61 Spry 菜单栏

使用 Spry 框架可以制作出动态显示的导航菜单，其应用范围十分广泛。

精通篇

　　在Dreamweaver CS6进行网页设计的过程中，需要时刻总结制作的技巧和经验，以提升自己网页制作的能力。而Dreamweaver 除了能够进行静态网页的制作外，还支持几乎所有的动态网页的开发。为了使用户能够对网页制作掌握得更加熟练，本篇中将对网页制作的技巧、制作动态网页的方法、为网页添加特效和移动设置网页的制作及应用等知识进行讲解。

　　在学习这些知识的过程中，用户需要结合自身的需要，举一反三，达到精通使用Dreamweaver CS6的目的。

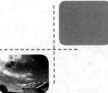

●●●

<<< PROFICIENCY

精通篇

第13章 •••

网页制作技巧及辅助软件

消除网页乱码
设为主页链接
收藏页面链接

查看网页源代码
禁止保存网页
定时跳转页面

Photoshop图像处理软件
玩转颜色配色软件

文本动画制作软件
LeapFTP站点发布软件

　　网页的制作除了需要基本的设计外，很多时候还需要添加一些特殊的元素和做一些特殊的处理，所以在进行网页制作的同时，还需要通过一些技巧或软件进行各种修饰，轻松地为网页添加或设置一些非常实用的元素，如自动跳转页面、添加网页收藏链接等。在进行网页制作和网站设计的过程中，Dreamweaver并不是万能的，有些功能和效果还需要一些辅助软件来支持。下面将分别介绍网页设计的技巧及相关辅助软件的使用。

本章导读

13.1 网页制作技巧

在网页制作过程中可能会遇到一些小问题，使用一些小技巧即可解决或避免这些问题，而且还可以实现一些非常好的效果。

13.1.1 消除网页中的乱码

有时在预览制作的网页时，会发现网页中的文本内容显示为乱码，产生这种现象的原因是在网页中没有指明网页所使用的编码所造成的。通常中文网页都使用"GB2312"编码，只需在网页的<head></head>标签中输入代码"<meta http-equiv="Content-Type" content="text/html; charset=gb2312" />"即可。

13.1.2 制作"1"像素的表格边框

当设置表格边框粗细为"1"时，显示出的效果却很粗，没有达到1像素边框的效果，其实合理地设置表格的属性即可轻松地解决这个问题，首先，创建一个表格，并设置边框粗细为"0"，间距为"1"，表格背景颜色为边框线的颜色，如这里设置为"#0099FF"，此时表格的效果如图13-1所示，然后选中表格中的所有单元格，设置背景颜色为另一种颜色，如白色，预览其效果如图13-2所示，"1"像素的表格边框即制作完成了。

图 13-1 设置表格属性

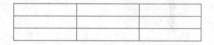

图 13-2 设置单元格属性

13.1.3 去掉单击超级链接后的图像虚线

单击图像超级链接后，通常会在图像周围出现虚线，显得不美观，这时，可添加"onFocus="this.blur()""代码来解决此问题。完成的图像链接代码如下所示：

<a href="index.html" onFocus="this.blur()"><img src="logo.jpg" border=0></a>。

13.1.4 制作"设为主页"超级链接

"设为主页"链接就是单击该链接后，会打开一个提示对话框，提示是否将指定的网址设置为首页，选择更改选项后单击  按钮，即可将指定的网址设置为浏览器的主页，每次打开浏览器，将自动打开指定的网站。

操 作 提 示

在 Dreamweaver CS6 中新建网页时，通常都会自动添加"<meta http-equiv="Content-Type" content="text/html; charset=gb2312" />"代码。

制作设为主页的超级链接 ●●●

下面制作一个"设为主页"超级链接，单击后将浏览器的首页设置为"http://www.verycool.com"。

参见
光盘　光盘\效果\第 13 章\zhuye.html

1 新建一个网页文档，输入文本"设为主页"，选中文本，在"属性"面板的"链接"下拉列表框中输入"#"符号，按"Enter"键创建空链接。

2 切换到代码视图，在""#""代码后添加"onclick="this.style. behavior='url(#default#homepage)';this.setHomePage('http://www. verycool.com/');"代码，如图 13-3 所示。

```
<body>
<a href="#"onclick="this.style.behavior='url(#default#homepage)';
this.setHomePage('http://www.verycool.com/');">设为主页
</a>
```

图 13-3　添加代码

3 保存并预览网页，单击"设为主页"超级链接，将打开"添加或更改主页"对话框，如图 13-4 所示。

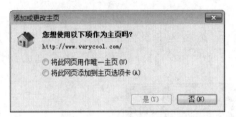

图 13-4　提示对话框

13.1.5　制作"添加到收藏夹"链接

单击"添加到收藏夹"超级链接后，将打开"添加收藏"对话框，单击 添加(A) 按钮即可将其添加到浏览器的收藏夹中。单击浏览器中的 ☆收藏夹 按钮即可快速打开相应的网页，如图 13-5 所示。

图 13-5　添加网页到收藏夹

在"onclick="this.style.behavior='url(#default#homepage)';this.setHomePage('http://www.eaglegeng.com/');""代码中，将"http://www.eaglegeng.com/"换为自己的网址即可。

制作"添加到收藏夹"链接的方法是：在网页中添加提示文本并选中文本，再在"属性"面板的"链接"下拉列表框中输入"JavaScript:addFav();"，切换到代码视图，在<head></head>标签之间添加如下代码，保存网页即可，其中括号内的网址和名称是收藏网站的网址和站点名称，可任意修改。

```
<SCRIPT language=JavaScript>
<!--
function addFav(){
    window.external.AddFavorite('http://www.eagle.com','依格有限责任公司');
}

function MM_openBrWindow(theURL,winName,features) { //v2.0
    window.open(theURL,winName,features);
}
//-->
</SCRIPT>
```

13.1.6　查看网页源代码

在浏览网页时，若发现制作比较好的特效，可以通过查看网页的源代码来查看其实现的代码。在浏览器窗口中选择【页面】/【查看源文件】命令，即可在打开的记事本窗口中显示该网页的源代码。此时，选择记事本中的【文件】/【保存】命令还可以将该网页进行保存，然后用 Dreamweaver 打开即可查看源代码。

13.1.7　禁止保存网页

在浏览网页时，可以选择浏览器窗口中的【页面】/【另存为】命令保存网页，为了防止用户保存网页，可以在网页的<head></head>标签之间中添加一段代码"<noscript><iframe src=*.html></iframe></noscript>"来禁止保存网页。

当用户在对网页执行保存操作时，将打开一个提示对话框，提示无法保存该网页，如图 13-6 所示。

图 13-6　无法保存网页

在添加到收藏夹代码中，"依格有限责任公司"是显示在"收藏"菜单中的名称，"http://www.eagle.com"是单击"收藏"菜单中的名称后打开的网页，可根据实际需要进行修改。

13.1.8　更换 IE 地址栏前的图标

在 IE 浏览器地址前都有一个 图标，但有些网站的图标却并不一样，如图 13-7 所示为百度网站的独特图标，这是通过添加代码来实现的。

图 13-7　不一样的站点图标

在添加代码前，需要先制作一个 ico 图标文件放在站点文件夹中，然后在网页中添加 "<link rel="Shortcut Icon" href="favicon.ico">" 代码。其中 "favicon.ico" 是 ico 图标文件的位置及名称，根据实际情况进行更换即可。

13.1.9　定时跳转

在登录账户或在论坛中发表言论后，常看到 "过 3 秒自动返回首页" 的效果。要实现这种效果其实很简单，只需在<head></head>标签之间添加 "<meta http-equiv="refresh" content="3; URL=index.html" />" 代码即可。当然，前提是该网页与首页文件 "index.html" 在同一文件夹下，否则需要输入正确的 URL 路径。

13.1.10　让表单和其他内容之间无空隙

当创建一个表单后，表单与表单外的内容总会有一个较大的空隙，显得不美观、紧凑，可使用一个小技巧避免这种情况的发生。

使用常规方法创建完表单后，切换到代码视图，将表单标签 "<form id="form1" name="form1" method="post" action="">" 移动到<table>标签后，再将</form>标签移到</table>标签之前，如图 13-8 所示。保存后文字与表单之间的空隙便会消失，如需空隙还可按自己的需要进行换行等操作来添加。

```
这是表单外的内容
<form id="form1" name="form1" method="post" action="">
  <table width="300" border="0" cellpadding="0" cellspacing="1"
bgcolor="#CCCCCC">
    <tr>
      <td bgcolor="#FFFFFF"> </td>
      <td bgcolor="#FFFFFF"> </td>
    </tr>
    <tr>
      <td bgcolor="#FFFFFF"> </td>
      <td bgcolor="#FFFFFF"> </td>
    </tr>
  </table>
</form>
```

```
这是表单外的内容
<table width="300" border="0" cellpadding="0" cellspacing="1"
bgcolor="#CCCCCC">
  <form id="form1" name="form1" method="post" action="">
    <tr>
      <td bgcolor="#FFFFFF"> </td>
      <td bgcolor="#FFFFFF"> </td>
    </tr>
    <tr>
      <td bgcolor="#FFFFFF"> </td>
      <td bgcolor="#FFFFFF"> </td>
    </tr>
  </form>
</table>
```

图 13-8　移动表单标签前后的比较

这里说的源代码是经过服务器解析后返回给浏览器的代码，不能等同于用 ASP、PHP 和 JSP 语言编写的完整代码，这些代码是看不到的。

13.2　制作网页的辅助软件

尽管网页页面的制作使用 Dreamweaver 就可以完成，但是为了使网页更加美观、更加专业，通常在制作的过程中还需要借助一些辅助设计软件，来增加网页效果或实现某些功能。

13.2.1　使用 Photoshop 处理图像

在制作网页的过程中，往往需要插入各种形式的图片，由于网页内容需要在最短的时间内显示在浏览器中，所以，对于图像的要求比较高，网页图像需要达到一定的清晰度，否则就失去了图像的作用，但是为了能快速显示网页及图像，图像文件又不能太大，否则会影响下载速度。鉴于这一系列的要求，必须在插入图像前对其进行适当的处理，另外为了制作一些特殊效果的图像、按钮等元素，也需要进行专门的图像处理。

Photoshop 是 Adobe 公司开发的一款图形图像处理工具，其在图像处理方面具有强大的功能，可以对图像进行效果处理或制作一些 Logo、按钮和导航条等，如图 13-9 所示为 Photoshop CS6 的工作界面。在其工作界面中选择【文件】/【打开】命令，选择需要处理的图像打开，便可以通过窗口左侧的各种工具按钮和上方的菜单命令对图像进行各种操作。

图 13-9　Photoshop CS6 工作界面

13.2.2　使用玩转颜色配色软件

使用配色软件可以辅助网页设计者进行网页色彩的配置，配色软件比较多，玩转颜色就是一款小巧实用的配色软件。

玩转颜色是一款免费的软件，使用它可以获取屏幕上的任何颜色，以 RGB、网页色、

使用 Photoshop 进行优化处理时，如果没有改变图像的格式，则优化后的图像会覆盖原始图像。

十六进制和 Delphi 颜色等输出。更可以输入颜色代码调配颜色，同时还自带颜色收藏夹，可以将调配的颜色保存起来。另外，该软件最大的优点是可以获取网页中的配色方案，并将其保存起来。该软件适用于编程、网页制作时进行色彩分析、设计，如图 13-10 所示为玩转颜色软件的工作界面和颜色拾取窗口。

图 13-10　玩转颜色主界面及颜色拾取窗口

　　启动软件后，可通过选择其渐变色中的颜色或调整 R、G、B 3 个颜色滑块来设置需要的颜色，也可在其主界面中单击 按钮，在鼠标所到之处单击选择该处的颜色，选择的颜色代码将在主界面中显示。

13.2.3　使用文本动画制作软件 FlaX

　　FlaX 是一款动画制作软件，相对于专业的 Adobe Flash 动画制作软件来说，它具有操作简单、体积小巧等特点，可以满足一般用户的文本动画制作需求。

　　FlaX 可以输出 .swf 格式的动画，其内置了许多效果，直接选择即可获得很好的动画效果，其软件界面如图 13-11 所示。

图 13-11　FlaX 软件界面

实例 13-2 **使用 FlaX 制作动画** ●●●

参见光盘　光盘\效果\第 13 章\myfile.swf ➤➤➤➤➤➤➤➤

1 双击 FlaX 软件的文件夹中的 "FlaX.exe" 文件，启动 FlaX。

2 在 "动画属性" 面板中进行动画属性的设置。在 "宽度" 和 "高度" 数值框中分别输

　　在玩转颜色软件主界面中，单击 按钮，即可在电脑屏幕的任意位置拾取颜色，另外还可自己通过调整 R、G、B 参数来获取自定义颜色。

入影片的宽度和高度，在"帧频"数值框中输入影片的播放频率，在■图标后的文本框中输入影片的背景颜色，在"方向"栏中单击➡按钮设置影片的方向，如图 13-12 所示。

3 设置文本及文本的属性。在"文本属性"面板的"文本"文本框中输入要显示的文本，在"X"、"Y"数值框中输入文本的坐标值，在"字体"下拉列表框中选择字体，在字体大小下拉列表框中设置字体的大小，另外，可以单击"风格"栏中的相应按钮设置文本的样式风格，如图 13-13 所示。

图 13-12　设置动画属性

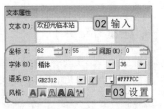

图 13-13　设置文本属性

4 设置动画效果。在"参数设置"面板的下拉列表框中选择一种特效，然后进行其他具体属性设置，如图 13-14 所示，完成设置后的效果如图 13-15 所示。

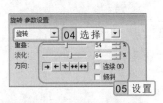

图 13-14　设置动画效果

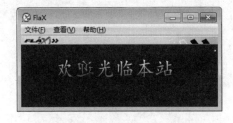

图 13-15　预览设置效果

5 选择【文件】/【导出为 SWF 文件】命令，打开"另存为"对话框，在该对话框中设置文件保存位置和文件名称后，单击 保存(S) 按钮完成动画的制作，如图 13-16 所示。保存后便可使用播放器打开并播放动画，如图 13-17 所示。

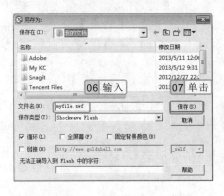

图 13-16　"另存为"对话框

图 13-17　播放制作的动画

在"参数设置"面板中，选择不同的特效有不同的设置子类特效，且有不同的设置参数，通过设置这些属性，可以达到需要的动画效果。

13.2.4　使用 LeapFTP 发布站点

尽管 Dreamweaver 也有站点发布管理的功能，但由于 Dreamweaver 主要的功能是网页设计，运行软件会耗费一定的系统资源，如果只是临时上传或管理站点文件，专门启动 Dreamweaver 会比较麻烦，这时可使用专门的 FTP 软件上传站点。LeapFTP 是一款小巧而强大的 FTP 工具，其友好的用户界面、稳定的传输速度、支持断点续传等功能，赢得了广大用户的喜欢。

实例 13-3　配置 LeapFTP 并上传站点 ●●●

使用任何软件上传站点前都要进行站点的配置，下面在 LeapFTP 中进行站点配置，连接站点后再将站点文件上传到服务器。

① 启动 LeapFTP，在打开的主界面窗口中选择【站点】/【站点管理器】命令，如图 13-18 所示。

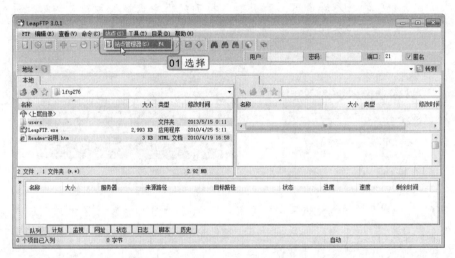

图 13-18　选择"站点管理器"命令

② 打开"站点管理器"对话框，选择【站点】/【新建】/【站点】命令，打开"创建站点"对话框。在"站点名称"文本框中输入站点的名称，单击 确定 按钮，如图 13-19 所示。

③ 返回"站点管理器"对话框，在右侧的"地址"文本框中输入提供主页空间的 FTP 服务器的地址。取消选中 匿名登录复选框，此时将激活下面的设置项。在"用户名"文本框中输入服务器空间用户名，在"密码"文本框中输入登录服务器的密码，在"本地路径"文本框中输入本地站点所在的位置，如图 13-20 所示。

④ 设置完成后单击 应用(A) 按钮保存站点设置，再单击 关闭 按钮关闭对话框，完成站点的配置。

LeapFTP 的使用其实同 Dreamweaver 中的 FTP 站点上传方式基本相同，其最大的优点是小巧，运行该软件对系统资源的占有率很小，可以提高上传效率。

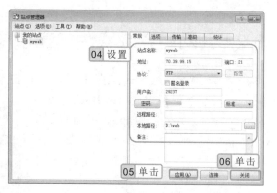

图 13-19　"创建站点"对话框　　　　图 13-20　配置 FTP 服务器信息

5 返回 LeapFTP 主界面，选择【FTP】/【连接】命令进行服务器连接，在窗口右边将显示连接状态，如图 13-21 所示。

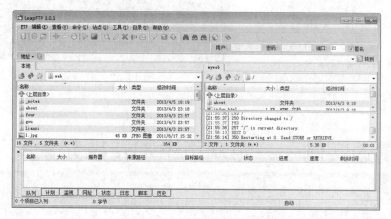

图 13-21　连接远程服务器

6 在左侧本地文件列表中选中要上传的文件，单击鼠标右键，在弹出的快捷菜单中选择"上传"命令，即可对选中的文件进行上传，如图 13-22 所示。

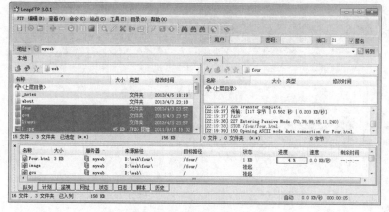

图 13-22　上传站点文件

在配置站点时可以直接单击　连接　按钮进行站点的连接，但以后如果要上传或下载站点中的文件仍需打开"站点管理器"对话框进行操作。

13.2.5　网站登录软件"登录奇兵"的使用

　　登录奇兵是一款全面支持将网站免费提交登录到新浪、网易、搜狐、百度、Yahoo!、Google、21CN、MSN、HotBot、Lycos、Tom、Aol、AlltheWeb 和 AltaVisa 等数千个国内外著名搜索引擎的网站推广软件，如图 13-23 所示为登录奇兵软件的界面。

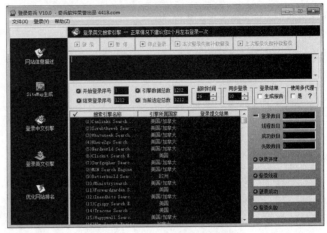

　　下载登录奇兵并安装后，启动软件，首先要填写自己登录的网站的相关信息，根据其提示正确填写，最主要的就是网站关键字的填写，要反映出网站提供的主要服务和内容，还要独特。填写好之后单击左侧的█或█按钮，按提示进行登录即可。

图 13-23　登录奇兵软件界面

13.3　精通实例——为网页添加特殊元素

　　本章的精通实例将在原有网页的基础上，为首页文件设置自动跳转，使其在 10 秒后跳转到主页页面，并添加"设为主页"和"添加到收藏夹"超级链接，最终效果如图 13-24 所示。

图 13-24　添加了特殊元素的网页效果

　　设置自动跳转通常用在一个网站的起始欢迎页面，该页面不需要太多的内容，主要起到欢迎和吸引用户的效果。

13.3.1　行业分析

本例制作的网页是在原网页的基础上添加一些特殊效果，这些操作其实很简单，但是对于很多网页而言，又非常实用。

通过本例的综合演示，将使用户对网页的具体设计和一些细节布置有更进一步的了解，本例主要分为 3 个方面来实现，即添加个性化网页图标、添加"设为主页"超级链接和添加"添加到收藏夹"超级链接。各方面的实现需注意以下几点。

- 跳转页面：该步操作只需在网页中添加相应的代码即可，但需要注意的是，一般在打开网站的第一个页面中设置跳转，并指定跳转到网站的主页。
- 添加"设为主页"超级链接：该步骤只需添加正确的代码即可，需注意的是代码中所指定的网址是该网站的永久性 IP 地址或固定域名。
- 添加"添加到收藏夹"超级链接：其操作同添加"设为主页"超级链接基本相同，同样需要有固定的网站地址或域名，以及网站名称的准备。

13.3.2　操作思路

为更快完成本例的制作，并尽可能运用本章讲解的知识，本例的操作思路如下。

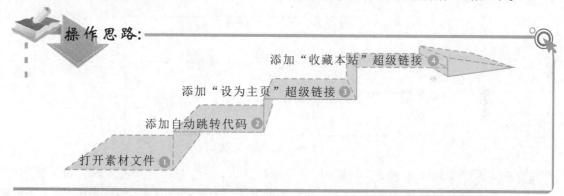

操作思路：

- 添加"收藏本站"超级链接 ④
- 添加"设为主页"超级链接 ③
- 添加自动跳转代码 ②
- 打开素材文件 ①

13.3.3　操作步骤

下面介绍为网页添加自动跳转、"设为主页"和"添加到收藏夹"超级链接。其操作步骤如下：

参见光盘　光盘\素材\第 13 章\jiying\index.html
光盘\效果\第 13 章\jiying\index.html
光盘\实例演示\第 13 章\为网页添加特殊元素

1 启动 Dreamweaver CS6，打开网页文件 "index.html"，切换到代码视图，在 `<head></head>` 标签间添加代码 "`<head><meta http-equiv="refresh" content="10;URL=Untitled-1.html"/>`"，如图 13-25 所示。

操作提示

本例的 3 个主要操作步骤可以颠倒顺序，只要代码正确、位置正确，设置顺序对于整体的效果没有太大的影响。

2　切换回设计视图，在网页左上方的位置输入文本"设为主页"和"添加到收藏夹"，设置字体大小为 16，选中"设为主页"文本，在"属性"面板的"链接"下拉列表框中输入"#"符号，按"Enter"键创建空链接。

3　选中"添加到收藏夹"文本，在"属性"面板的"链接"下拉列表框中输入"JavaScript:addFav();"，按"Enter"键，文本效果如图 13-26 所示。

```
<head>
<meta http-equiv="refresh" content="10;URL=Untitled-1.html"/>
<title>吉英精表</title>
```

图 13-25　添加跳转代码

图 13-26　为文本添加链接

4　再切换到代码视图，在"设为主页"前的""#""代码后添加代码 "onclick="this.style.behavior='url(#default#homepage)'; this.setHomePage ('http://www. verycool.com/');"，如图 13-27 所示。

```
<body>
<div id="top">
  <p><a href="#"onclick="this.style.behavior='url(#default#homepage)';
this.setHomePage('http://www.jiying.com/');"
>设为主页</a></p>
```

图 13-27　输入设为主页代码

5　在<head></head>标签之间添加收藏网页的代码，如图 13-28 所示。

```
  <p><a href="JavaScript:addFav();">添加到收藏夹</a></p>
  <SCRIPT language=JavaScript>
<!--
function addFav(){
    window.external.AddFavorite('http://www.eagle.com','吉英精表');
}

function MM_openBrWindow(theURL,winName,features) { //v2.0
  window.open(theURL,winName,features);
}
//-->
</SCRIPT>
```

图 13-28　添加收藏代码

6　完成后保存网页并预览，如果 10 秒不进行操作，将自动跳转到指定的页面，单击"设为主页"超级链接，将打开"添加或更改主页"对话框。单击"添加到收藏夹"超级链接，将打开"添加收藏"对话框，如图 13-29 所示。

图 13-29　添加收藏

当在页面中单击了超级链接后，页面便不会执行自动跳转操作，如需跳转，可刷新一下页面，所以，用户还可考虑在页面中添加手动跳转的超级链接。

13.4　精通练习

本章主要介绍了一些比较实用的网页设计技巧和常用的网页制作辅助软件，下面将通过两个练习对部分知识进行巩固。

13.4.1　制作一个跳转网页并禁止用户保存

本次练习将制作一个自动跳转的页面，使网页在 5 秒后跳转到指定的页面，为了保护该页面内容，并设置禁止保存功能，效果如图 13-30 所示。

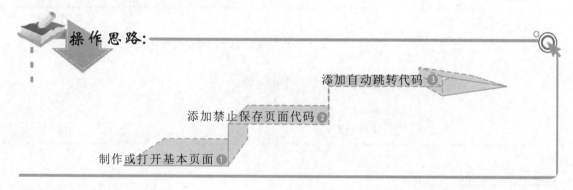

图 13-30　禁止保存页面

光盘\素材\第 13 章\yu
参见　光盘\效果\第 13 章\yu\yu.html
光盘　光盘\实例演示\第 13 章\制作一个跳转网页并禁止用户保存

该练习的操作思路与关键提示如下。

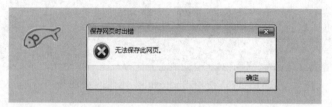

操作思路:

添加自动跳转代码 3

添加禁止保存页面代码 2

制作或打开基本页面 1

关键提示:

制作本例，需注意以下几点：
- 在制作时可以在自己设计的网页中进行操作，也可以在提供的素材文件中完善。
- 添加代码的地方一定要正确，否则不但不能实现效果，反而可能引起错误。
- 添加跳转代码时，确保跳转目标页面的路径和名称准确。

通过保存网页的方式，可以将一个网页中所插入的图片、动画等元素保存在文件夹中，不但达到了保存网页的作用，还达到了保存网页元素的作用。

13.4.2 使用 Photoshop 处理图像

本次练习将使用 Photoshop 对网页图像进行简单处理，然后保存为网页格式图像，如图 13-31 所示为处理图像的窗口。

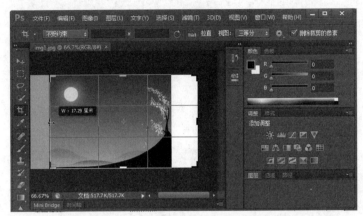

图 13-31　使用 Photoshop 处理网页图像

光盘\素材\第 13 章\img1.jpg
光盘\效果\第 13 章\img1.png
光盘\实例演示\第 13 章\使用 Photoshop 处理图像　>>>>>>>>>

该练习的操作思路与关键提示如下。

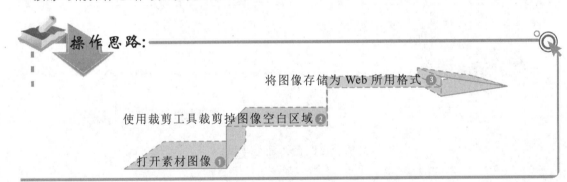

操作思路：

将图像存储为 Web 所用格式 ❸

使用裁剪工具裁剪掉图像空白区域 ❷

打开素材图像 ❶

↘**关键提示：**

对于本例操作，可参考以下几点提示：

◗ 打开文件可以选择【文件】/【打开】命令，在打开的对话框中选择文件，也可直接从文件夹中拖动文件到 Photoshop 窗口界面。

◗ 裁剪图像可单击界面左侧的"裁剪工具" 。

◗ 选择【文件】/【存储为 Web 所用格式】命令可进行网页图像格式的存储。

　　Photoshop 是设计、制作 、美化和维护网站过程中不可或缺的工具，它主要用于处理图像文件，为用户提供了更加便捷的图形图像处理功能。

网页三剑客

　　在发布 Dreamweaver 之初，原 Macromedia 公司专门为网页设计者开发了著名的三款网页设计及辅助软件，并称之为网页三剑客。其包括 Macromedia Dreamweaver、Macromedia Fireworks 和 Macromedia Flash，分别用于网页设计、网页图像处理和网页动画制作，并且这 3 种软件能相互无缝合作，如可以在 Fireworks 中做好主要页面，然后导出，在 Dreamweaver 中加以修改，添加链接等。后来由于 Adobe Photoshop 的强大功能占据了图片处理的绝大优势，以及 Adobe 公司收购 Macromedia 公司后继续对相关软件进行优化。目前对很多用户来说，Photoshop 取代了 Fireworks 的图像处理职能，成为了新的网页三剑客成员。

　　关于网页图像的处理和 Flash 动画的制作，还需要对相应的软件进行深入的学习，本书主要介绍 Dreamweaver 网页制作方面的知识，对于其他设计方面的知识未能深入讲解。

第14章

认识和制作动态网页

认识动态网页
认识数据库

动态网页开发语言
Web服务器

动态网页开发流程
IIS和动态站点的配置

数据源和记录集的创建
动态页面的制作

对于信息量比较大，或者向浏览者提供交互作用的网站而言，使用普通的静态网页是不能满足需求的，对此，需要通过动态网页技术，扩充网站的功能。动态网页不仅功能强大，其最大的特点还在于容易管理和维护，管理人员只用更新数据，而不用对整个页面进行重新设计和制作。但是动态网页的制作较静态网页要复杂很多，用户还需要对整个网页制作环境进行配置，并选择相关的软件和语言等，下面将简单介绍动态网页的制作准备及制作方法。

本章导读

14.1　认识动态网页

动态网页是可以动态产生网页信息的一种网页制作技术。其最主要的目的是与数据库进行交互，即从数据库中动态提取数据，然后产生新的页面并显示在浏览器中。

作为一般的静态网页，在制作好页面后该页面没有被网页制作者重新修改前，打开后浏览器显示的页面内容都是一样的，而动态网页不一样，同样名称的动态网页（如 info.asp），当传递不同参数（如 info.asp?id=1243、info.asp?id=1245）后所打开的页面内容都不相同。

动态网页的特点是当用户单击一个链接（如 info.asp?id=1243）后，服务器端即从数据库中查找"id"为"1243"的数据信息，然后将其显示在浏览器中。通过这种动态生成网页信息的技术，大大减少了网页制作者的工作量，如有 100 条信息需要显示，如果用静态网页制作，需要做 100 个网页，而用动态网页技术只需将这 100 条信息先输入数据库中，然后只需制作一个页面即可完成 100 条信息的显示。同时，要修改页面内容时也只需修改数据库中的数据即可，而不用重新制作一个静态网页。它还可以通过收集用户在表单中填写的信息、单击的链接或按钮等操作进行相应的处理，并可以将数据保存到数据库中或返回单击链接对应的数据信息等，如图 14-1 所示为一个基础的论坛型动态网页。

图 14-1　动态显示内容的网页

14.2　数据库基础

所谓数据库，就是长期存储在电脑中的、有组织的、可供共享的数据集合。数据库管理系统是电脑中用于存储和处理大量数据的软件系统。它的种类非常多，下面将分别进行介绍。

在数据库管理系统中可以进行数据的处理，这种处理不仅包括简单的编辑或数字运算，还包括对数据的搜索、筛选及提取等。数据库和数据库管理系统的结合就称为数据库系统，这里介绍的数据库实际上是指数据库管理系统。

14.2.1　Access

　　Access 是 Office 办公组件的一个成员，是一种入门级的数据库管理系统，它具有简便易用、支持的 SQL 指令最齐全、消耗资源比较少的优点，常用于中小型网站中。用 ASP+Access 打造动态网站是许多用户的首选。

实例 14-1　使用 Access 创建数据库 ●●●

　　下面将在 Access 2003 中创建一个数据库，在数据库中设计表并输入数据。

1 在 Windows 7 桌面选择【开始】/【所有程序】/【Microsoft Office】/【Microsoft Office Access 2003】命令，打开 Access 2003 工作界面，如图 14-2 所示。

2 选择【文件】/【新建】命令，在右侧任务窗格中单击"空数据库"超级链接，如图 14-3 所示。

图 14-2　Access 2003 工作界面

图 14-3　单击"空数据库"超级链接

3 在打开的"文件新建数据库"对话框中的"保存位置"下拉列表框中设置数据库文件的保存位置，在"保存类型"下拉列表框中选择"所有文件"选项，在"文件名"文本框中输入数据库文件的名称，如"note.asa"，如图 14-4 所示。

4 单击 创建(C) 按钮，在打开的数据库窗口中双击"使用设计器创建表"选项，如图 14-5 所示。

图 14-4　"文件新建数据库"对话框

图 14-5　数据库窗口

　　会动的网页（如网页中含 Flash 动画、Gif 动画）并不是动态网页，这样的网页最多称为多媒体网页，而不能称为动态网页，因为它未与服务器端发生交互。

5 在打开的窗口中将鼠标光标定位在"字段名称"下的单元格中，输入"id"，按"Enter"键，鼠标光标跳到"数据类型"单元格中，单击"数据类型"单元格中的▼按钮，在弹出的下拉列表框中选择"自动编辑"选项，如图 14-6 所示。

6 在该行的任意位置单击鼠标右键，在弹出的快捷菜单中选择"主键"命令，设置该字段为主键。

7 将鼠标光标定位到第 2 行"字段名称"单元格中，用相同的方法依次设计其他字段（不需要进行设置主键的操作），完成后如图 14-7 所示。

图 14-6　设计表结构

图 14-7　完成表结构设计

8 选择【文件】/【保存】命令，在打开的"另存为"对话框的"表名称"文本框中输入表的名称，如"note"，如图 14-8 所示。

9 单击 确定 按钮，完成表的保存，单击"表设计"工具栏上的"视图"按钮，在打开的窗口中即可输入数据，如图 14-9 所示，输入完数据后直接关闭窗口即可。

图 14-8　"另存为"对话框

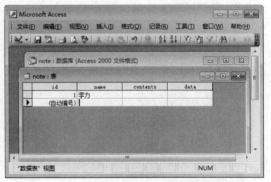

图 14-9　输入数据

14.2.2　SQL Server

SQL Server 是一种大中型数据库管理和开发软件，由 Microsoft 公司推出。它具有使用方便、有良好的可扩展性等优点，尤其是它支持包括便携式系统和多处理器系统在内的各

在一个数据库中可以创建多个表，所以在一个网站中，最好只使用一个数据库，然后在数据库中创建不同的表来满足建站需求。

种处理系统，这个功能除了它之外，只有 Oracle 和其他一些昂贵的数据库才具备。它在网站的后台数据库中有着非常广泛的应用，是制作大型网络数据库的一个理想选择。其使用比较复杂，下面就服务管理器的启动和数据库的创建进行简单介绍。

1. 服务管理器的启动和退出

SQL Server 安装完成之后，服务管理器会在开机时自动运行，在任务栏中看到服务管理器的指示图标，如图 14-10 所示。双击服务管理器的指示图标 ，即可打开 SQL Server 服务管理器窗口，如图 14-11 所示。

图 14-10　服务管理器指示图标　　　图 14-11　SQL Server 服务管理器窗口

在 SQL Server 服务管理器窗口中列出了可管理的服务器和服务列表，并显示了当前服务的状态。 、 和 图标分别表示当前服务处于运行、暂停和停止状态，通过单击 、 和 按钮，可达到开始/继续、暂停和停止当前服务的作用。为了确保数据的安全，在停止服务前，应先暂停服务，这样，新连接的用户将无法登录，而已登录的用户可继续执行操作，然后可通知用户服务将要停止，请尽快完成操作，停止服务。

停止服务或关闭 SQL Server 服务管理器窗口，服务管理器仍在运行，可在任务栏中看到服务管理器的指示器图标。要结束 SQL Server 服务管理器，可在服务管理器的指示图标 上单击鼠标右键，在弹出的快捷菜单中选择"退出"命令。

2. 创建数据库及表

要在 SQL Server 中实现数据库管理，同样需要创建数据库和数据表，通过 SQL Server 企业管理器可以轻松地创建数据库和表。

实例 14-2　创建 SQL Server 数据库和表 ●●●

下面将在 SQL Server 企业管理器中创建一个名为"note"的数据库，并在数据库中创建一个"note"表。

1 选择【开始】/【所有程序】/【Microsoft SQL Server】/【企业管理器】命令，启动 SQL Server 企业管理器。

2 在企业管理器窗口左侧展开目录树，并在"数据库"选项上单击鼠标右键，在弹出的

在安装 SQL Server 时，需要注意设置管理员密码，这样可以获得更高的安全性。SQL Server 有时也简写为 MSSQL。

快捷菜单中选择"新建数据库"命令，如图 **14-12** 所示。

3 在打开对话框的"常规"选项卡的"名称"文本框中输入要创建数据库的名称，如"note"，如图 **14-13** 所示。

图 14-12　选择"新建数据库"命令

图 14-13　输入数据库的名称

4 选择"数据文件"选项卡，单击"数据库文件"栏的"文件名"列下的单元格，并输入新的数据库文件名称，如图 **14-14** 所示。

5 单击"位置"列下的第一个 ... 按钮，在打开的对话框上方列表框中选择保存数据库文件的位置，在"文件名"文本框中输入数据库文件的名称，如图 **14-15** 所示。

图 14-14　输入数据库文件的名称

图 14-15　设置数据库文件保存位置

6 单击 确定 按钮关闭"查找数据库文件"对话框，返回到"数据库属性"对话框中。

7 再次单击 确定 按钮关闭"数据库属性"对话框，企业管理器窗口右侧将看到新创建的数据库，如图 **14-16** 所示，在其上单击鼠标右键，在弹出的快捷菜单中选择【新

　　本章介绍的版本是 SQL Server 2000，它是一款比较经典的版本，尽管目前已经出了 SQL Server 2005、SQL Server 2008 和 SQL Server 2012，很多用户还是习惯使用 SQL Server 2000。

建】/【表】命令。

8　在打开窗口的"列名"列下的单元格中单击并输入列名"id"，按"Enter"键，鼠标光标自动移到"数据类型"下的单元格中，单击 ▾ 按钮，在弹出的下拉列表框中选择"char"选项，再按"Enter"键进入下一单元格中，在其中输入数据长度（某些类型的数据长度是不能修改的），单击"允许空"下的 ☑ 按钮取消选中状态，如图 **14-17** 所示。

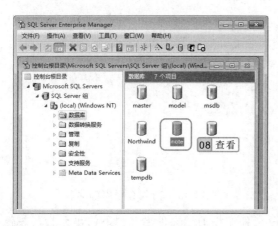

图 14-16　创建的数据库

图 14-17　设计表结构

9　使用相同的方法完成其他表结构的设计，并在"id"行任意位置单击鼠标右键，在弹出的快捷菜单中选择"设置主键"命令，如图 14-18 所示。

10　完成后单击工具栏上的 💾 按钮，打开"选择名称"对话框，在"输入表名"文本框中输入表名，如图 **14-19** 所示。

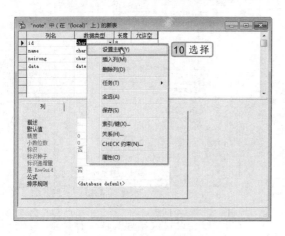

图 14-18　设置主键

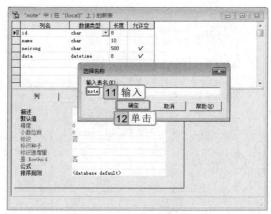

图 14-19　保存表

11　单击 确定 按钮完成表的保存操作，单击窗口右上角的 ✖ 按钮关闭设计表窗口，返回到企业管理器窗口。

　　SQL Server 的功能比较强大，在 SQL Server 中，除了可以存储一般的文本数据外，还可以存储二进制图像数据。

12 在左侧窗口中找到新添加的数据库 "note" 并双击，再双击展开目录树中的 "表" 选项，然后在窗口右侧找到新创建的表文件 "note"，在其上单击鼠标右键，在弹出的快捷菜单中选择【打开表】/【返回所有行】命令，如图 14-20 所示。

13 在打开的窗口中即可输入相应的数据，如图 14-21 所示。输入完所有数据后，关闭窗口即可。

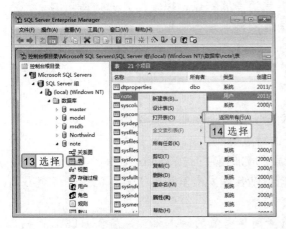

图 14-20　选择 "返回所有行" 命令

图 14-21　输入数据

14.2.3　MySQL

MySQL 是一个多用户、多线程的 SQL 数据库服务器。它由一个服务器守护程序 mysqld 和很多不同的客户程序与库组成，是一种客户机/服务器结构。它具有快速、易用等优点，特别是对文件和图像的快速存储和提取。另外，它还是开源软件，不需要付费即可进行使用。使用 PHP+MySQL+Apache 开发 Web 应用程序是公认的最佳搭配。

MySQL 的数据管理通常由 phpMyAdmin 以可视化的方法实现（当然也可以结合 SQL 命令手动实现，不过较麻烦）。phpMyAdmin 是用 PHP 语言开发 Web 应用程序，因此，需要 PHP 和 Web 服务器的支持。安装好 Apache、PHP 5 和 MySQL 并配置好后，可以将下载的 phpMyAdmin 解压到 Apache 安装目录下的 "htdocs"（默认情况下是该目录，如果在配置 Apache 时将站点根目录更改到其他目录中，则应复制到更改到的目录中）中，然后启动浏览器访问即可。

14.2.4　Oracle

Oracle 是主流的大型关系型数据库，它不仅支持多平台，还具有无范式要求、采用标准的 SQL 结构化查询语言、支持大至 2GB 的二进制数据、分布优化多线索查询等优点。Oracle 采取快照 SNAP 方式完全消除了分布读写冲突，数据安全级别为 C2 级（最高级）。特别适合制造业管理信息系统和财务应用系统。Oracle 7.1 以上版本服务器支持

网站中使用了数据库后，在申请网页空间时需要特别留意服务商所提供的空间是否支持所使用的数据库，以免网站不能正常运行。

1000~10000 个用户。

14.3　动态网页开发语言

目前主流的动态网页开发语言主要包括 ASP、ASP.NET、PHP 和 JSP 等，在选择开发技术时，应该根据其语言的特点，以及所建网站适用的平台综合进行考虑。下面就这几种语言的特点进行讲解。

14.3.1　ASP

ASP 是 Active Server Pages 的缩写，中文含义是"活动服务器页面"。从 Microsoft 推出了 ASP 后，它以其强大的功能、简单易学的特点受到广大 Web 开发人员的喜欢。不过它只能在 Windows 平台下使用，虽然它可以通过增加控件而在 Linux 下使用，但是其功能最强大的 DCOM 控件却不能使用。但 ASP 作为 Web 开发最常用的工具，仍有许多突出的特点，下面分别进行介绍。

- 简单易学：使用 VBScript、JavaScript 等简单易懂的脚本语言，结合 HTML 代码，即可快速地完成网站应用程序的开发。
- 构建的站点维护简便：Visual Basic 非常普及，如果用户对 VBScript 不熟悉，还可以使用 JavaScript 或 Perl 等其他技术编写 ASP 页面。
- 可以使用标记：所有可以在 HTML 文件中使用的标记语言都可用于 ASP 文件中。
- 适用任何浏览器：对于客户端的浏览器来说，ASP 和 HTML 几乎没有区别，仅仅是后缀的区别，当客户端提出 ASP 申请后，服务器将"<%"和"%>"之间的内容解释成 HTML 语言并传送到客户端的浏览器上，浏览器接受的只是 HTML 格式的文件，因此，它适用任何浏览器。
- 运行环境简单：只要在电脑上安装 IIS 或 PWS，并把存放 ASP 文件的目录属性设为"执行"，即可直接在浏览器中浏览 ASP 文件，并看到执行的结果。
- 支持 COM 对象：在 ASP 中使用 COM 对象非常简便，只需一行代码就能够创建一个 COM 对象的事例。用户既可以直接在 ASP 页面中使用 Visual Basic 和 Visual C++ 各种功能强大的 COM 对象，同时还可创建自己的 COM 对象，直接在 ASP 页面中使用。

14.3.2　ASP.NET

ASP.NET 是一种编译型的编程框架，它的核心是 NGWS runtime，除了和 ASP 一样可以采用 VBScript 和 JavaScript 作为编程语言外，还可以用 Visual Basic 和 C#来编写，这就决定了它功能的强大，可以进行很多底层操作而不必借助于其他编程语言。

274

ASP 网页是以.asp 为扩展名的纯文本文件，可以用任何文本编辑器（如记事本）对 ASP 网页进行打开和编辑操作。也可以采用一些带有 ASP 增强支持的编辑器（如 Microsoft Visual InterDev 和 Dreamweaver）简化编程工作。

ASP.NET 是一个建立服务器端 Web 应用程序的框架，它是 ASP 3.0 的后继版本，但并不仅仅是 ASP 的简单升级，更是 Microsoft 推出的新一代 Active Server Pages 脚本语言。ASP.NET 是微软发展的新型体系结构.NET 的一部分，它的全新技术架构会让每一个人的网络生活都变得更简单，它吸收了 ASP 以前版本的最大优点并参照 Java、Visual Basic 语言的开发优势加入了许多新的特色，同时也修正了以前的 ASP 版本的运行错误。

14.3.3　PHP

PHP 是编程语言和应用程序服务器的结合，PHP 的真正价值在于它是一个应用程序服务器，而且它是开发程序，任何人都可以免费使用，也可以修改源代码。其特点如下。

- 开放源码：所有的 PHP 源码都可以得到。
- 没有运行费用：PHP 是免费的。
- 基于服务器端：PHP 是在 Web 服务器端运行的，PHP 程序可以很大、很复杂，但不会降低客户端的运行速度。
- 跨平台：PHP 程序可以运行在 UNIX、Linux 或者 Windows 操作系统下。
- 嵌入 HTML：因为 PHP 语言可以嵌入到 HTML 内部，所以 PHP 容易学习。
- 简单的语言：与 Java 和 C++不同，PHP 语言坚持以基本语言为基础，它可支持任何类型的 Web 站点。
- 效率高：和其他解释性语言相比，PHP 系统消耗较少的系统资源。当 PHP 作为 Apache Web 服务器的一部分时，运行代码不需要调用外部二进制程序，服务器解释脚本不需要承担任何额外负担。
- 分析 XML：用户可以组建一个可以读取 XML 信息的 PHP 版本。
- 数据库模块：PHP 支持任何 ODBC 标准的数据库。

14.3.4　JSP

JSP（Java Server Pages）是由 Sun 公司倡导、许多公司参与并一起建立的一种动态网页技术标准。它为创建动态的 Web 应用提供了一个独特的开发环境，能够适应市场上包括 Apache WebServer 和 IIS 在内的大多数服务器产品。

JSP 与 Microsoft 的 ASP 在技术上虽然非常相似，但也有许多区别，ASP 的编程语言是 VBScript 之类的脚本语言，JSP 使用的是 Java，这是两者最明显的区别。此外，ASP 与 JSP 还有一个更为本质的区别：两种语言引擎用完全不同的方式处理页面中嵌入的程序代码。在 ASP 下，VBScript 代码被 ASP 引擎解释执行；在 JSP 下，代码被编译成 Servlet 并由 Java 虚拟机执行，这种编译操作仅在对 JSP 页面的第一次请求时发生。其有如下几个特点。

- 动态页面与静态页面分离：脱离了硬件平台的束缚，以及编译后运行等方式，大大提高了其执行效率而逐渐成为互联网上的主流开发工具。

相对于 ASP 的文件类型（只有扩展名是为.asp 的文件来说），ASP.NET 的文件类型是十分丰富的，如.aspx（如同.asp）、.asmx、.sdl 和.ascx 等。

- 以 "<%" 和 "%>" 作为标识符：JSP 和 ASP 在结构上类似，不同的是在标识符之间的代码 ASP 为 JavaScript 或 VBScript 脚本，而 JSP 为 Java 代码。
- 网页表现形式和服务器端代码逻辑分开：作为服务器进程的 JSP 页面，首先被转换成 Servlet（一种服务器端运行的 Java 程序）。
- 适应平台更广：几乎所有平台都支持 Java，JSP+JavaBean 可以在所有平台下通行无阻。
- JSP 的效率高：JSP 在执行以前先被编译成字节码（Byte Code），字节码由 Java 虚拟机（Java Virtual Machine）解释执行，比源码解释的效率高；服务器上还有字节码的 Cache 机制，能提高字节码的访问效率。第一次调用 JSP 网页可能稍慢，因为它被编译成 Cache，以后就快多了。
- 安全性更高：JSP 源程序不大可能被下载，特别是 JavaBean 程序完全可以放在不对外的目录中。
- 组件（Component）方式更方便：JSP 通过 JavaBean 实现了功能扩充。
- 可移植性好：从一个平台移植到另外一个平台，JSP 和 JavaBean 甚至不用重新编译，因为 Java 字节码都是标准的，与平台无关。在 NT 下的 JSP 网页原封不动地拿到 Linux 下就可以运行。

14.4　Web 服务器

要运行数据库应用程序还需要有 Web 服务器。Web 服务器也可称为 HTTP 服务器，是根据 Web 浏览器的请求提供文件服务的软件。常见的 Web 服务器包括 IIS、Apache 和 Netscape Enterprise Server 等，下面分别进行介绍。

14.4.1　IIS

　　IIS（Internet Information Server，Internet 信息服务）是 Microsoft 开发的功能强大的 Web 服务器，它可以在 Windows NT 以上的系统中支持 ASP，虽然其不能跨平台的特性限制了其使用范围，但由于 Windows 操作系统的普及，尤其是在国内，IIS 还是得到了广泛的应用。

　　IIS 主要提供 FTP（文件传输服务）、HTTP（Web 服务）和 SMTP（电子邮件服务）等服务。确切地说，IIS 为 Internet 提供了一个正规的应用程序开发环境。在早期的 Windows XP 等操作系统中，需要单独进行 IIS 的安装，在 Windows 7 操作系统中则已经集成了 IIS 7 组件，但是默认并没有打开该功能，用户还需要手动开启 IIS。

实例 14-3　开启 Windows 7 中的 IIS 功能 ●●●

　　下面将在 Windows 7 操作系统中打开 Internet 信息服务功能。

1 选择【开始】/【控制面板】命令，打开"控制面板"窗口，在其中单击"程序和功

　　常见的开发环境搭配有 ASP/ASP.NET+Windows+IIS+Access/MSSQL/Oracle、PHP+Windows/Linux+Apache+MySQL/MSSQL/Sybase/Oracle 和 JSP+Windows+Tomcat/Apache/Weblogic+MySQL/MSSQL/Sybase/Oracle。

能"超级链接，打开"程序和功能"窗口。

2 在窗口左侧的窗格中单击"打开或关闭 Windows 功能"超级链接，如图 14-22 所示。

3 打开"Windows 功能"窗口，在其功能列表框中单击"Internet 信息服务"选项前的复选框，使其呈选中状态，如图 14-23 所示。用户也可展开该目录手动选中需要打开的功能。

图 14-22 "程序和功能"窗口

图 14-23 "Windows 功能"窗口

4 单击 确定 按钮，将打开正在更改功能的提示框，等待其安装完成后将自动关闭"Windows 功能"窗口，完成 IIS 的安装。

14.4.2 Apache

Aapche 是一款非常优秀的 HTTP 服务器，是目前世界市场占有量最高的 HTTP 服务器。它为网络管理员提供了非常多的管理功能，主要用于 UNIX 和 Linux 平台上，当然，Windows 平台也可以使用。

Apache 的安装很简单，直接运行下载的 msi 安装程序即可，但 Apache 的配置则相对比较复杂。

14.5 动态网站的开发流程及配置

制作动态网站前，一般还需要对服务器和站点进行合适的配置，只有完成了各种配置，才能进行网站的开发。因此，还必须了解动态网页的一般开发流程，然后再按照流程依次进行操作。

14.5.1 动态网页开发流程

要创建动态网站，首先应确定使用何种语言（ASP/ASP.NET/PHP/JSP 或其他语言）、

在安装 IIS 时需要注意，一般 Windows 7 中默认不会安装对 asp 等文件的支持，可以展开"万维网服务器"目录，选中其中的开发语言复选框，否则无法在本地电脑上预览动态网页。

何种数据库（Access/MSSQL/MySQL/Oracle/Sybase 或其他数据库）和何种工具（Dreamweaver/Frontpage/记事本/EditPlus/AceHTML 或其他）来开发动态网站，并搭建相应程序的开发环境。如要进行 ASP 动态网页开发，应先安装 IIS 并配置 IIS，再安装数据库软件（如 Access）并创建数据库及表，然后在 Dreamweaver 中创建站点（本地站点及测试站点），开始动态网页的制作。

在动态网页制作过程中，一般先制作静态页面，再创建动态内容，即创建数据库、请求变量、服务器变量、表单变量或预存过程等内容，然后将这些源内容添加到页面中，最后对整个页面进行测试。测试通过即可完成该动态页面的制作；如果未通过，则进行检查修改，直至通过为止。

14.5.2 IIS 的配置

在制作 ASP 动态网页之前，需要安装 IIS 并对其进行配置，以便其对指定的站点进行解析和管理。

实例 14-4 新建并配置网站 ●●●

下面将在 IIS 中创建一个名为"login"的站点，并将该站点在电脑中的物理位置设置为"D:\login"。

1 打开"控制面板"窗口，在控制面板选项列表中单击"管理工具"超级链接，如图 14-24 所示。

2 在打开的"管理工具"窗口中双击"Internet 信息服务（IIS）管理器"选项，如图 14-25 所示。

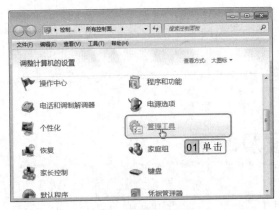

图 14-24　单击"管理工具"超级链接　　　　图 14-25　"管理工具"窗口

3 在打开的"Internet 信息服务（IIS）管理器"窗口中，展开左侧的目录，在"网站"选项上单击鼠标右键，在弹出的快捷菜单中选择"添加网站"命令，如图 14-26 所示。

4 在打开的"添加网站"对话框的"网站名称"文本框中输入站点的名称"login"，在"物理路径"文本框中输入站点的位置"D:\login"，如图 14-27 所示。

Internet 信息服务（IIS）管理器中已经有一个默认网站，用户也可以不用新建网站，在原有的网站上做一些修改即可。

图 14-26 "Internet 信息服务（IIS）管理器"窗口

5 单击 [确定] 按钮完成网站的创建，如图 **14-28** 所示。在"Internet 信息服务（IIS）管理器"窗口中可对网站的其他属性进行配置，并可对其进行管理。

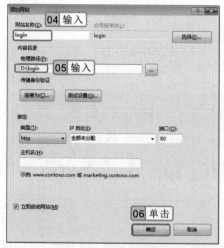

图 14-27 输入站点名称和站点位置

图 14-28 完成网站的新建

14.5.3 动态站点的创建及配置

在制作动态数据库页面之前，需要先创建动态数据库站点并进行站点配置，指定本地站点、测试站点。

实例 14-5 创建和配置动态站点 ●●●

1 启动 Dreamweaver CS6，选择【站点】/【新建站点】命令，在打开的对话框中输入站点名称，并设置本地站点文件夹为"D:\login"，然后选择"服务器"选项卡，在打开的窗格中单击 **+** 按钮，如图 **14-29** 所示。

即使是创建动态站点，在"站点设置对象"对话框的初始界面同样需要设置站点名称和站点文件夹。

2 在打开对话框的"服务器名称"文本框中输入"login"，在"连接方法"下拉列表框中选择"WebDAV"选项，在"URL"和"Web URL"文本框中均输入"http://127.0.0.1/"，如图 14-30 所示。

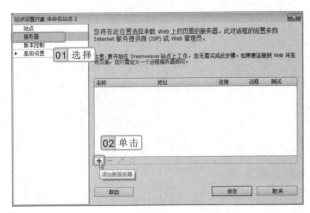

图 14-29　添加服务器

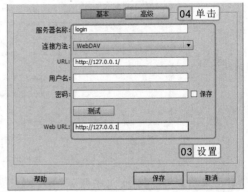

图 14-30　设置服务器基本属性

3 单击 高级 按钮，在打开窗格的"测试服务器"栏的"服务器模型"下拉列表框中选择"ASP JavaScript"选项，如图 14-31 所示。

4 单击 保存 按钮返回站点设置对话框，其中显示了新添加的服务器，如图 14-32 所示，单击 保存 按钮完成操作。

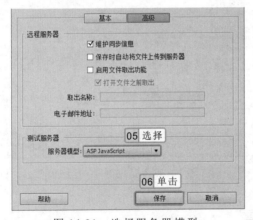

图 14-31　选择服务器模型

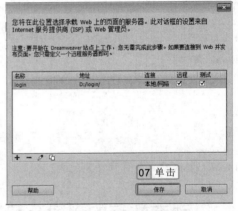

图 14-32　完成服务器添加

14.5.4　数据源的创建

在创建动态网页前，若要实现对数据库的操作，必须先建立与数据库的连接。建立连接的方式主要有两种，一种是通过设置数据源来建立连接，这种方式比较简单、方便；另一种是直接以带参数的字符串方式连接到数据库，这种方式相对复杂。下面分别进行讲解。

将"服务器文件夹"最好设为与 IIS 服务器中当前站点中的路径一致，最后将 Web URL 设为"http://127.0.0.1"（表示本机地址），即可实现在 Dreamweaver CS6 中对 ASP 动态网页的即时测试并预览。

1．通过数据源连接

采用数据源（DSN）进行连接需要在 Web 服务器上创建数据源，可通过管理工具中的 ODBC 数据源管理器来进行操作。

实例 14-6　设置数据源连接 ●●●

1. 在"控制面板"窗口中单击"管理工具"超级链接，在打开的"管理工具"窗口中双击"数据源（ODBC）"选项，如图 14-33 所示。

2. 打开"ODBC 数据源管理器"对话框，选择"系统 DSN"选项卡，单击 添加(D)... 按钮，如图 14-34 所示。

图 14-33　打开数据源工具　　　　　图 14-34　数据源管理器

3. 在打开的"创建新数据源"对话框中选择驱动程序，这里选择"Driver do Microsoft Access（*.mdb）"选项，如图 14-35 所示。

4. 单击 完成 按钮，在打开对话框的"数据源名"文本框中输入"dw6"，单击 选择(S)... 按钮，如图 14-36 所示。

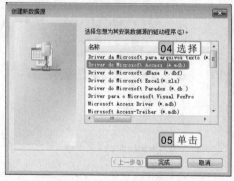

图 14-35　选择驱动程序　　　　　　图 14-36　设置数据源名

5. 打开"选择数据库"对话框，通过"驱动器"下拉列表框和"目录"列表框选择数据库文件所在路径，在左侧选择"db1.mdb"选项，单击 确定 按钮，在返回的对话框

连接成功后，才能在 Dreamweaver 中通过数据源名称的方式选择和使用该连接来达到网页与数据库的连接。

中依次单击 确定 按钮完成数据源的创建，如图 **14-37** 所示。

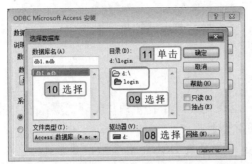 

图 14-37　选择数据库并完成连接

6 新建一个 ASP VBScript 类型的网页，选择【窗口】/【数据库】命令，打开"数据库"
面板，单击 按钮，在弹出的下拉菜单中选择"数据源名称"命令，在打开的对话框
中选择之前创建的"dw6"连接，单击 测试 按钮，如图 **14-38** 所示。

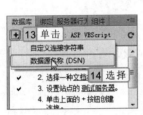 

图 14-38　连接数据源名称

7 如果连接成功，将打开如图 **14-39** 所示的对话框，单击 确定 按钮，返回"数据源名
称"对话框。

8 单击 确定 按钮，完成创建的数据库连接就出现在"数据库"面板中，如图 **14-40**
所示。

 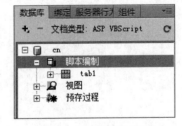

图 14-39　连接成功　　　　　　　　图 14-40　连接到的数据库

2．通过字符串连接

在 Dreamweaver 中可以直接使用字符串连接数据库，其方法是：新建 ASP VBScript
动态网页后，在"数据库"面板中单击 按钮，在弹出的下拉菜单中选择"自定义连接字

连接字符串的设置非常重要，尤其是连接字符串中数据库文件的路径的输入，如果路径不正确，
则无法正确创建连接。

符串"命令，在打开的对话框中输入名称和字符串进行连接即可，如图 14-41 所示。

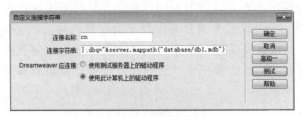

图 14-41　通过字符串连接数据库

不同的数据库其连接字符串不同，Access 数据库的连接字符串的格式为："Driver={Microsoft Access Driver (*.mdb)};UID=用户名；PWD = 用户密码;DBQ = 数据库路径"，其中数据库路径常使用相对于网站根目录的虚拟路径，故可写为 ""Driver={Microsoft Access Driver (*.mdb)};UID=用户名；PWD = 用户密码;DBQ="& server.mappath("数据库路径")"，如 ""Driver={Microsoft Access Driver (*.mdb)};UID=test；PWD = test888;DBQ="& server.mappath("database/login.asa")" 就是一个合法的 Access 连接字符串。另外，如果 Access 数据库没有密码，则可以省略 UID 和 PWD，其写法为："Driver={Microsoft Access Driver (*.mdb)};DBQ="& server.mappath("database/login.asa")"。

连接 SQL Server 数据库的连接字符串的格式为："Provider=SQLOLEDB;Server=SQL SERVER 服务器名称;Database=数据库名称;UID=用户名;PWD=密码"。如 "Provider=SQLOLEDB;Server=gg;Database=login;UID=sa;PWD=admin888" 就是一个合法的 SQL Server 数据库连接字符串。

14.6　制作数据库动态网页

做好以上工作后，接下来即可进行动态网页的制作，在制作前可以先进行静态页面的制作，然后再制作动态部分。在制作动态部分时，首先应创建记录集。

14.6.1　创建记录集

通过创建记录集可以获得合适的数据库查询结果，要显示数据库中的任何内容，都必须先创建记录集。记录集本身是从指定数据库中检索到的数据集合，该集合可包括完整的数据库表，也可以包括表的行和列的子集，这些行和列通过在记录集中定义的数据库查询进行检索。

实例 14-7　创建记录集

下面在"绑定"面板中为网页创建记录集。

1 选择"应用程序"面板组中的"绑定"选项卡，单击 ➕ 按钮，在弹出的下拉菜单中选择"记录集（查询）"命令，如图 14-42 所示。

创建记录集就是使用 SQL 语言中的 Select 语句对数据库中的数据进行查询，不同的 Select 语句可以获得不同的查询结果，如 "Select * from user" 与 "Select username from user" 所返回的查询结果是不同的。

2 在打开的"记录集"对话框的"名称"文本框中输入记录集的名称"cn",在"连接"下拉列表框中选择一个数据库连接选项。在"表格"下拉列表框中选择要对其进行查询的表,在"列"栏中设置查询结果中包含的字段名称,这里选中 ⊙ 全部 单选按钮。

3 在"筛选"栏中可以设置查询的条件,在"排序"栏第一个下拉列表框中可选择要排序的字段,在第二个下拉列表框中可选择按升序或降序进行排序,完成设置后的对话框如图 14-43 所示。

图 14-42　创建记录集　　　　　　　　　图 14-43　设置记录集参数

4 单击 测试 按钮,在打开的"测试 SQL 指令"对话框中即可看到查询的结果,如图 14-44 所示。

5 单击 确定 按钮关闭"测试 SQL 指令"对话框,再单击 确定 按钮关闭"记录集"对话框完成记录集的创建,在"绑定"选项卡界面即可查看创建的记录集,如图 14-45 所示。

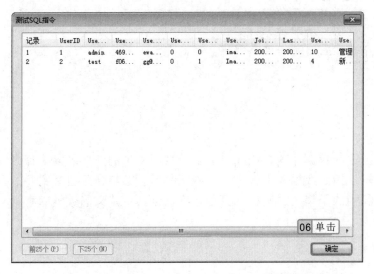

图 14-44　"测试 SQL 指令"对话框　　　　　图 14-45　创建的记录集

　　高级记录集是查询条件更复杂的记录集,它可以创建多个条件进行查询,如可以查询姓名中包含"t"字符,性别为"男"的所有人员的信息。在"记录集"对话框中,单击 高级 按钮,即可在打开的对话框中进行高级记录集的创建。

14.6.2 制作动态页面

创建好记录集后就可以开始制作动态页面了，使用 Dreamweaver 的"数据"插入面板中的工具，可以几乎不用手动编程就可以制作出功能强大的动态页面。

在"插入"面板的下拉列表框中选择"数据"选项，可在打开的面板中使用其中的工具制作动态页面，如图 14-46 所示。其中部分工具的功能如下。

图 14-46 "数据"插入面板

- "记录集"工具：用于创建一个记录集。
- "命令"工具：用于打开"命令"对话框，在记录集中可以创建在数据库中插入数据、更新数据和删除数据的命令。
- "动态数据"工具：用于在页面中插入显示动态数据的对象，包括动态表格、动态文本、动态文本字段、动态复选框、动态单选按钮组和动态选择列表 6 个工具。
- "重复区域"工具：创建一个重复区域，以显示记录集中的多条记录或全部记录。
- "显示区域"工具：插入一个根据某个条件来确定是否显示的区域。
- "记录集分页"工具：用于对分页显示的记录集进行导航，包括"记录集导航条"、"移至第一条记录集"、"移至前一条记录集"、"移至下一条记录"、"移至最后一条记录"和"移至特定记录"6 个工具。
- "转到详细（相关）页面"工具：用于创建调整到详细页面或相关页面的超级链接，包括"转到详细页面"和"转到相关页面"两个工具。
- "记录集导航状态"工具：创建一个显示当前的记录数和总记录数的状态栏。
- "主详细页集"工具：用于创建主页面和详细页面集。
- "插入记录"工具：用于在数据库中插入数据，包括"插入记录表单向导"和"插入记录"两个工具。
- "更新记录"工具：用于对数据库中的数据进行更新，包括"更新记录表单向导"和"更新记录"两个工具。
- "删除记录"工具：用于删除数据库中的记录。
- "用户身份验证"工具：用于对用户的身份进行验证，包括"用户登录"、"注销用户"、"限制对页的访问"和"检测新用户名"4 个工具。

1. 创建动态表格

表格是显示表格式数据最常用的方法，动态表格从数据库中获取数据并动态地显示在表格的单元格中。

创建动态表格的方法是：单击"数据"插入栏中"动态数据"工具后的下拉按钮，在

在"服务器行为"面板中也可以进行动态页的制作，按"Ctrl+F9"快捷键可以打开"服务器行为"面板，单击 ⊕ 按钮，在弹出的菜单中选择相应的命令即可。

弹出的下拉菜单中选择"动态表格"命令，打开"动态表格"对话框。在"记录集"下拉列表框中选择一个记录集，然后在下方进行具体设置，如图 14-47 所示，完成后单击 确定 按钮，即可在页面中插入一个动态表格，如图 14-48 所示。

图 14-47　"动态表格"对话框

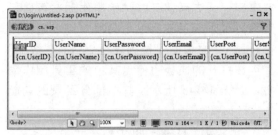

图 14-48　插入的动态表格

2.　创建动态文本

使用动态表格虽然非常方便，但会将记录集中每个字段的数据都显示出来，而在某些时候只需要显示部分内容，这时就需要使用动态文本工具手动添加每一个需要的字段。

在页面中根据需要显示的字段数创建表格，将鼠标光标定位到需要显示文本的单元格中，单击"数据"插入栏中的"动态数据"工具后的下拉按钮，在弹出的下拉菜单中选择"动态文本"命令，打开"动态文本"对话框。在"域"列表框中选择需要显示的字段，在"格式"下拉列表框中选择要使用的格式，如图 14-49 所示，单击 确定 按钮，动态文本即添加到鼠标光标位置，如图 14-50 所示。

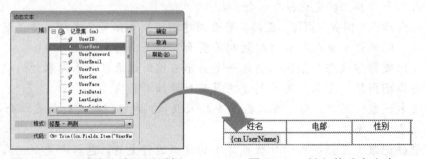

图 14-49　"动态文本"对话框　　　　　图 14-50　插入的动态文本

添加动态文本后，在 Dreamweaver CS6 中的显示效果和在浏览器中的预览效果如图 14-51 所示。

姓名	电邮	性别	注册时间	上次登录时间	登录次数
{rs_wen.UserName}	{rs_wen.UserEmail}	{rs_wen.UserSex}	{rs_wen.JoinDatei}	{rs_wen.LastLogin}	{rs_wen.UserLogins}

姓名	电邮	性别	注册时间	上次登录时间	登录次数
admin	eway@163.com	0	2003-12-30 16:34:32	2007-3-8 21:58:14	10

图 14-51　设计效果和预览效果

也可以在"绑定"选项卡界面中将记录集中相应的字段直接拖动到相应的单元格中，然后再设置动态文本的格式。

3．创建重复区域

使用动态文本只能显示一条记录的数据，通常在一个页面中都需要显示多条记录，使用重复区域就可以达到同一页面中显示多条记录的目的。

将鼠标光标定位到添加了动态文本的单元格中，单击"数据"插入栏中的"重复区域"工具，打开"重复区域"对话框，进行设置后单击 确定 按钮，如图 14-52 所示。

图 14-52　"重复区域"对话框

创建重复区域后，在编辑窗口选中行的左上角将出现"重复"字样的文本，保存网页文档并在浏览器中预览，将显示多项记录，如图 14-53 所示。

重复	姓名	电邮	性别	注册时间	上次登录时间	登录次数
	{rs_wen.UserName}	{rs_wen.UserEmail}	{rs_wen.UserSex}	{rs_wen.JoinDatei}	{rs_wen.LastLogin}	{rs_wen.UserLogins}

姓名	电邮	性别	注册时间	上次登录时间	登录次数
admin	eway@163.com	0	2003-12-30 16:34:32	2007-3-8 21:58:14	10
test	gg@163.com	1	2005-6-8 20:43:11	2005-6-8 21:15:42	4

图 14-53　重复区域设计和预览效果

4．插入记录集导航状态

在对记录集进行分页显示时，还需要制作记录集导航条，以方便用户查看其他页的记录，如图 14-54 所示。

姓名	电邮	性别	注册时间	上次登录时间	登录次数
admin	eway@163.com	0	2003-12-30 16:34:32	2007-3-8 21:58:14	10

下一页　最后一页

记录 1 到 1（总共 2

图 14-54　记录集导航状态效果

将鼠标光标定位到添加记录集导航状态的单元格中，单击"数据"插入栏中的"记录集导航状态"工具，在打开的"记录集导航状态"对话框中选择记录集并单击 确定 按钮即可插入，如图 14-55 所示。

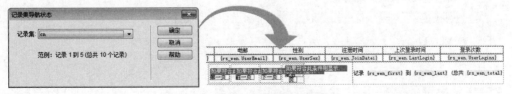

图 14-55　插入记录集导航状态

在动态页面中经常会显示当前的记录数和总的记录数等信息，使用记录集导航状态可以很方便地在页面中显示这些信息。

5. 创建转到详细页面超级链接

在制作动态页面时，通常会创建一个显示简略信息的记录列表，并为其创建超级链接，当用户单击这些超级链接时，就可以打开另一个页面显示更详细的信息，这个页面就是详细页面，使用"转到详细页面"工具即可实现该功能。

动态网站中并不是每条记录都需要对应一个详细页面的物理文档，所有记录其实是共享同一个详细页面文档，通过传递参数的方式，来实现不同记录内容的读取和返回，也就是说只需要建立一个公用的详细页面程序文档就可以实现所有同类记录的详细内容展示。

插入"转到详细页面"链接的操作方法是：在文档窗口中选择用于设置跳转链接的目标记录项，然后单击"数据"插入面板的"转到详细页面"工具，打开相应对话框进行设置即可，如图 14-56 所示。

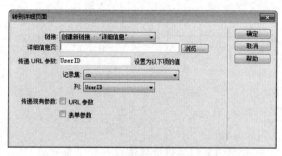

图 14-56　"转到详细页面"对话框

6. 插入记录

经常需要收集用户信息并保存到数据库中，如将新注册用户的信息保存到数据库中，此时可以使用"插入记录"功能来实现。

单击"数据"插入栏中的"插入记录"工具右侧的下拉按钮，在弹出的下拉菜单中选择"插入记录表单向导"命令，在打开的"插入记录表单"对话框中可执行插入记录的操作，如图 14-57 所示，插入后将在页面中添加一个表单以接受用户提交的数据，如图 14-58 所示。

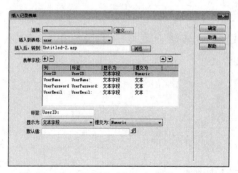

图 14-57　"插入记录表单"对话框

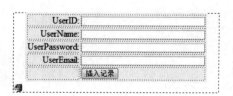

图 14-58　插入的记录表单

插入记录表单后，用户还可以选择表单中的按钮原件，在"属性"面板中修改其值，如注册页面可修改按钮的值为"注册"。

7．更新记录

使用更新记录表单向导，可以修改数据库中某条记录的数据（如修改用户密码），使用该工具常结合"转到详细页"工具一起制作。单击"数据"插入栏中"更新记录"工具右侧的下拉按钮，在弹出的下拉菜单中选择"更新记录表单向导"命令，打开"更新记录表单"对话框，在其中进行选择和设置即可。

8．删除记录

如果要删除数据库中的某条记录，可以使用"删除记录"工具。在表格的相关单元格中插入一个表单，并添加一个提交按钮，可将其值改为"删除"，如图14-59所示，然后单击"数据"插入栏中的"删除记录"工具，打开"删除记录"对话框，即可对删除操作进行详细设置。

重复	姓名	电邮	性别	注册时间	上次登录时间	登录次数	
	{rs_wen. UserName}	{rs_wen. UserEmail}	{rs_wen. UserSex}	{rs_wen. JoinDatei}	{rs_wen. LastLogin}	{rs_wen. UserLogins}	删除

图 14-59　添加表单按钮

14.7　精通实例——制作员工名单页面

本章的精通实例将在员工名单页面中创建和连接数据库，并添加各种动态页面元素，使页面中的内容以数据库为支持，制作的动态页面效果如图14-60所示。

公司员工一览表				
编号	名称	性别	年龄	职位
1	张武	男	23	营销
2	李想	男	26	客服
3	陈婷婷	女	24	客服
4	向东	男	30	市场部经理
5	康燕	女	27	财务
前一页|下一个				

图 14-60　员工名单页面效果

数据库表格与一般的电子表格虽然都有存储和查询数据的功能，但是电子表格主要是对数据的分析，而不能在网页和其他应用程序中被调用，这也正是数据库的最大特点。

14.7.1　行业分析

　　动态网页作为一种可以承载大量信息的网页技术，为网页设计者和维护者提供了极大的方便，不管是哪方面的网站，只要牵涉到信息的更新、用户注册、资料数据的管理和为用户提供发帖或评论等方面的内容，都需要动态网页和数据库的支持。

　　本例制作的员工名单页面，首先要实现在页面中显示数据库中的相关信息，然后在页面中添加插入和删除信息的功能，达到通过网页管理数据库的目的，这也是很多网页设计在为客户管理提供方便而经常使用的技术。要实现这些功能，在配置好 Web 服务器和站点信息后，需要创建一个数据库，并在数据库中添加一个或多个表，表中的字段需要与网页中需要显示的内容相符，设计好表后在其中输入内容，然后进行数据库连接以及记录集的创建等操作，最终达到预期效果。这也是一个简单的动态网页所需要做的一些基本操作。

14.7.2　操作思路

　　为更快完成本例的制作，并尽可能运用本章讲解的知识，本例的操作思路如下。

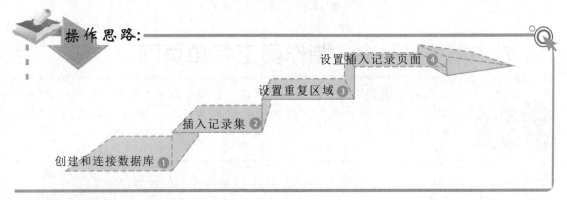

14.7.3　操作步骤

　　下面介绍实现动态数据管理的方法。其操作步骤如下：

光盘\素材\第 14 章\mingdan\mingdan.asp
光盘\效果\第 14 章\mingdan\mingdan.asp
光盘\实例演示\第 14 章\制作员工名单页面　

1 启动 Access 2003，新建一个数据库，并进行保存，在打开的窗口中选择"表"选项，并双击"使用设计器创建表"选项。

2 在打开的设计器中添加 ID、name、sex、age 和 jobs 5 个字段，并设置相应的字段类型，如图 14-61 所示。

3 设计好后对表进行保存，然后在数据库窗口中双击该表，在打开的窗口中输入如图 14-62 所示的数据，输入完成后关闭窗口即可。

　　数据库中字段的设置对于动态网页的制作非常重要，只有创建了合适的字段，在网页中才能调用到需要的数据。

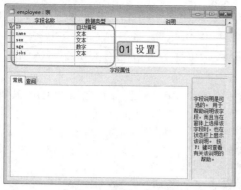

图 14-61　创建和设计表

图 14-62　输入数据

4 打开"管理工具"窗口，双击"数据源（ODBC）"选项，打开"ODBC 数据源管理器"对话框，选择"系统 DSN"选项卡，单击 添加(D)... 按钮，如图 14-63 所示。

5 在打开的"创建新数据源"对话框中选择"Driver do Microsoft Access（*.mdb）"选项，单击 完成 按钮，如图 14-64 所示。

图 14-63　添加系统 DSN

图 14-64　选择数据源驱动程序

6 在打开的对话框中输入数据源名称"coon"，单击 选择(S) 按钮，在打开的"选择数据库"对话框中选择 company.mdb 数据库，然后依次单击 确定 按钮返回"ODBC Microsoft Access 安装"对话框，然后单击 按钮，如图 14-65 所示。

7 打开"mingdan.asp"素材网页文件，切换到"数据库"面板，单击 按钮，在弹出的下拉菜单中选择"数据源名称（DNS）"选项，在打开的对话框中选择"coon"数据源名称，单击 确定 按钮绑定数据源，如图 14-66 所示。

图 14-65　选择数据库

图 14-66　连接数据源

　　通过直接"自定义连接字符串"的方式创建数据库连接，这种方式不需要创建数据源，操作更加简便，但要求设计者必须熟悉连接字符串的编写方法，连接字符串通常由驱动类型和数据源地址组成。

8 切换到"绑定"面板，单击➕按钮，在弹出的下拉菜单中选择"记录集（查询）"命令，打开"记录集"对话框。设置"连接"为"coon"，"表格"为"employee"，"排序"为"ID"、"升序"，如图 14-67 所示，测试成功后单击 确定 按钮完成设置，按"Ctrl+S"快捷键保存文档。

9 将鼠标光标定位到网页中表格的第 2 行第 1 列，在"绑定"面板中选择"ID"选项，单击 插入 按钮插入记录，如图 14-68 所示。

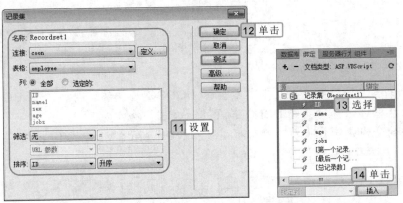

图 14-67　插入记录集　　　　　　　　图 14-68　插入记录

10 使用相同的方法依次在表格第 2 行第 2 列至第 5 列分别插入"name"、"sex"、"age"和"jobs"记录，如图 14-69 所示。

图 14-69　插入所有记录

11 选中第 2 行，切换到"服务器行为"面板，单击➕按钮，在弹出的下拉菜单中选择"重复区域"命令，将表格的整个第 2 行设为重复区域，在打开的"重复区域"对话框中设置"显示"为"5"（即每页显示 5 条记录），如图 14-70 所示。

12 将鼠标光标定位到表格第 3 行"|"符号左侧，单击"服务器行为"面板中的➕按钮，在弹出的下拉菜单中选择【记录集分页】/【移至前一条记录】命令，在打开的对话框中单击 确定 按钮，如图 14-71 所示。

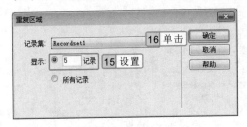
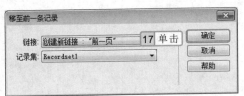

图 14-70　设置重复区域　　　　　　　　图 14-71　设置记录集分页

Dreamweaver 访问数据库并返回数据的操作流程，主要包括创建数据源连接、创建记录集、选择的插入字段、选中字段设置显示区域、通过重复区域和记录集分页设置来实现记录的分页列表。

13 在"|"符号右侧定位鼠标光标，单击"服务器行为"面板中的 + 按钮，选择【记录集分页】/【移至下一条记录】命令，在打开的对话框中单击 确定 按钮，效果如图 14-72 所示。

14 打开"insert.asp"文档，在"服务器行为"面板中单击 + 按钮，选择"插入记录"命令。在"插入记录"对话框中设置"连接"为"coon"，"插入到表格"为"employee"。

15 在"插入后，转到"文本框中输入转到的文件"mingdan.asp"，单击 确定 按钮，如图 14-73 所示，最后保存文档完成制作。

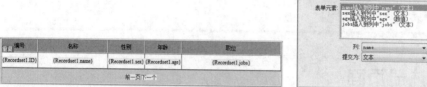

图 14-72　添加记录集分页效果

图 14-73　插入记录

14.8　精通练习

本章主要介绍了动态网页的基础知识、数据库知识、开发预览、开发流程以及数据库的链接和动态网页的制作方法等，下面通过两个练习对动态网页的制作知识加以巩固。

14.8.1　创建 Access 数据库

本次练习将在 Access 中创建数据库，并设计一个数据表，为制作动态网页作准备，其设计效果如图 14-74 所示。

图 14-74　数据库表

目前的 Access 数据库主要有 2010、2007 和 2003 版本，但在 Dreamweaver 中，最好使用 2003 格式，以免引起不兼容的问题。

参见　光盘\效果\第 14 章\login.asa
光盘　光盘\实例演示\第 14 章\创建 Access 数据库

该练习的操作思路如下。

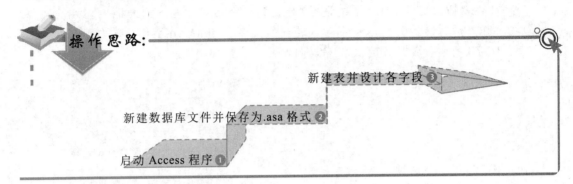

操作思路：

新建表并设计各字段 ③

新建数据库文件并保存为.asa 格式 ②

启动 Access 程序 ①

14.8.2　制作注册页面

本练习将为已有注册表单的网页"reg.asp"连接"usr.asa"数据库，并在页面中添加"插入记录"功能，以帮助读者进一步加深对本章知识的掌握。网页"reg.asp"的预览效果如图 14-75 所示。

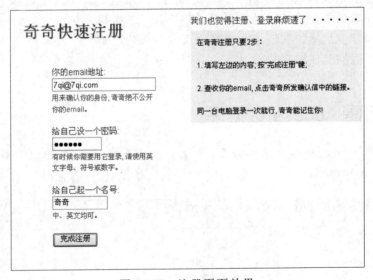

图 14-75　注册页面效果

参见　光盘\素材\第 14 章\reg
光盘　光盘\效果\第 14 章\reg
光盘\实例演示\第 14 章\制作注册页面

该练习的操作思路如下。

创建好数据库后，可将其后缀名修改为.asa，以防止其他用户打开数据库，修改其中的信息。

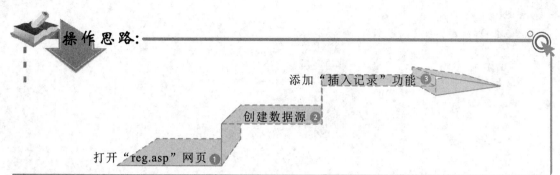

操作思路:

添加"插入记录"功能 ❸

创建数据源 ❷

打开"reg.asp"网页 ❶

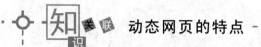 动态网页的特点

所谓"动态",并不是指放在网页上的 GIF 图片,动态网页技术有以下几个特点。

- **交互性**:即网页会根据用户的要求和选择而动态改变和响应,将浏览器作为客户端界面,这将是今后 Web 发展的大势所趋。

- **自动更新**:即无须手动地更新 HTML 文档,便会自动生成新的页面,可以大大节省工作量。

- **因时因人而变**:即当不同的时间、不同的人访问同一网址时会产生不同的页面。

 操作提示

要学好数据库动态网页的制作,需要掌握许多知识,如 ASP 等编程语言、数据库知识等,读者可以参考相关书籍进行学习、提高。

第15章

为网页添加特效

JavaScript的特点
JavaScript的函数

震动的图像

动态链接注释
删除确认

全屏打开窗口、联动下拉列表框
在网页中使用JavaScript

　　静态网页并不是说其效果不美观、不炫目，只是针对动态网页不同的页面显示方式而言。其实不管是在动态网页还是在静态网页中，都可以通过一些网页特效代码，使页面呈现非常炫的效果。要实现网页特效，通常可借助于JavaScript，使用它编写的代码，可以实现各种各样个性化的网页特效。下面将对JavaScript的基础知识和部分网页特效进行讲解。

本章导读

15.1　JavaScript 简介

JavaScript 是一种基于对象、解释型的脚本语言，使用它可以开发 Internet 客户端的应用程序。使用 JavaScript，可以在设计网页时为网页添加一些特殊的效果。

15.1.1　JavaScript 的特点

虽然 JavaScript 与 C++等成熟的面向对象语言相比功能要弱一些，但对于网页特效的作用，其功能已经足够大了。其具有以下方面的特点。

- JavaScript 是一种脚本语言：脚本是一种能够完成某些特殊功能的小"程序"。在脚本中所使用的命令与语句集称为脚本语言。JavaScript 就是一种脚本语言，将 JavaScript 代码直接嵌入到 HTML 网页代码中，浏览网页时即可执行相应的功能，如显示弹出信息、特殊链接效果等，还可以执行某些输入检查，如检查用户是否在文本框中输入了内容等。

- JavaScript 是基于对象的语言：面向对象程序设计，力图将程序设计作为一些可以完成不同功能的独立部分（即对象）的组合体。相同类型的对象作为一类（Class）被组合在一起。

- JavaScript 是事件驱动的语言：当用户在浏览网页进行某项操作时，就产生了一个"事件"。如单击一个链接，拖动鼠标等都是事件。当事件发生时，JavaScript 即可对这些事件作出响应。至于作什么响应，则由 JavaScript 代码所实现的功能来决定。

- JavaScript 是安全的语言：JavaScript 被设计为通过浏览器来处理并显示信息，但它不能修改其他文件中的内容，即它不能将数据存储在 Web 服务器或用户的电脑中，更不能对用户文件进行修改或删除操作。

- JavaScript 是与平台无关的语言：对于一般的计算机程序，它们的运行与平台有关，这就是许多软件有 Windows 版和 UNIX 版的原因。JavaScript 虽然有一些限制，但并不依赖于具体的计算机平台，它只与解释它的浏览器有关，无论是在 Windows 操作系统还是 UNIX 操作系统中，它都能被执行。

15.1.2　JavaScript 的函数

JavaScript 函数是一种能完成一定功能的代码块，由多条 JavaScript 语句组合在一起构成，它可以在脚本中被事件和其他语句调用。定义函数的格式如下：

```
Function functionName(parameter1,parameter2...){
Statements;
}
```

操 作 提 示

JavaScript 在动态网页中使用非常多，如现在非常流行的 Ajax（Asynchronous JavaScript and XML，异步 JavaScript 和 XML）技术就是以 JavaScript 和 XML 为核心的。

其中，function 表示要创建一个函数；functionName 是函数的名称；parameter1、parameter2 是函数的参数；statements 是函数体，即多条 JavaScript 语句组成的集合。如下所示为一个函数的示例。

```
<script language="JavaScript">
<!--
Function Hello()                    //定义一个名为"Hello"的无参函数
{
Document.write("hello,");           //表示在浏览器窗口显示"hello,"字符
}
Function Message(message)           //定义另一个名为"Message"的有参数函数
{
Document.write(message);            //在浏览器窗口中显示 message 的内容
}
//-->
</script>
```

15.1.3　在网页中使用 JavaScript

在网页中使用 JavaScript 时，通常将 JavaScript 函数放在<head> </head>标签之间，然后在需要调用该函数的位置添加相应的代码进行调用即可。

 使用 JavaScript 添加弹出对话框 ●●●

下面通过 JavaScript 在网页中实现单击链接后打开一个提示对话框的效果。

参见光盘　光盘\效果\第 15 章\tishi.html

1 在网页中选中文本，在"属性"面板的"链接"下拉列表框中输入"#"创建空链接。

2 切换到代码视图，在</head>标签前输入如图 15-1 所示的 JavaScript 函数。

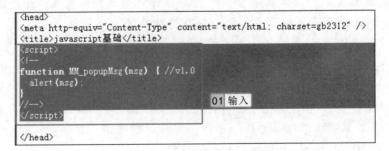

图 15-1　输入 JavaScript 函数

3 在建立了空链接的文本代码 "<a href="#"" 后输入调用 JavaScript 函数的代码

一些特效需要在动态网页中才能实现，或者需要提取数据库中的数据，当缺失数据时将出现错误，甚至其他内容页不能正常显示。

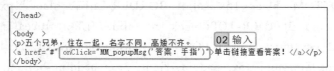

"onClick="MM_popupMsg('答案：手指')"，如图 15-2 所示。

图 15-2　输入 JavaScript 代码

 保存后在浏览器中预览，单击链接文本时，将打开一个提示对话框，如图 15-3 所示。

图 15-3　单击链接打开提示对话框

15.2　网页特效制作

很多网页特效通常都使用 JavaScript 来制作，下面具体讲解一些常用网页特效的制作方法。

15.2.1　动态链接注释

这是一种比较有意思的特效，当鼠标指针移到应用了该特效的超级链接文本上时，将在文本下方以过渡效果显示提示文本，其效果如图 15-4 所示。

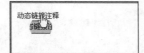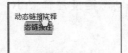

图 15-4　动态链接注释

实现该效果的代码如下：

```
<html>
<head>
<title>动态链接注释</title>
<STYLE type="text/css">
<!--
body,div,a{font:menu}
```

制作本特效时只需要将代码分别放置在网页的相应部分即可，如<head></head>标签中的内容就放在新网页的<head></head>标签中。

```
.article {
BORDER-BOTTOM: black 1px solid; BORDER-LEFT: black 1px solid; BORDER-
RIGHT:black 1px solid; BORDER-TOP: black 1px solid; FILTER: revealTrans (transition= 23,
duration=0.5) blendTrans(duration=0.5); POSITION: absolute; VISIBILITY: hidden; background-
color: #FFCC00; padding-top: 3px; padding-right: 3px; padding-bottom: 3px; padding-left:
3px}
-->
</STYLE>
<SCRIPT language=JavaScript1.2>
<!--
function Show(divid) {
divid.filters.revealTrans.apply();
divid.style.visibility = "visible";
divid.filters.revealTrans.play();
}
function Hide(divid) {
divid.filters.revealTrans.apply();
divid.style.visibility = "hidden";
divid.filters.revealTrans.play();
}
//-->
</script>
</head>
<body>
<a href="#" onMouseOver=Show(aaa) onMouseOut=Hide(aaa)>
动态链接注释</a>
<div id="aaa" class="article">动态链接注释</div>
</body>
</html>
```

实现本特效的重点是要定义样式"article"。其中,"FILTER: revealTrans(transition=23,
duration=0.5) blendTrans(duration=0.5);"的定义非常重要,它就是实现过渡效果的 CSS 定
义,而 JavaScript 函数"Show"和"Hide"则实现何时应用过渡效果,何时不出现过渡效
果的功能。

15.2.2　删除确认

在进行信息删除时,为了防止用户进行误删除,常常会打开一个提示对话框,如图 15-5
所示,提醒用户是否要进行删除操作,如果用户单击 确定 按钮,则表明要进行删除操作,

　　编写 JavaScript 函数需要掌握许多知识,如 JavaScript 本身的语法、CSS、HTML 等,如果要自
己编写,还需要对这些知识进行深入学习。

转到删除信息页面，如果是误操作，当用户看到提示对话框后就会发现是误操作，此时单击  按钮取消删除操作。

图 15-5 删除确认

实现该效果不同于单一的弹出提示对话框，当用户确认后还将进行下一步的操作。其代码如下：

```html
<html>
<head>
<title>删除确认</title>
</head>
<body id="all" text="#000000" bgcolor="#0496DC" topmargin="0" leftmargin="0">
<script>
function delconfirm(){
question = confirm("用户确认要删除本条信息吗？")      //实现打开提示对话框
if (question != "0"){                    //进行判断，单击"取消"按钮返回"0"
    window.open("del.asp")          //打开 del.asp 网页进行删除操作
}
}
</script>
<p align="center">
<a href="#" onClick="delconfirm(); return false;"><font color="#FFFFFF">单击这里进行删除</font></a>
</p>
</body>
</html>
```

实现本特效的关键是"confirm"语句的使用，它的作用与"alert"的作用基本相同，但它在打开的对话框中比"alert"打开的对话框中多一个 取消 按钮。

15.2.3 全屏打开窗口

这个特效实现的效果是，当单击网页中的按钮时，将打开一个全屏的窗口，并显示指定的网页"bigwindow.html"。其代码如下：

操 作 提 示

确认删除通常需要动态网页的支持，当进行确认操作后，对相关页面中的相关记录进行删除，所以在本例中因为没有 del.asp 文件，删除操作将不能继续。

```
<html>
<head>
<meta http-equiv="Content-Type" content="text/html; charset=gb2312" />
<title>全屏打开窗口</title>
<script>
<!--
function winopen(){
var targeturl="bigwindow.html"                    //设置要打开的网页
newwin=window.open("","","scrollbars")
if (document.all){
newwin.moveTo(0,0)
newwin.resizeTo(screen.width,screen.height)
}
newwin.location=targeturl
}
//-->
</script>
</head>
<body><input type="button" onClick="winopen()" value="全屏打开窗口" name=
"button">
</body>
</html>
```

如果将上例中的"<body>"修改为"<body onLoad="winopen()">",并将"<input type="button" onClick="winopen()" value="全屏打开窗口" name="button">"语句删除,此时,打开该特效网页的同时,将自动打开另一个全屏窗口。

15.2.4 日期联动下拉列表框

在制作表单过程中常需要用户选择出生日期之类的操作,下面的代码就是实现日期选择的联动下拉列表框,其效果如图 15-6 所示。

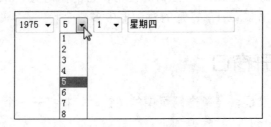

图 15-6 日期联动下拉列表框

联动下拉列表框是指选择第一个下拉列表框中的内容后,其后的下拉列表框中的内容会自动作相应的变化,如选择省份后,其后下拉列表框中就会显示出该省所有市的名称。

实现日期联动下拉列表框的代码如下：

```
<form>
<select id=year onchange=toDate()>
<script>for(i=1970;i<=2010;i++)document.write("<option>"+i+"</option>")
</script>
</select>
<select id=month onchange=toDate()>
<script>for(i=1;i<=12;i++)document.write("<option>"+i+"</option>")</script>
</select>
<select id=day onchange=toDay()></select>
<input name=weekday>
</form>
<script>
var arr="日一二三四五六".split("")
function toDate(){
with(document.all){
    vYear=parseInt(year.options[year.selectedIndex].text)
    vMonth=parseInt(month.options[month.selectedIndex].text)
    day.length=0;
    for(i=0;i<(new
Date(vYear,vMonth,0)).getDate();i++){day.options[day.length++].value=day.length;day.options
[day.length-1].text=day.length;}
    }
    toDay();
    }
    function toDay(){
vDay=parseInt(document.all.day.options[document.all.day.selectedIndex] value)
document.all("weekday").value="星期"+arr[new Date(vYear,vMonth-1,vDay).getDay()]
    }
    window.onload=toDate;
    </script>
```

15.2.5 禁止使用鼠标右键

在浏览网页时，通常可以在图像上单击鼠标右键，在弹出的快捷菜单中选择"图像另存为"命令，将图像保存到本地电脑中，但有时为了保护网页中的图像，不想用户拥有该功能时，则可以通过 JavaScript 来禁止右键菜单的弹出。

年有平年和闰年之分，平年 2 月份只有 28 天，而闰年 2 月份是 29 天。每个月有月大（31 天）和月小（30 天）之分，某年某月某日是星期几，这些都是可以通过 JavaScript 代码计算出来的。

禁止使用鼠标右键的代码如下：

```
<html>
<head>
<body>
<script language="JavaScript">
<!--
if (window.Event)
   document.captureEvents(Event.MOUSEUP);
function nocontextmenu()
{
  event.cancelBubble = true
  event.returnValue = false;
return false;
}
function norightclick(e)
{
  if (window.Event)
  {
   if (e.which == 2 || e.which == 3)
     return false;
  }
  else
   if (event.button == 2 || event.button == 3)
   {
     event.cancelBubble = true
     event.returnValue = false;
     return false;
   }
}
document.oncontextmenu = nocontextmenu;    // for IE5+
document.onmousedown = norightclick;       // for all others
//-->
</script>
单击右键看看，没有右键菜单了！
</body>
</html>
```

　　在 `<body>` 中添加代码 "`<body onselectstart="return false">`" 将取消用户的选择操作，防止用户复制网页中的文本内容。

15.2.6　震动的图像

该特效实现的效果是当鼠标指针移到图像上时，图像将发生震动，犹如有动态效果一样。其代码如下：

```
<style>
.shakeimage{
position:relative
}
</style>
<script language="JavaScript1.2">
var rector=3
var stopit=0
var a=1
function init(which){
stopit=0
shake=which
shake.style.left=0
shake.style.top=0
}
function rattleimage(){
if ((!document.all&&!document.getElementById)||stopit==1)
return
if (a==1){
shake.style.top=parseInt(shake.style.top)+rector
}
else if (a==2){
shake.style.left=parseInt(shake.style.left)+rector
}
else if (a==3){
shake.style.top=parseInt(shake.style.top)-rector
}
else{
shake.style.left=parseInt(shake.style.left)-rector
}
if (a<4)
a++
else
```

本例首先将"<script></script>"代码段添加到网页中，再在需要添加该特效的图片代码中添加"class="shakeimage" onMouseover="init(this);rattleimage()" onMouseout="stoprattle(this)""即可。

```
a=1
setTimeout("rattleimage()",50)
}
function stoprattle(which){
stopit=1
which.style.left=0
which.style.top=0
}
</script>
<img src=6.gif（图像路径及名称） class="shakeimage" onMouseover="init(this);
rattleimage()" onMouseout="stoprattle(this)">
```

15.3　精通实例——制作饰品网页特效

本章的精通实例将对饰品网页中的个别图像和文字添加特效，使网页具有图像震动效果和文本动态链接注释效果，如图 15-7 所示。

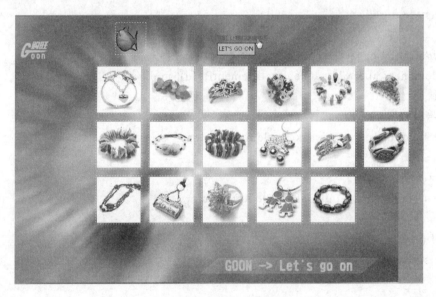

图 15-7　饰品特效页面

15.3.1　行业分析

本例为了使网页更具特色，在原有的饰品网页中添加了一些动态特效，给浏览者带来

　　如果图像的路径和名称不正确，将不能显示图像，或者如果链接的图像不存在，也不能显示图像，但是预览时该缺失图像的图标也会实现震动效果。

一些新意。

　　根据不同类型的表格，可以适当选择不同的特效，达到美化和衬托的作用。本例将分别对部分图像和文本进行特效显示处理，为本来较"静"的页面添加一些生气。

15.3.2　操作思路

　　为更快完成本例的制作，并尽可能运用本章讲解的知识，本例的操作思路如下。

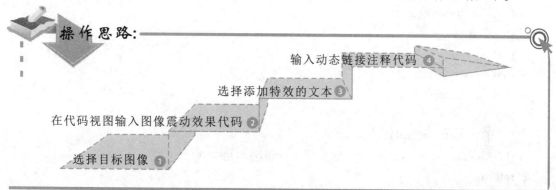

15.3.3　操作步骤

　　下面介绍为网页添加特效的方法。其操作步骤如下：

　　光盘\素材\第 15 章\shipin\shipin.html
　　　　　光盘\效果\第 15 章\shipin\shipin.html
　　　　　光盘\实例演示\第 15 章\制作饰品网页特效

1 打开网页文件 "shipin.html"，选择页面上方的小鱼图像，如图 **15-8** 所示，并在 "属性" 面板中查看该图像文件的路径和名称。

图 15-8　选择图像

2 切换到代码视图，将选中的代码替换为下面的特效代码。

```
<style>
.shakeimage{
```

　　输入的代码需要替换掉原来的代码，因为在代码中已经添加了链接或显示该对象的代码。如果没有替换，将多出一部分内容。

```
position:relative
}
</style>
<script language="JavaScript1.2">
var rector=3
var stopit=0
var a=1
function init(which){
stopit=0
shake=which
shake.style.left=0
shake.style.top=0
}
function rattleimage(){
if ((!document.all&&!document.getElementById)||stopit==1)
return
if (a==1){
shake.style.top=parseInt(shake.style.top)+rector
}
else if (a==2){
shake.style.left=parseInt(shake.style.left)+rector
}
else if (a==3){
shake.style.top=parseInt(shake.style.top)-rector
}
else{
shake.style.left=parseInt(shake.style.left)-rector
}
if (a<4)
a++
else
a=1
setTimeout("rattleimage()",50)
}
function stoprattle(which){
stopit=1
which.style.left=0
which.style.top=0
```

　　代码中一些参数可以做适当修改，以对效果进行调整，但是用户需要了解各段代码的含义，否则还是不要轻易修改。

```
}
</script>
<img src=img/dongtai.gif class="shakeimage" onMouseover="init(this);rattleimage()" onMouseout=
"stoprattle(this)">
```

3 返回设计视图，可看到图像前多了个特效标记，选中后面的"购旺 让我们继续够旺"
文本，如图 15-9 所示。

图 15-9　选择文本

4 再次切换到代码视图，将选中的代码替换为以下的代码。

```
<STYLE type="text/css">
<!--
body,div,a{font:menu}
.article {
BORDER-BOTTOM: black 1px solid; BORDER-LEFT: black 1px solid; BORDER-
RIGHT:black 1px solid; BORDER-TOP: black 1px solid; FILTER: revealTrans(transition=23,
duration=0.5) blendTrans(duration=0.5); POSITION: absolute; VISIBILITY: hidden; background-
color: #FFCC00; padding-top: 3px; padding-right: 3px; padding-bottom: 3px; padding-left: 3px}
-->
</STYLE>
<SCRIPT language=JavaScript1.2>
<!--
function Show(divid) {
divid.filters.revealTrans.apply();
divid.style.visibility = "visible";
divid.filters.revealTrans.play();
}
function Hide(divid) {
divid.filters.revealTrans.apply();
divid.style.visibility = "hidden";
divid.filters.revealTrans.play();
}
//-->
</script>
```

其实网页中原来的图像和文本也可以不要，只需在适当的位置直接加入特效代码即可，这里为
了使用户快速定位到需要添加代码的位置，所以添加了替代的对象。

```
</head>
<body>
<a href="#" onMouseOver=Show(aaa) onMouseOut=Hide(aaa)>
购旺 让我们继续够旺</a>
<div id="aaa" class="article">LET'S GO ON</div>
```

5 切换回设计视图，显示效果如图 15-10 所示，保存并预览网页。当鼠标指针移动到小
鱼图像上时，图像将进行震动；将鼠标指针移动到设置了特效的文本上时，将弹出动
态链接注释。

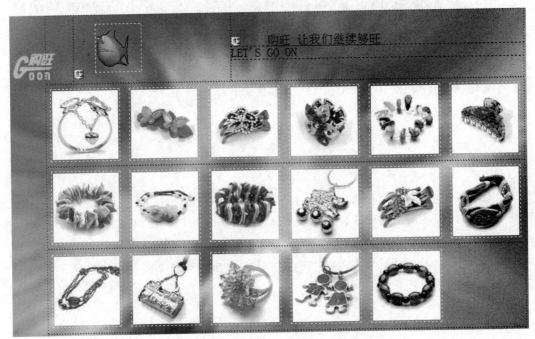

图 15-10 添加动态链接注释后的效果

15.4 精通练习——熟悉各种特效代码

本章主要介绍了 JavaScript 的基础知识和一些制作特效网页的代码，下面
将通过练习进一步掌握各种代码的使用方法和实现效果。

该练习的操作思路与关键提示如下。

参见
光盘   光盘\实例演示\第 15 章\熟悉各种特效代码   ≫≫≫≫≫≫≫

在 Dreamweaver CS6 中同时显示了链接文本和注释文本，但是在浏览器中预览时，将只显示链
接文本，当鼠标指针移动到链接文本上时才会显示注释文本。

操作思路:

添加禁止鼠标右键特效 ③

制作删除确认效果 ②

练习 JavaScript 的使用 ①

关键提示:

本次练习以熟悉操作为主，要注意以下几点提示：

可以单独制作不同的特效页面，也可以发挥自己的想法，在一个页面中添加多个特效。

如果要添加多个特效，注意不同特效代码不能交叉。

其他网页特效代码

通过 JavaScript，还可实现很多其他网页特效，如滚动字幕、网页漂浮广告、显示当前日期、连续横向滚动图片、翻动图片新闻和图片透明效果等。通过特效代码，可以实现各种各样的网页特效，用户可以直接在网上搜索，一些专门的网页代码网站提供了非常多的代码（如 http://bbs.51js.com），只需按照其说明，将代码复制到网页的适当位置，并进行简单的修改和调试，即可实现网页特效。

操作提示

使用网上复制的代码时，最好先在不重要的网页中试验，确保效果能实现，并对网页没有负面影响时，再使用到正式的网页中。

第16章

移动设备网页及应用程序的创建

认识jQuery

认识jQuery Mobile

创建页面组件

列表视图 布局网格

可折叠区块 选择菜单

创建移动设备页面

注册PhoneGap Build

打包移动程序

随着科技的发展，通过手机、平板电脑等移动电子设备浏览网页已经非常普遍，并且由于移动设备的便携性和无线网络的助推，移动上网得到了飞速的发展。为了顺应科技发展的需求，Dreamweaver CS6 中首次置入了移动设备网页的创建和编辑功能。下面将详细介绍在 Dreamweaver CS6 中创建和编辑移动设备网页的方法。

本章导读

16.1　使用 jQuery Mobile 创建移动设备网页

jQuery Mobile 是 jQuery 在手机和平板电脑等移动设备上的版本。它不仅可以给主流移动平台带来 jQuery 核心库，还可以发布一个完整统一的 jQuery 移动 UI 框架。

16.1.1　认识 jQuery 和 jQuery Mobile

　　jQuery 是继 Prototype 之后的又一个优秀的 JavaScript 框架，是一个兼容多浏览器的 JavaScript 库，同时兼容 CSS 3。它可以让用户更方便地处理 HTML documents、events、实现动画效果，并且为网站提供 Ajax 交互，同时还有许多成熟的插件可供选择。也可以使用户的 HTML 页面保持代码和内容分离的状态，用户不用在 HTML 中插入一堆 JavaScript 来调用命令，只需定义 ID 即可。

　　jQuery 是一种免费、开源的应用，其语法设计使开发者的操作更加便捷，如操作文档对象、选择 DOM 元素、制作动画效果、事件处理、使用 Ajax 以及其他功能等。其模块化的使用方式使开发者可以很轻松地开发出功能强大的静态或动态网页。

　　jQuery Mobile 支持全球主流的移动平台，不仅给主流移动平台带来 jQuery 核心库，还会发布一个完整统一的 jQuery 移动 UI 框架。如图 16-1 所示为 jQuery Mobile 在手机和平板电脑上的应用。

图 16-1　jQuery Mobile 在手机和平板电脑上的应用

16.1.2　创建移动设备页面

　　在 Dreamweaver CS6 中集成了 jQuery Mobile，用户可以通过 Dreamweaver CS6 快速设计出适合大多数移动设备的 Web 应用程序。在 Dreamweaver CS6 中创建移动设备页面有两种方法。下面分别进行介绍。

　　移动页面针对手机等移动设备，由于大多数移动设备一般使用的是服务商提供的无线网络，其流量并不能与普通电脑使用的宽带相比，所以小巧是移动页面的主要特点之一。

1．通过 jQuery Mobile 起始页创建

　　启动 Dreamweaver CS6 后，选择【文件】/【新建】命令，在打开的"新建文档"对话框的左侧选择"示例中的页"选项卡，在中间的"示例文件夹"列表框中选择"Mobile 起始页"选项，在右侧的"示例页"列表框中选择一种类型，单击 创建(R) 按钮即可，如图 16-2 所示。

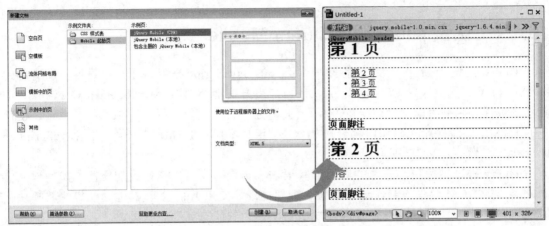

图 16-2　创建示例页

2．使用 HTML 5 页创建

　　在 Dreamweaver CS6 中，用户也可以先创建一个 HTML 5 页面，然后在页面中添加 jQuery Mobile 组件来创建移动页面。

实例 16-1　使用 HTML 5 页创建移动页面 ●●●

1 选择【文件】/【新建】命令，在打开的"新建文档"对话框中选择"空白页"选项卡，并选择页面类型为"HTML 文档"，在右下角的"文档类型"下拉列表框中选择"HTML 5"选项，单击 创建(R) 按钮创建新的页面，如图 16-3 所示。

2 在"插入"面板的下拉列表框中选择"jQuery Mobile"选项，切换到"jQuery Mobile"插入面板，单击"页面"按钮 ，如图 16-4 所示。

图 16-3　选择文档类型

图 16-4　单击"页面"按钮

　　HTML 5 是一个用于取代 1999 年所制定的 HTML 4.01 和 XHTML 1.0 标准的 HTML 标准新版本，尽管现在仍处于发展阶段，但大部分浏览器已经支持某些 HTML 5 技术。

3 打开 "jQuery Mobile 文件" 对话框，在其中选择适当的类型后单击 确定 按钮，如图 16-5 所示。

4 在打开的 "jQuery Mobile 页面" 对话框中输入 ID 名称，并设置是否需要标题和脚注后，单击 确定 按钮完成页面创建，如图 16-6 所示。

图 16-5　"jQuery Mobile 文件" 对话框　　　图 16-6　"jQuery Mobile 页面" 对话框

16.1.3　创建移动页面组件

jQuery Mobile 提供了多种组件，用于为移动页面添加不同的页面元素，丰富页面内容，如列表、文本区域、复选框和单选按钮等。下面分别进行介绍。

1．创建列表视图

将鼠标光标定位到 jQuery Mobile 页面中，单击 "jQuery Mobile" 插入面板中的 "列表视图" 按钮 ，在打开的 "jQuery Mobile 列表视图" 对话框中选择列表属性后单击 确定 按钮可创建需要的列表，如图 16-7 所示。

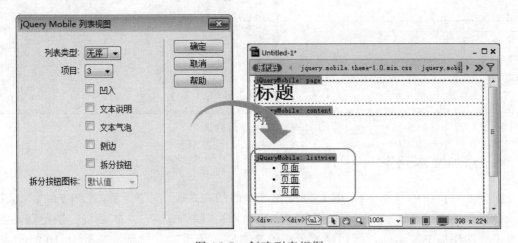

图 16-7　创建列表视图

315

在 "jQuery Mobile 文件" 对话框中默认选中 "远程（CDN）" 单选按钮，如果要连接到承载 jQuery Mobile 文件的 CDN 服务器，并且尚未配置包含 jQuery Mobile 文件的站点，则可选择该默认选项。

2．创建布局网格

由于移动设备的屏幕都比较窄，所以一般不会在移动设备上使用多栏布局的方式。但有时由于一些特殊要求，也会需要将一些小的网页元素进行并排放置，这时可使用布局网格功能来对网页进行布局。

将鼠标光标定位到需要进行并排的位置，单击"jQuery Mobile"插入面板中的"布局网格"按钮，在打开的"jQuery Mobile 布局网格"对话框中设置行和列的数量后单击 确定 按钮，可创建相应的布局，如图 16-8 所示。

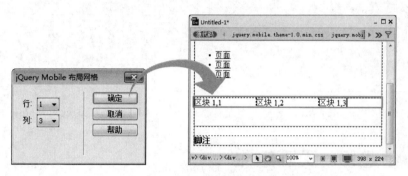

图 16-8　创建布局网格

3．添加可折叠区块

在页面中创建可折叠区块后，可以通过单击其标题展开或收缩其下面的内容，达到节省空间的目的，如图 16-9 所示。添加可折叠区块，只需单击"jQuery Mobile"插入面板中的"可折叠区块"按钮，然后在添加的区块中输入标题和内容即可。

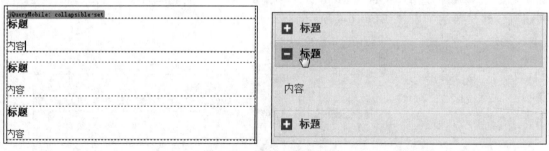

图 16-9　添加可折叠区块

4．添加文本元素

同普通网页中的表单一样，移动网页也可以添加文本、密码等元素。在"jQuery Mobile"插入面板中单击"文本输入"按钮、"密码输入"按钮或"文本区域"按钮，可在页面中添加相应的文本框、密码框或多行的文本域，用于输入信息，如图 16-10 所示。

除了使用"jQuery Mobile"插入面板进行页面组件的插入外，也可选择【插入】/【jQuery Mobile】下的选项来创建和添加各种页面元素。

5．选择菜单

同表单中的选择菜单一样，在"jQuery Mobile"插入面板中单击"选择菜单"按钮，可在页面中插入一个选择菜单，选择该菜单，在"属性"面板中单击 列表值… 按钮，在打开的"列表值"对话框中进行项目标签和值的设定，如图 16-11 所示。

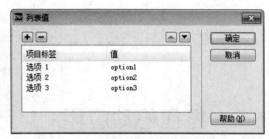

图 16-10　各种文本元素　　　　　　　图 16-11　设置菜单列表值

6．添加复选框和单选按钮

复选框和单选按钮用于页面中选项的选择，复选框可以多选，而单选按钮只能选择一项。复选框和单选按钮的创建方法基本相同，在"jQuery Mobile"插入面板中单击"复选框"按钮或"单选按钮"按钮，可打开"jQuery Mobile 复选框"或"jQuery Mobile 单选按钮"对话框，在其中可对名称、数量和布局方式进行设置，如图 16-12 所示。

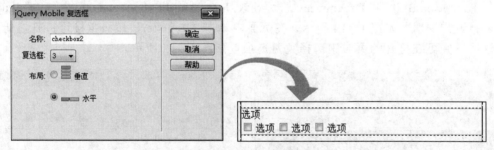

图 16-12　添加复选框

7．按钮和滑块

按钮和滑块也是网页的主要元素之一，在"jQuery Mobile"插入面板中单击"按钮"按钮，打开"jQuery Mobile 按钮"对话框，在其中进行各种参数的设置后单击 确定 按钮，可在页面中添加按钮。在"jQuery Mobile"插入面板中单击"滑块"按钮，可直接在页面中添加一个滑块组件，选择组件后可在"属性"面板中对属性和参数进行设置。

在"jQuery Mobile 复选框"对话框中，"复选框"下拉列表框用于设置添加的复选框数量。

8．翻转切换开关

开关在移动设备上是一个常用的 ui 元素，可翻转地切换开/关，或输入 true/false 类型的数据，如图 16-13 所示为 Dreamweaver CS6 中的翻转切换开关组件和预览效果。在"jQuery Mobile"插入面板中单击"翻转切换开关"按钮可插入组件，插入后选择组件，还可在"属性"面板中对属性进行设置。

图 16-13　翻转切换开关

16.2　打包移动应用

使用 PhoneGap 服务，可以将 Web 应用程序作为本机移动应用程序进行打包。通过与 Dreamweaver 的集成，生成应用并在 Dreamweaver 站点中保存该应用，然后将其上传至 PhoneGap Build 服务。

16.2.1　注册 PhoneGap Build

要使用 PhoneGap 服务，需要先注册 PhoneGap Build 服务账户，只有注册了账户，才能使用 PhoneGap Build 和 Dreamweaver，可登录"https://build.phonegap.com/people/sign_up"网页进行账户注册，如图 16-14 所示，在页面中单击"Register"超级链接可打开注册页面进行注册，并可在打开的页面中选择免费选项，如图 16-15 所示。

图 16-14　PhoneGap 服务页面

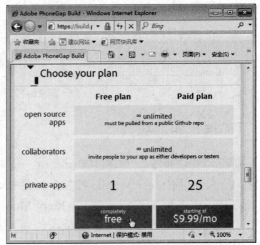

图 16-15　选择免费注册

由于 PhoneGap Build 是外国公司的网站，所以页面中显示的为英语，可根据英文提示在页面中完成注册信息的填写等操作。

16.2.2　打包移动程序

利用 Dreamweaver 和 PhoneGap Build 相结合的优势，用户可以将使用 Web 技术开发设计的应用上传到 PhoneGap Build 服务，并且 PhoneGap Build 会自动将其编译成不同平台的应用，包括苹果的 App Store、Android Market、WebOS、Symbian 和 Blackberry 等。

选择【站点】/【PhoneGap Build 服务】/【PhoneGap Build 服务】命令，打开 "PhoneGap Build 服务" 对话框，在其中使用注册的邮件地址和密码登录，在打开的对话框中直接单击 继续 按钮，登录后根据移动设备的系统类型选择应用程序文件，单击 ↓ 按钮，在打开的对话框中选择下载位置将其下载到电脑中，如图 16-16 所示。

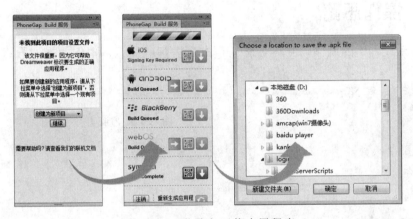

图 16-16　登录和下载应用程序

16.3　精通实例——制作 jQuery Mobile 页面

本章的精通实例将创建一个 jQuery Mobile 页面，并在其中添加页面组件和内容，设计一个简单的移动设备页面的效果如图 16-17 所示。

图 16-17　移动页面效果

不同手机的操作系统是不一样的，就像电脑中可以安装 Windows 操作系统，也可以安装 UNIX 操作系统一样，而手机的系统在出厂前已经固定，一般不能由用户重装其他系统，所以 jQuery Mobile 页面需要考虑不同操作系统的版本。

16.3.1　行业分析

本例制作的 jQuery Mobile 页面主要是应用于手机、平板电脑等移动设备，所以其制作方法同普通的 Web 有一些不同之处。

从页面的创建来说，jQuery Mobile 页面不同于普通的 HTML 页面，更不同于动态电脑页面，其页面更加简单。

从网页设计来说，jQuery Mobile 页面中所添加的页面元素也比较单一，相当于普通页面中的一些表单元素的添加，主要还在于内容的填充。

16.3.2　操作思路

为更快完成本例的制作，并尽可能运用本章讲解的知识，本例的操作思路如下。

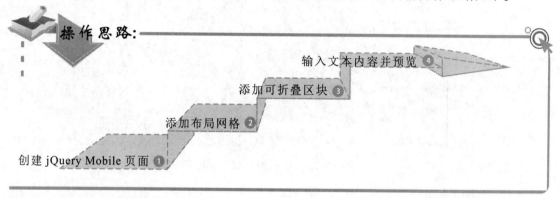

操作思路：

输入文本内容并预览 ④

添加可折叠区块 ③

添加布局网格 ②

创建 jQuery Mobile 页面 ①

16.3.3　操作步骤

下面介绍 jQuery Mobile 页面的创建和制作方法。其操作步骤如下：

参见
光盘　光盘\效果\第 16 章\mobile\mobile.html
　　　光盘\实例演示\第 16 章\制作 jQuery Mobile 页面

1 启动 Dreamweaver CS6，选择【文件】/【新建】命令，在打开的"新建文档"对话框中选择"空白页"选项卡，并选择页面类型为"HTML 文档"，在右下角的"文档类型"下拉列表框中选择"HTML 5"选项，单击 创建(R) 按钮创建新的页面。

2 在"jQuery Mobile"插入面板中单击"页面"按钮，打开"jQuery Mobile 文件"对话框。在"链接类型"栏中选中 ● 本地 单选按钮，在"CSS 类型"栏中选中 ● 拆分（结构和主题）单选按钮，单击 确定 按钮，如图 16-18 所示。

精 讲笔 录

不仅仅是移动页面在互联网中的普及，其实早在很多年前，手机应用程序如手机游戏、电子书等就已经占据了很大的市场，如今更是百花齐放，各种客户端软件已占据了移动平台的半壁江山。

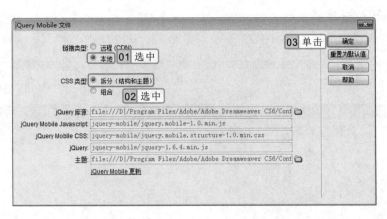

图 16-18　"jQuery Mobile 文件"对话框

3 在打开的对话框中直接单击 确定 按钮插入 **jQuery Mobile** 页面，将鼠标光标定位到"内容"文本后面，单击"**jQuery Mobile**"插入面板中的"布局网格"选项。

4 在打开的"**jQuery Mobile** 布局网格"对话框中设置布局网格为 **2** 行 **3** 列，单击 确定 按钮插入，如图 **16-19** 所示。

 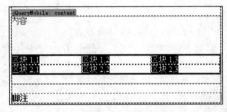

图 16-19　插入布局网格

5 将鼠标光标定位到布局网格上方，单击"**jQuery Mobile**"插入面板中的"可折叠区块"按钮，在页面中添加可折叠区块元素，如图 **16-20** 所示。

6 添加后在页面中各区块处输入标题和内容，如图 **16-21** 所示。

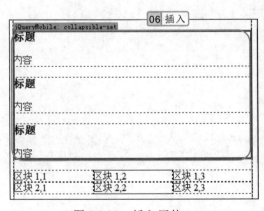 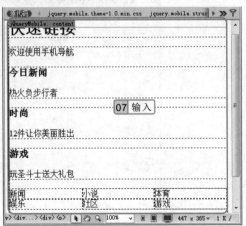

图 16-20　插入区块　　　　　　　　　　　图 16-21　输入内容

在进行页面预览前要记得先保存网页文档，由于 Dreamweaver CS6 不会在执行预览操作时提示用户保存文档，所以如果没有执行保存操作，看到的页面将不是修改或编辑过的最终效果。

7 按"Ctrl+S"快捷键保存网页，选择【文件】/【多屏预览】命令，打开"多屏预览"窗口进行效果预览，如图 16-22 所示。最后按"F12"键在浏览器中预览。

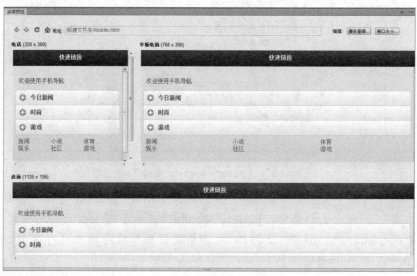

图 16-22　多屏预览

16.4　精通练习——制作并打包移动应用

本次练习将为用户自行创建和设计一个 jQuery Mobile 页面，并在其中添加各种组件和内容，然后尝试使用 PhoneGap Build 进行应用打包，参考效果如图 16-23 所示。

图 16-23　手机软件网页参考效果

多屏幕预览的效果是通过对不同分辨率的显示效果，让用户来预测在不同分辨率的设备屏幕中显示的网页效果。

参见光盘　光盘\实例演示\第 16 章\制作并打包移动应用

该练习的操作思路与关键提示如下。

操作思路：

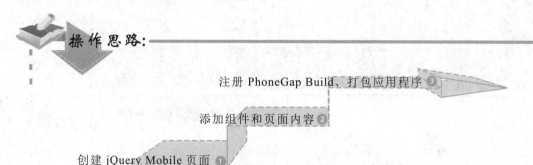

注册 PhoneGap Build、打包应用程序 ③

添加组件和页面内容 ②

创建 jQuery Mobile 页面 ①

关键提示：

本次练习可参考以下提示：

- 添加页面组件并不一定是所有组件都添加，不同的页面可添加不同的组件。
- 进行打包前需要注册 PhoneGap Build 账号，并牢记注册的邮箱账号和密码。
- 打包后可下载不同版本的应用。

 关于 jQuery

　　现如今，jQuery 驱动着 Internet 上的大量网站，在浏览器中提供动态用户体验，促使传统桌面应用程序越来越少。目前主流移动平台上的浏览器功能都基本使用了桌面浏览器，因此，jQuery 团队引入了 jQuery Mobile（或 JQM）。JQM 的使命是向所有主流移动浏览器提供一种统一体验，不管使用哪种查看设备，都能使整个 Internet 上的内容更加丰富。

　　JQM 的目标是在一个统一的 UI 中交付超级 JavaScript 功能，跨最流行的智能手机和平板电脑设备工作。与 jQuery 一样，JQM 是一个在 Internet 上直接托管、免费可用的开源代码基础。

　　使用 jQuery Mobile 创建和设计的页面会根据移动设备的大小，自动调整网页的布局，所以在不同的移动设备中浏览时，其窗口的布局会有所不同。

实战篇

要想彻底掌握Dreamweaver CS6的使用方法，并通过其进行网页的制作和设计，需要对本书所学的知识进行练习和巩固，以熟练掌握制作网页的流程和方法。通过Dreamweaver CS6几乎能制作任何类型的网页，下面将通过制作植物网站、汽车世界网站和个人博客网站为例，讲解网页制作的整体流程和方法，以便通过本篇的学习，使用户综合练习本书所学的知识，并彻底掌握网页制作的方法。

●●●

<<< PRACTICALITY

实
战
篇

第17章

制作植物网站

布局页面结构

制作网页主体

制作页脚内容

创建站点和网页文件
添加网页头部内容

本章导读

　　本章将综合运用本书所学的知识，制作一个植物网站。在该网站中将通过 Div+CSS 对页面进行布局，并通过 CSS 对页面中的内容进行美化，制作出色彩丰富、效果美观的网站。在制作本例的过程中，将运用本章所学的大部分知识，如创建站点、创建 Div 标签、创建 CSS 样式、添加并设置表格和添加图片等。

17.1　实例说明

植物网站属于信息类网站，在制作该网站时应该先收集制作网站所需的各类素材，再通过 Dreamweaver CS6 进行页面的设计与美化。下面将对该网页的具体内容进行描述。

　　本例将先创建站点文件，并将制作网站需要的素材都统一放置到其中，再启动 Dreamweaver CS6 来进行网页的制作。该网站以浅色调为主，通过棕色、绿色等色彩对页面进行丰富，并在其中添加文字与图片。该网站分为上、中、下 3 个结构，上方用于放置网站的主要导航条，中间用于放置主要的内容，下方用于显示网站的基本信息，其效果如图 17-1 所示。

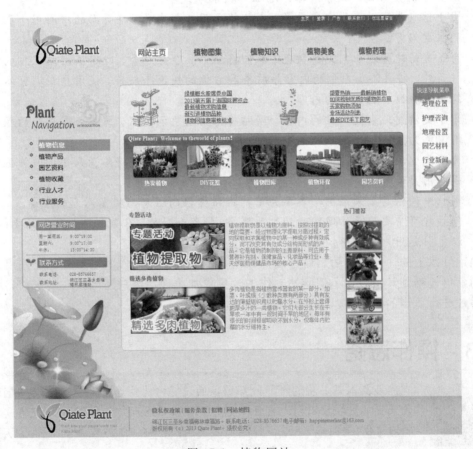

图 17-1　植物网站

参见　光盘\素材\第 17 章\plant\images
光盘　光盘\效果\第 17 章\plant\index.html　　　　>>>>>>>>

　　该例主要制作网站的首页，企业页面的制作方法与该页面类似，可直接将制作完成的首页另存为模板后，再在其中添加各个页面需要的内容。

17.2　行业分析

本例主要采用 Div+CSS 来进行制作，为了使用户能更好地明白并掌握本例的制作需要。下面将对本例的制作进行分析。

在制作网站前，应先明确制作网站的目的以及预期的效果。建站目的不同，需要实现的功能不同，在其设计与规划时就不同。本例的植物网站属于一个信息类的网站，因此在制作网站时，需要注意以下几个方面：

- 事先准备制作网站需要的相应资料，如 Logo、网站简介、产品图片、产品目录、报价、服务项目、服务内容、地址和联系方式等。
- 由于信息类网站中的内容较多，本例将采用三栏布局，将页面的中间用于显示网站的主要内容。
- 为了更好地体现出网站的特色，本例将划分多个导航条，即除了网站上方的主要导航条外，将再添加左侧的内容导航条和右侧的快速导航条，使用户在浏览本网站时能快速找到自己需要的内容。
- 为了更清楚地表达网站的内容，网站将采用淡色调为主，文本、图片等的颜色则采用深色为主，以使用户有一种轻快的感觉。
- 为了减少用户阅读冗余的文字，产生枯燥感，网站主页将尽量采用图片来显示，以吸引用户的目光。
- 网站中的信息必须准确，不要为用户提供错误的信息，提高网站的质量。
- 网站首页主要用于体现网站的主要服务、特色和功能，不要添加太多不必要的内容，以免引起用户的反感。

确定好以上的注意事项后，就可以开始网页的制作了，制作时需要先建立站点，并将需要的素材复制到其中。为了使网站制作的效果更加美观，用户还可以在制作前，对网站中的图片进行适当的处理，以提升网站的人气。

17.3　操作思路

本例涉及本书讲解的大部分知识，通过综合运用这些知识，能使网站的制作效果更加美观。如创建站点、使用 Div 和 CSS 布局、创建 CSS 文件等。下面将对本例的操作思路进行介绍，以使用户在制作的过程中更加得心应手。

为更快完成本例的制作，并尽可能运用本书讲解的知识，本例的操作思路如下。

用户可以使用 Photoshop、光影魔术手、美图秀秀等图像处理软件对素材进行美化，增加页面的美观程度。

操作思路：

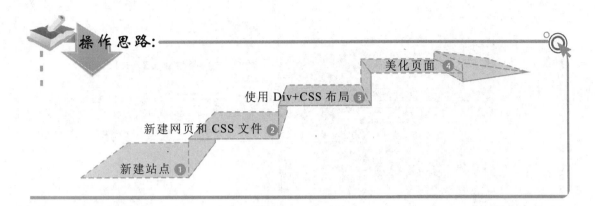

美化页面 ④

使用 Div+CSS 布局 ③

新建网页和 CSS 文件 ②

新建站点 ①

17.4 操作步骤

在明确操作思路之后，接下来就可以进行植物网站的制作了。本例将制作植物网站的首页，其制作步骤可分为以下几个。

17.4.1 创建站点和网页文件

下面将新建"plant"站点，创建网站主页为"index.html"，并新建"style.css"层叠样式表文件，将其链接到网站中，为网页的制作创建最基本的文件。其操作步骤如下：

参见光盘 光盘\实例演示\第 17 章\创建站点和网页文件 ▶▶▶▶▶▶▶▶▶

1 启动 Dreamweaver CS6，选择【站点】/【新建站点】命令，在打开对话框的"站点名称"文本框中输入"plant"，在"本地站点文件夹"文本框中设置文件的根目录，然后单击 保存 按钮，如图 **17-2** 所示。

2 选择【文件】/【新建】命令，在打开的对话框中保持默认设置不变，单击 创建(R) 按钮创建一个空白网页。

3 在新建的空白页面中按"Ctrl+S"快捷键，在打开的对话框中将其存储到创建的"plant"站点根目录下，并将其命名为"index.html"。

4 选择【文件】/【新建】命令，在"空白页"选项卡的"页面类型"列表框中选择"CSS"选项，单击 创建(R) 按钮创建一个空白的 CSS 层叠样式表文件，如图 **17-3** 所示。

5 在新建的空白 CSS 层叠样式表文件中按"Ctrl+S"快捷键，在打开的对话框中将其存储位置设置为"plant"站点的根目录，并将其命名为"style.css"。

操作提示

329

用户也可以直接在站点文件夹中新建一个扩展名为.css 的层叠样式文件，再将其链接到网页中。

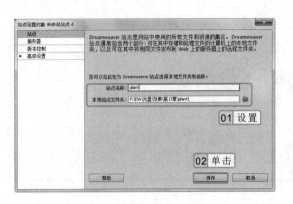

图 17-2　创建站点　　　　　　　　　图 17-3　新建 CSS 层叠样式表

6　切换到"index.html"页面中，选择【窗口】/【CSS 样式】命令，打开"CSS 样式"面板，在其中单击"附加样式表"按钮 。

7　打开"链接外部样式表"对话框，在"文件/URL"文本框中输入需链接的 CSS 样式表文件，其他保持默认设置不变，单击 确定 按钮，如图 17-4 所示。

8　完成后保存"index.html"页面，此时，可在 Dreamweaver CS6 的"index.html"下方看到链接后的"style.css"文件，如图 17-5 所示。

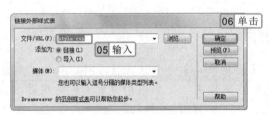

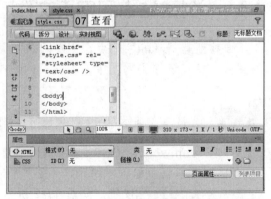

图 17-4　链接 CSS 层叠样式表　　　　　　图 17-5　查看链接后的文件

17.4.2　布局页面结构

下面将对页面的整体结构进行布局，将其划分为上、中、下 3 栏，并对中间部分的页面布局进行划分。其操作步骤如下：

光盘\实例演示\第 17 章\布局页面结构

布局页面前，可以先绘制网页的结构草图，先确定每一部分的位置，再通过 Dreamweaver CS6 进行划分。

1 将鼠标光标定位在 "index.html" 中，选择【插入】/【布局对象】/【Div 标签】命令，打开 "插入 Div 标签" 对话框。在 "ID" 下拉列表框中输入 "plant"，单击 新建 CSS 规则 按钮，如图 17-6 所示。

2 打开 "新建 CSS 规则" 对话框，在 "规则定义" 下拉列表框中选择 "style.css" 选项，其他设置保持不变，单击 确定 按钮，如图 17-7 所示。

图 17-6 插入 Div 标签　　　　　　图 17-7 新建 CSS 规则

3 打开 "#plant 的 CSS 规则定义（在 style.css 中）" 对话框，在 "分类" 列表框中选择 "方框" 选项，在右侧的 "Width" 下拉列表框中输入 "1024"，取消选中 "Margin" 栏中的 全部相同(F)复选框，在 "Right" 和 "Left" 下拉列表框中选择 "auto" 选项，单击 确定 按钮，如图 17-8 所示。

4 返回 "插入 Div 标签" 对话框，单击 确定 按钮，即可在 Dreamweaver CS6 中查看到添加标签并设置其 CSS 后的效果。

5 删除 "plant" 标签中的文本，使用相同的方法，在 "plant" 标签中插入 3 个 Div 标签，分别将其命名为 "top"、"main" 和 "foot"，并设置其 CSS 样式为如图 17-9 所示的样式。

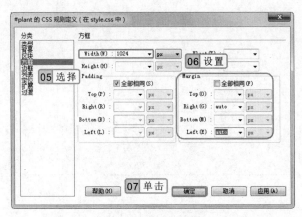

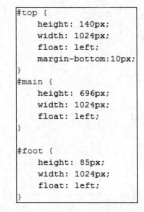

图 17-8 设置 "plant" 标签的 CSS 样式　　图 17-9 添加并设置标签样式

新建 Div 标签后，可以在源代码中选中需要新建 CSS 样式的 Div 标签，再在 "CSS 样式" 面板中单击 "新建 CSS 规则" 按钮进行新建。

6 将鼠标光标定位在 id 为 "main" 的 Div 标签中，删除其中的文字，在其中插入 id 名为 "left"、"maincontent" 和 "rightnav" 的 Div 标签，其源代码如图 17-10 所示。再使用相同的方法设置其 CSS 样式，如图 17-11 所示。

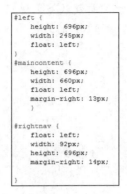

图 17-10　Div 源代码　　　　　　　　图 17-11　设置 Div 的 CSS 样式

7 返回网页中，即可看到页面已被布局完成，其效果如图 17-12 所示。

图 17-12　查看页面布局效果

通过 Div+CSS 布局后，用户可以直接通过修改 CSS 样式，使页面结构发生变化。

17.4.3 添加网页头部内容

下面将在"top"Div 标签中布局头部页面,并添加对应的内容。其操作步骤如下:

参见
光盘 光盘\实例演示\第 17 章\添加网页头部内容

1 在网页中单击"属性"面板中的 页面属性... 按钮,打开"页面属性"对话框。在"分类"列表框中选择"外观(CSS)"选项,在右侧的"大小"下拉列表框中输入"12",在"背景颜色"文本框中输入"#eee6d6",单击 确定 按钮,如图 17-13 所示。

2 将鼠标光标定位在"top"Div 标签中,删除其中的文本,在其中插入 id 为"topbg"、"logo"和"mainmenu"的 Div 标签,并设置其 CSS 样式,如图 17-14 所示。

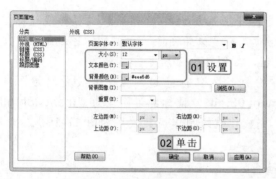

图 17-13 设置页面属性

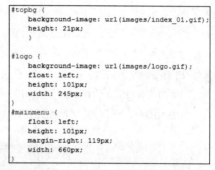

图 17-14 添加并设置 Div 标签

3 完成后再在 id 为"topbg"的 Div 标签中添加一个 id 为"topnav"的 Div 标签,并设置其 CSS 样式的"font-size"、"color"、"text-align"和"margin-right"分别为"10px"、"#FFF"、"right"和"150px"。

4 返回网页中,在"topnav"Div 标签中输入文本"主页 | 登录 | 广告 | 联系我们 | 在这里留言",使文本在"topbg"Div 标签中显示,其效果如图 17-15 所示。

图 17-15 查看添加文本后的效果

5 将鼠标光标定位在 id 为"mainmenu"的 Div 标签中,选择【插入】/【表格】命令,在打开的对话框中设置插入一个 1 行 5 列,宽为"660px",边框粗细、单元格边距和单元格间距都为"0"的表格,如图 17-16 所示。

6 单击 确定 按钮,返回网页中将鼠标光标定位在第 1 个单元格中,选择【插入】/【图像】命令,在打开的对话框中选择插入的图片"menu01.gif",单击 确定 按钮,如图 17-17 所示。

7 在打开的提示对话框中单击 确定 按钮,完成图像的插入。返回网页中即可看到插入的图像。

操 作 提 示

直接在 Div 标签中设置其背景图像后,用户无法在设计界面中选中该图像,只能通过 CSS 代码进行修改。

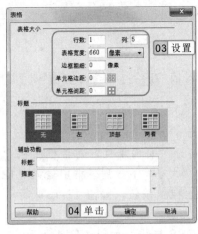

图 17-16　插入表格

图 17-17　插入图像

8　将鼠标光标定位在第 2 个单元格中，选择【插入】/【图像对象】/【鼠标经过图像】命令，打开"插入鼠标经过图像"对话框。在"原始图像"和"鼠标经过图像"文本框中输入图像的路径，单击 确定 按钮，如图 17-18 所示。

9　使用相同的方法，在剩余的单元格中分别插入鼠标经过图像，并设置原始图像为"menu03.gif"、"menu04.gif"和"menu05.gif"；鼠标经过图像为"menu03h.gif"、"menu04h.gif"和"menu05h.gif"，完成导航的制作，其效果如图 17-19 所示。

图 17-18　添加鼠标经过图像

图 17-19　查看网页头部的效果

17.4.4　制作网页主体

　　下面将制作网页的主要内容部分，分别在"left"、"main"和"rightnav"Div 标签中添加内容。其操作步骤如下：

参见光盘　光盘\实例演示\第 17 章\制作网页主体 ❯❯❯❯❯❯❯❯❯❯

1　为"left"标签的 CSS 样式添加"background-image"和"background-repeat"样式，其属性值分别为"index_leftbg.gif"和"no-repeat"，然后将鼠标光标定位在"left"Div 标签中，在其中插入一个 id 为"leftnav"的 Div 标签，并设置其 CSS 样式，如图 17-20 所示。

　　插入鼠标经过图像时，需在"插入鼠标经过图像"对话框中为每一个图像修改"图像名称"，否则其效果将不能对应。

2️⃣ 将鼠标光标定位在 "leftnav" Div 标签中，在其中添加 id 为 "navtitle"、"navmenu" 和 "navcontat" 的 Div 标签，并设置其 CSS 样式，如图 17-21 所示。

3️⃣ 返回网页中即可看到设置 CSS 样式后的效果，然后将鼠标光标定位在 "navmenu" Div 标签中，在其中添加一个 ul 列表，设置其第 1 个 li 的 id 值为 "listtitle"，其余 li 的 class 值为 "listnav"，其源代码如图 17-22 所示。

```
#left {
    background-image:
url(images/index_leftbg.gif);
    height: 696px;
    width: 245px;
    background-repeat: no-repeat;
    float: left;
}
#leftnav {
    height: 100%;
    width: 203px;
    margin-right: 22px;
    margin-left: 20px;
}
```

```
#navtitle {
    background-image:
url(images/index_14.gif);
    float: left;
    height: 109px;
    width: 100%;
}
#navmenu {
    float: left;
    height: 175px;
    width: 100%;
    margin-bottom: 10px;
}
#navcontat {
    float: left;
    height: 155px;
    width: 100%;
    margin-bottom: 10px;
    background-image:
url(images/L_img2.gif);
}
```

```
<div id="navmenu">
<ul>
<li id="listtitle">植物信息</li>
<li class="listnav">植物产品</li>
<li class="listnav">园艺资料</li>
<li class="listnav">植物收藏</li>
<li class="listnav">行业人才</li>
 <li class="listnav">行业服务</li>
</ul>
</div>
```

图 17-20　"leftnav" 标签　　图 17-21　设置 CSS 样式　　图 17-22　添加列表

4️⃣ 切换到 CSS 样式表中，在其中添加对应的 CSS 样式，使第一个列表的文本显示为白色并为其添加背景色；取消列表前默认的小圆点，并为其设置背景图片。其 CSS 样式如图 17-23 所示。

5️⃣ 将鼠标光标定位在 "navcontent" Div 标签中，在其中插入两个 class 名称为 "navtime" 的 Div 标签，并设置其 CSS 样式的 "float"、"margin-bottom" 和 "width" 分别为 "left"、"5px" 和 "203px"。

6️⃣ 在第 1 个 "navtime" Div 标签中插入一个 4 行 3 列的表格，然后合并第 1 列，设置其宽度为 "38"；合并第 1 行，设置其高度为 "34"，并在其中输入文本，其效果如图 17-24 所示。

7️⃣ 在 CSS 样式表中新建 class 为 "tdtitle" 和 "tdcontent" 的类 CSS 样式，其 CSS 代码如图 17-25 所示。

```
ul #listtitle {
    font-family: "方正准圆简体";
    font-size: 14px;
    font-weight: bold;
    color: #FFF;
    background-color:#9db350;
}
ul .listnav {
    font-family: "方正准圆简体";
    font-size: 14px;
    color: #2a211a;
}
#navmenu  ul li{
list-style-image:
url(images/navlist.gif);
line-height:24px;
}
```

```
.tdtitle {
    font-family: "方正准圆简体";
    font-size: 14px;
    color: #FFF;
}
.tdcontent {
    font-family: "宋体";
    font-size: 10px;
    color:#d95479;
}
```

图 17-23　设置列表的 CSS 样式　　图 17-24　添加表格　　图 17-25　设置表格的 CSS 样式

操作提示

335

在通过对话框新建 CSS 样式时，如果 "font-family" 下拉列表框中没有需要的字体，需要进行添加后再选择。

8　在网页的设计视图中选择表格中的第一行，在其上单击鼠标右键，在弹出的快捷菜单中选择【CSS 样式】/【tdtitle】命令，为其应用 tdtitle 样式，并为第 2~4 行应用 tdcontent 样式。

9　使用相同的方法为第 2 个 "navtime" Div 标签添加表格、文本并应用样式，其效果如图 17-26 所示。完成网页主体左侧内容的设置。

10　将鼠标光标定位在 "maincontent" Div 标签中，在 CSS 样式文件中为 "maincontent" 样式添加 "background-image" 和 "background-repeat" 样式，其属性值分别为 "url(images/index_29.gif)" 和 "no-repeat"。

11　在 "maincontent" Div 标签中插入 id 名称为 "contentlist"、"contph" 和 "contentinf" 的 Div 标签，并分别设置其 CSS 样式，如图 17-27 所示。

12　将鼠标光标定位在 "contentlist" Div 标签中，在其中添加 class 名称为 "leftlist" 的 Div 标签，并在 "leftlist" Div 标签中插入两个 class 名称为 "photolist" 和 "list" 的 Div 标签，并分别在其中添加一张图片和 ul 列表，其源代码如图 17-28 所示。

```
#contentlist {
    height: 105px;
    width: 660px;
    float: left;
}
#contph {
    float: left;
    height: 163px;
    width: 660px;
    background-image:
url(images/cotent_bg.gif);
}
#contentinf {
    float: left;
    height: 322px;
    width: 660px;
}
```

```
<div class="leftlist">
<div class="photolist">
<img src="images/listph.gif"
width="100" height="84" /></div>
<div id="list">
    <ul>
    <li class="list1">绿植概念
股庸卷中国</li>
    <li class="list1">2013第五
届上海国际展览会</li>
    <li class="list1">最新植物
求购信息</li>
    <li class="list1">新引进植
物品种</li>
    <li class="list1">植物网信
息审核标准</li>
    </ul>
    </div>
```

图 17-26　查看效果　　　图 17-27　设置 CSS 样式　　　图 17-28　添加源代码

13　切换到 CSS 样式表文件，为其添加对应的 CSS 样式，其代码如图 17-29 所示。

14　完后后复制 "leftlist" Div 标签中所包含的内容，在该标签后进行粘贴，并修改复制后的标签中的图片和文本，其效果如图 17-30 所示。

```
.leftlist {
    float: left;
    width: 330px;
    height: 105px;
}
#list ul {
    list-style:none;
    margin:0px;
    }
#list {
    color: #5a5547;
    margin-top: 15px;
    float: left;
    width: 200px;
    text-decoration: underline;
}
.photolist {
    float: left;
    height: 84px;
    width: 100px;
    margin-top: 10px;
    margin-left: 10px;
}
```

图 17-29　添加 CSS 代码　　　　图 17-30　查看复制标签后的效果

15　将鼠标光标定位在 contph 标签中，在其中插入 id 名称为 "phtitle"、"phimg" 和 "phcont" 的 Div 标签，并设置其 CSS 样式，如图 17-31 所示。

应用点睛

当网页中存在结构基本相同的部分时，可先制作第 1 个样式，再通过复制和粘贴的方法制作第 2 个或第 3 个样式，然后修改其中不同的部分即可。

16 在 phtitle 和 phcont 标签中输入文本，在 phimg 标签中插入 imglist 标签，并在 imglist 标签中嵌套 class 名称为 "imgstyle" 和 "imgtitle" 的 Div 标签，再设置其对应的 CSS 样式，如图 17-32 所示。

```
#contph #phtitle {
    font-size: 12px;
    font-weight: bold;
    color: #FFF;
    float: left;
    height: 15px;
    margin-bottom: 2px;
    margin-left: 20px;
    margin-top: 8px;
    width: 620px;
}
```

```
#contph #phimg {
    float: left;
    width: 620px;
    height: 110px;
    margin-left: 20px;
}

#contph #phcont {
    font-size: 10px;
    color: #FC0;
    height: 15px;
    width: 620px;
    float: left;
    margin-top: 2px;
    margin-left: 20px;
}
```

```
#phimg .imglist {
    float: left;
    height: 100px;
    width: 124px;
    margin-top: 5px;
    margin-bottom: 5px;
}

.imglist .imgstyle {
    margin-bottom: 5px;
    margin-left: 10px;
}

.imglist .imgtitle {
    font-size: 12px;
    font-weight: bold;
    color: #FFF;
    height: 15px;
    text-align: center;
}
```

图 17-31　设置页面　　　　　　　　　　　图 17-32　设置布局

17 完成后返回网页，在 "imgstyle" 和 "imgtitle" Div 标签中添加图像和文本，然后复制并粘贴 4 个 "imglist" Div 标签，修改其中的图像和文本，其效果如图 17-33 所示。

图 17-33　查看效果

18 使用与设置前面两个 Div 标签相同的方法，设置 "contentinf" Div 标签，在其中嵌套 class 名称为 "leftcontent" 和 "rightcontent" 的 Div 标签，分别设置其 CSS 样式，如图 17-34 所示。

19 在 "leftcontent" Div 标签中嵌套 class 名称为 "act" 的 Div 标签，并在 act 标签中嵌套 "acttitle" 和 "actcont" Div 标签，并分别设置其 CSS 样式，如图 17-35 所示。

20 在 acttitle 标签中输入文本，在 actcont 标签中插入图像并输入文本，然后为其图像定义 CSS 样式，如图 17-36 所示。

```
.leftcontent {
    height: 300px;
    width: 460px;
    margin-top: 10px;
    margin-left: 20px;
    float: left;
}

.rightcontent {
    float: right;
    height: 300px;
    width: 130px;
    margin-top: 10px;
    margin-right: 20px;
}
```

```
.act {
    height: 136px;
    width: 100%;
    margin-top: 5px;
    margin-bottom: 5px;
}

.acttitle {
    font-size: 12px;
    font-weight: bold;
    color: #998151;
    float: left;
    margin-bottom: 10px;
    height: 15px;
    width: 100%;
}
```

```
.act .actcont {
    font-size: 11px;
    color:#C93;
    height: 110px;
    float: left;
    width: 100%;
}

.actcont img {
    float: left;
    margin-right: 8px;
    margin-bottom: 2px;
    margin-left: 2px;
}
```

图 17-34　设置嵌套的 CSS 样式 图 17-35　设置 act 中的样式 图 17-36　定义文本和图像样式

使用复制粘贴的方法布局相似的页面结构时，需将 Div 标签设置为 class 类型，而不是 ID 类型。

21 完成后在 "leftcontent" Div 标签中再粘贴一个 act 标签，然后修改其中的图像和文本，其最终效果如图 17-37 所示。

22 使用相同的方法，在 "rightcontent" Div 标签中添加 "acttitle" 和 "actimg" Div 标签，并设置 actimg 标签中 img 的 CSS 样式的 "float"、"margin-top"、"margin-left"、"border" 和 "border-color" 的值分别为 "left"、"3px"、"3px"、"solid" 和 "#C93"。完成后的效果如图 17-38 所示。

图 17-37 预览字幕文件的运动效果图　　　　　　　　图 17-38 查看效果

23 使用相同的方法，在右侧的 "rightnav" Div 标签中添加 navh3 和 h3 标签，其源代码、CSS 样式和应用后的效果分别如图 17-39 ~ 图 17-41 所示。

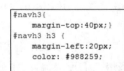

```
<div id="rightnav">
    <div id="navh3">
    <h3 >地理位置</h3>
    <h3 >护理咨询</h3>
    <h3>地理位置</h3>
    <h3>园艺材料</h3>
    <h3>行业新闻</h3>
    </div>
</div>
```

```
#navh3{
        margin-top:40px;}
#navh3 h3 {
        margin-left:20px;
        color: #988259;

}
```

图 17-39 源代码　　　　　　图 17-40 CSS 代码　　　图 17-41 查看效果

17.4.5 制作页脚内容

下面将在网页底部的 "foot" Div 标签中添加并定位每部分的位置和内容，使其显示网页的相关信息。其操作步骤如下：

参见
光盘　　光盘\实例演示\第 17 章\制作页脚内容　　　　　　　　➤➤➤➤➤➤➤➤

页脚部分中的内容较少，其制作方法很简单，用户也可采取直接输入文本的方法来进行。

1　删除"foot"Div 标签中的文本,在其中嵌套 id 名称为"footloge"、"footline"和"footinf"的 Div 标签,并分别设置其 CSS 样式,如图 17-42 所示。

2　在"fontinf"Div 标签中嵌套 id 名称为"inf1"和"inf2"的 Div 标签,并分别设置其 CSS 样式,如图 17-43 所示。

```
#footloge {
    background-image: url(images/blogo.gif);
    background-repeat: no-repeat;
    height: 85px;
    width: 233px;
    float: left;
}
#footline {
    background-image: url(images/index_23.gif);
    float: left;
    height: 85px;
    width: 51px;
}
#footinf {
    float: left;
    height: 85px;
    width: 740px;
    background-image: url(images/index_24.gif);
}
```

图 17-42　CSS 样式 1

```
#inf1 {
    margin-top: 20px;
    margin-bottom: 10px;
    margin-left: 30px;
    font-size: 12px;
    font-weight: bold;
    color: #9A8354;
}
#inf2 {
    margin-left: 30px;
    font-size: 12px;
    color: #9A8354;
}
```

图 17-43　CSS 样式 2

3　完成后在 inf1 和 inf2 标签中分别输入文本,其效果如图 17-44 所示。

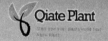

图 17-44　查看页脚内容

4　完成后保存网页和 CSS 文件并在浏览器中预览效果。

17.5　拓展练习

为了使用户对网页制作的过程更加熟悉,下面将通过本章中制作的"index.html"网页为例,在其基础上制作其他的网页。如本练习中的"植物图集"和"植物知识"网页。

17.5.1　制作植物图集网页

本练习先对本章制作的"index.html"网页进行编辑,对网页头部中的导航条设置超级链接,并将其另存为模板,再将页面中间的内容设置为可编辑区域,并在其基础上新建"photo.html"网页。该网页主要用于显示植物的图片,可通过 Div+CSS 对页面进行划分,再在其中添加图片和说明文字,其效果如图 17-45 所示。

图 17-45　植物图集网页效果

光盘\素材\第 17 章\plant\photo、index.html
光盘\效果\第 17 章\plant\photo.html
光盘\实例演示\第 17 章\制作植物图集网页

该练习的操作思路与关键提示如下。

操作思路:

使用 Div+CSS 布局并美化页面 ③

新建基于模板的页面 ②

将网页另存为模板 ①

关键提示:

制作本例时，需新建一个"photo.css"层叠样式表，将"photo.html"网页中新建的 CSS 样式存储到其中，以便于以后对页面进行修改和编辑。

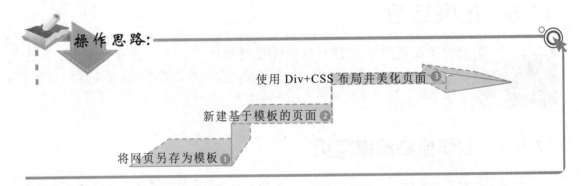应用点睛

新建一个 CSS 样式文件的目的在于与模板文件中的 CSS 样式进行区分，便于网站的后期编辑和修改。

17.5.2　制作植物知识网页

使用与制作植物图集网页类似的方法，制作植物知识网页，使网页中显示植物的信息。该网页主要以文字和图片的混排为主，其效果如图 17-46 所示。

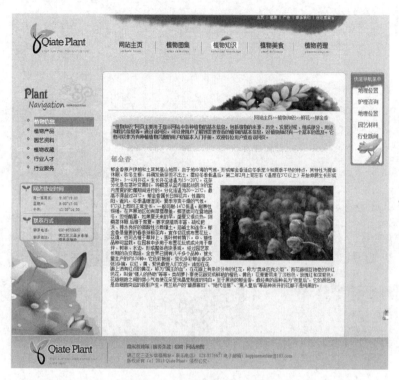

图 17-46　植物图集网页效果

 参见光盘

光盘\素材\第 17 章\plant\knowlage、index.html
光盘\效果\第 17 章\plant\knowlage.html
光盘\实例演示\第 17 章\制作植物知识网页

该练习的操作思路如下。

操作思路：

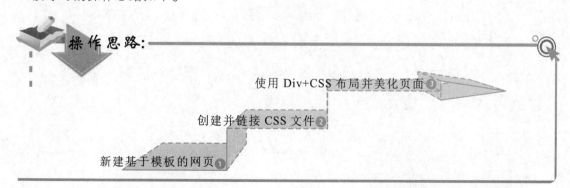

使用 Div+CSS 布局并美化页面 ③

创建并链接 CSS 文件 ②

新建基于模板的网页 ①

"植物知识"网页的制作方法与"植物图集"网页的制作方法类似，也需要新建一个 CSS 样式文件，这里新建为"know.css"。

第18章 •••

制作汽车世界网站

制作首页

配置服务器

发布站点

制作主内容页面

制作网页头部

制作网页底部

本章将综合运用本书所学的知识，制作一个汽车世界网站。在该网站中将通过 Div+CSS 对页面进行布局，并通过<iframe>标签对页面进行组合，使用户在掌握 Div+CSS 布局的同时，也熟悉框架布局的使用方法。在制作本例的过程中，将运用本书所学的一些知识，如创建站点、Div+CSS 布局和框架布局等。

本章导读

18.1　实例说明

本章将制作一个汽车世界网站，使其给出汽车的信息。该网站采用深色调，以紫色、黑色和白色为主，显示网站中的信息。如图 18-1 所示为汽车世界网站的首页。

图 18-1　汽车世界网站效果

 参见　光盘\素材\第 18 章\car
光盘　光盘\效果\第 18 章\car\index.html

操作提示

本网站是一个中小型网站，由于内容比较多，其制作过程要稍微复杂一些。

18.2　行业分析

汽车世界网站是一个小型的商业网站，这里只节选了部分栏目来进行制作。为了使用户对网站的制作更为清晰，下面将对本例进行分析。

本例将只选取网站中的首页来进行制作，用户只需掌握网站的制作方法即可。在制作这种小型商业网站时，需要注意以下几个方面：

◐ 统一网站的整体风格，如本例将采用相同的色彩、相似的框架进行布局，使其每个页面顶部及底部都保持一致，只有中间部分与栏目的内容直接相关，因此才会有变化。

◐ 确定网站需要表达的情感。本例将体现神秘、高贵的情感，因此采用了紫色和黑色的色彩搭配方案。

◐ 为了防止网页中的内容过多，可将页面的各个部分单独制作为一些小页面，最后再通过<iframe>标签将其组合在一起。

◐ 由于该网站具有一定的商业性，因此需要建立动态站点，并将制作完成的网页上传到服务器中。

本例与制作一般的网页不同的是，通过采用 iframe 框架来进行浮动布局，它更加简单，适合用于制作内容较多且页面较为规范的网页。并且在进行页面布局时，最好将每部分的高度设置为自适应，以便于内容的填充和页面的自动变化。

18.3　操作思路

网站规划、素材收集、页面效果图制作等工作完成后，在本地电脑中创建一个本地站点文件夹"car"，并将相应的素材复制到该文件夹中，接下来就可以开始网页的制作了。

为更快完成本例的制作，并尽可能运用本书讲解的知识，本例的操作思路如下。

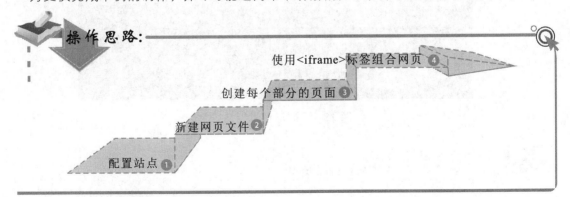

操作思路：

使用<iframe>标签组合网页 ❹

创建每个部分的页面 ❸

新建网页文件 ❷

配置站点 ❶

应用点睛

<iframe>标签是一种类似于框架功能的标签，它可以直接将已有的网页包含在当前网页中，可通过选择【插入】/【HTML】/【框架】/【IFRAME】命令或"标签选择器"对话框来进行添加。

18.4　操作步骤

本例的制作主要分为制作网页头部、网页主体和网页底部 3 部分，完成后再将其组合起来，但在进行页面的制作前需先配置站点文件。

18.4.1　创建站点并配置远程服务器

下面将新建"car"站点，并为其配置远程服务器。其操作步骤如下：

 参见 光盘　光盘\实例演示\第 18 章\创建站点并配置远程服务器　>>>>>>>>>

1 启动 Dreamweaver CS6，选择【站点】/【新建站点】命令，在打开对话框的"站点名称"文本框中输入"car"，在"本地站点文件夹"文本框中设置文件的根目录，如图 18-2 所示。

2 选择"服务器"选项卡，在右侧单击"添加新服务器"按钮 ➕，在打开的对话框中设置"服务器名称"为"car"，"连接方法"为"FTP"，再设置其他参数，单击 测试 按钮进行测试，如图 18-3 所示。

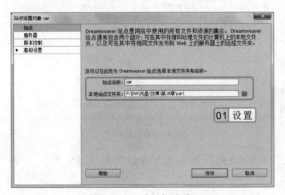

图 18-2　创建站点

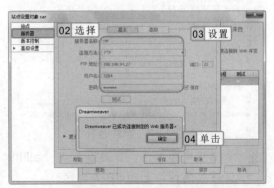

图 18-3　测试连接服务器

3 测试成功后依次单击 确定 和 保存 按钮，返回"服务器"选项卡界面，此时可在其中看到新建的服务器，单击 保存 按钮完成设置，如图 18-4 所示。

4 返回 Dreamweaver CS6 中打开的"文件夹"面板。

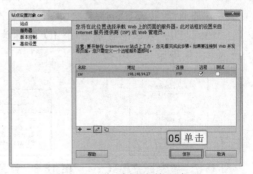

图 18-4　查看新建的服务器

 操作提示

设置 FTP 服务器需要先申请 FTP 免费空间，根据获得的网址、用户名和密码进行服务器的配置。

18.4.2　创建页面顶部

下面将先制作顶部页面"top.html"，其制作方法很简单，主要是创建 Logo 和导航条。其操作步骤如下：

 参见光盘　光盘\实例演示\第 18 章\创建页面顶部

1. 新建"top.html"空白网页文件和"style.css"层叠样式表文件，并将"style.css"链接到"top.html"网页中。

2. 打开"CSS 样式"面板，单击"新建 CSS 规则"按钮，打开"新建 CSS 规则"对话框。在"选择器类型"下拉列表框中选择"标签"选项，在"选择器名称"下拉列表框中选择"body"选项，单击确定按钮，如图 18-5 所示。

3. 在打开对话框的"类型"选项卡中设置"font-size"的值为"12"，然后选择"方框"选项卡，在"Margin"栏的"Top"下拉列表框中输入"0"，单击确定按钮，如图 18-6 所示。

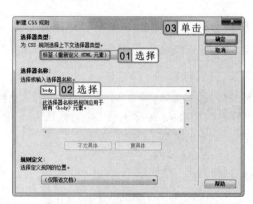

图 18-5　创建文件

图 18-6　创建样式

4. 使用相同的方法，为网页新建"a:link"、"a:visited"和"a:hover"的 CSS 样式，并设置其属性，如图 18-7 所示。

5. 选择【插入】/【布局对象】/【Div 标签】命令，新建一个 ID 名称为"top"的 Div 标签，并设置其 CSS 样式，如图 18-8 所示。

6. 在"top"Div 标签中嵌套一个 ID 名称为"logo"的 Div 标签，并设置其 CSS 样式，如图 18-9 所示。

```
a:link {
    color: #555555;
    text-decoration: none;
}
a:visited {
    text-decoration: none;
    color: #555555;
}
a:hover {
    text-decoration: none;
    color: #f0373f;
}
```

图 18-7　新建标签样式

```
#top {
    background-image:
url(pic/top.jpg);
    margin: auto;
    height: 308px;
    width: 1002px;
    float:left;
}
```

图 18-8　设置 top 样式

```
#top .logo {
    height: 55px;
    width: 153px;
    margin-top: 64px;
    margin-right: auto;
    margin-bottom: auto;
    margin-left: 22px;
}
```

图 18-9　设置 Div 样式

  应 用 点 睛

也可以直接在"style.css"样式表文件中输入需要定义的 CSS 样式属性来完成样式的设置。

[7] 在 "logo" Div 标签中插入 "logo.gif" 图片，为其设置链接为 "default.html"，并设置其 "alt" 属性为 "汽车世界，汽车之家"。

[8] 在 "logo" Div 标签后插入一个 ID 名称为 "top_marquee" 的 Div 标签，并设置其 CSS 样式，如图 18-10 所示。

[9] 在"top_marquee"Div 标签中插入一个<marquee>标签，设置其"behavior"为"alternate"，"scrolldelay" 为 "1"，"scrollamount" 为 "1"，并在其中输入文本 "汽车世界，汽车之家，欢迎您的光临!"，使文本滚动显示，如图 18-11 所示。

[10] 完成后在 "top" Div 标签后插入一个 ID 名称为 "daohang" 的 Div 标签，并设置其 CSS 样式，如图 18-12 所示。

```
#top .top_marquee {
    margin-top: -1px;
    margin-right: auto;
    margin-bottom: auto;
    margin-left: auto;
    float: right;
    height: 17px;
    width: 436px;
    padding-top: 8px;
    padding-right: 0px;
    padding-bottom: 0px;
    padding-left: 0px;
    font-family: "宋体";
    font-size: 12px;
    color: #FFFFFF;
}
```

```
<div id="top">
<div class="logo"><a href=
"default.html" target="_top"><img
src="pic/logo.gif" alt=
"汽车世界，汽车之家" width="153"
height="55" border="0" /></a></
div>
    <div class="top_marquee">
        <marquee behavior=
"alternate" scrolldelay="1"
scrollamount="1">
汽车世界，汽车之家，欢迎您的光临
!
        </marquee>
    </div>
</div>
```

```
#daohang {
    margin: auto;
    height: 41px;
    width: 1002px;
}
```

图 18-10　设置标签样式　　　图 18-11　设置标签属性　　　图 18-12　设置 daohang 样式

[11] 删除 "daohang" 的 Div 标签中的文本，并在其中插入图像 "daohang.jpg"，再为各菜单创建矩形热区和创建链接，完成后的效果如图 18-13 所示。

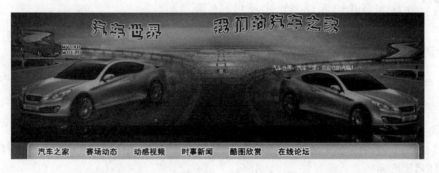

图 18-13　创建图像链接

[12] 保存网页并预览，其效果如图 18-14 所示。

图 18-14　顶部网页 "top.html" 的预览效果

18.4.3　制作网页底部

接下来制作网页底部 "bottom.html"，这部分也较简单，主要是创建 "bottom" 和 "copyright" Div 标签。其操作步骤如下：

操作提示

网页底部的制作方法很简单，只需要定位其位置，并在其中设置相应的内容即可。

参见
光盘　光盘\实例演示\第 18 章\创建页面底部　＞＞＞＞＞＞＞＞＞

1️⃣ 新建"bottom.html"空白网页文件，并将"style.css"链接到该网页中。然后插入 ID 名称为"bottom"的 Div 标签，并删除标签中的内容，定义其 CSS 样式。

2️⃣ 将鼠标光标定位在"bottom" Div 标签中，插入"copyright" Div 标签，并定义其 CSS 样式，如图 18-15 所示。

3️⃣ 将鼠标光标定位在"copyright" Div 标签中，删除其中的内容，并输入文本"Copyright 2012-2015 汽车世界 All rights reserved."。保存网页，预览效果如图 18-16 所示。

```
#bottom {
    height: 211px;
    width: 1002px;
    background-image:
url(pic/lf_r10_c1.jpg);
    float:left;
    margin: auto;
}
#bottom .copyright {
    margin-top: 175px;
    margin-left:160px;
    color:#F3C600;
}
```

图 18-15　定义 Div 标签样式　　　　　　　　　　图 18-16　预览效果

18.4.4　制作主内容页面

主内容页面"main.html"的制作相对复杂一些，主要是在创建 Div 标签时样式的定义较困难。整个页面主要分为左右两部分，下面先来制作左侧部分。

参见
光盘　光盘\实例演示\第 18 章\制作主内容页面　＞＞＞＞＞＞＞＞＞

1．制作页面左侧

制作页面左侧的操作步骤如下：

1️⃣ 新建空白网页并保存为"main.html"，然后将外部样式表文件"style.css"链接到页面中。插入"main" Div 标签，其样式定义如图 18-17 所示。

2️⃣ 删除标签中的内容，并将鼠标光标定位在其中，插入"left" Div 标签，其样式定义如图 18-18 所示。

3️⃣ 清除"left" Div 标签中的内容，并将鼠标光标定位在其中，插入"l1" Div 标签，其样式定义如图 18-19 所示。

```
.main {
    margin: auto;
    float:left;
    width: 1002px;
}
```

```
.main .left {
    margin: auto;
    float: left;
    width: 774px;
}
```

```
.main .left .l1 {
    margin: auto;
    float: left;
    height: 298px;
    width: 774px;
    background-image: url(pic/lf_r3_c1.jpg);
    background-repeat: no-repeat;
}
```

图 18-17　定义"main"样式　　图 18-18　定义"left"样式　　　图 18-19　定义"l1"样式

 应用点睛

页面左侧主要用于分栏显示内容，分为今日焦点、文章列表和赛场动态 3 部分。

4 清除"l1"Div 标签中的内容，并将鼠标光标定位在其中，插入"l1_1"Div 标签，其样式定义如图 18-20 所示。

5 清除"l1_1"Div 标签中的内容，在标签的源代码中输入"<script language="javascript" type="text/javascript" src="js/flash_img.js">"。然后将鼠标光标定位在"l1_1"Div 标签后，插入"l1_2"Div 标签，其样式定义如图 18-21 所示。

6 清除"l1_2"Div 标签中的内容，并将鼠标光标定位在其中，输入项目列表文本，如图 18-22 所示。

```
.main .left .l1 .l1_1 {
    float: left;
    margin-top: 42px;
    margin-right: auto;
    margin-bottom: auto;
    margin-left: 32px;
    height: 201px;
    width: 320px;
}
```

```
.main .left .l1 .l1_2 {
    float: right;
    height: 185px;
    width: 336px;
    margin-top: 65px;
    margin-right: 24px;
    margin-bottom: auto;
    margin-left: auto;
}
```

图 18-20　定义"l1_1"标签　　图 18-21　定义"l1_2"标签　　图 18-22　输入列表文本

7 将鼠标光标定位在项目列表前缀符号后，新建一个 class 名称为"li"的 CSS 样式，并设置其"list-style-type"属性为"none"，"line-height"属性为"23px"。

8 完成后将鼠标光标定位在"l1"Div 标签后，使用相同的方法插入"l2"Div 标签，并在其中插入"l2_1"Div 标签，其 CSS 定义如图 18-23 所示。

9 清除"l2_1"Div 标签中的内容，在其中输入项目列表文本并创建超级链接，其效果如图 18-24 所示。

10 将鼠标光标定位在项目列表前缀符号后，为列表标签<li>创建样式，然后将鼠标光标定位在"l2_1"Div 标签后，插入"l2_2"Div 标签，其 CSS 定义如图 18-25 所示。

```
.main .left .l2 {
    margin: auto;
    float: left;
    height: 239px;
    width: 774px;
    background-image: url(pic/lf_r4_c1.jpg);
    background-repeat: no-repeat;
}

.main .left .l2 .l2_1 {
    float: left;
    margin-top: 60px;
    margin-right: auto;
    margin-bottom: auto;
    margin-left: 22px;
    height: 141px;
    width: 313px;
}
```

```
.main .left .l2 .l2_1 li {
    list-style-position: outside;
    list-style-type: square;
}

.main .left .l2 .l2_2 {
    float: left;
    height: 170px;
    width: 276px;
    margin-top: 40px;
    margin-right: auto;
    margin-bottom: auto;
    margin-left: 100px;
}
```

图 18-23　定义"l2_1"标签　　图 18-24　创建文本列表　　图 18-25　定义<li>和"l2_2"标签

11 清除标签中的内容，并插入站点中 pic 文件夹中的图像"rcsh.gif"，选中图像，为其创建热点区域链接，完成后的效果如图 18-26 所示。

12 将鼠标光标定位在"l2"Div 标签后，使用相同的方法插入"l3"Div 标签，并在其中嵌套"l3_1"Div 标签，其 CSS 定义如图 18-27 所示。

13 在"l3_1"Div 标签中输入列表，其效果如图 18-28 所示。

操 作 提 示

代码"<script language="javascript" type="text/javascript" src="js/flash_img.js">"的作用是链接外部 JavaScript 脚本"flash_img.js"（素材\第 18 章\car\js\flash_img.js），这是一个动态显示图像的脚本。

图 18-26　插入图像

```
.main .left .13 {
    margin: auto;
    float: left;
    height: 237px;
    width: 774px;
    background-image: url(pic/lf_r5_c1.jpg);
}
.main .left .13 .13_1 {

    float: left;
    margin-top: 60px;
    margin-right: auto;
    margin-bottom: auto;
    margin-left: 22px;
    height: 141px;
    width: 313px;
}
```

图 18-27　定义标签

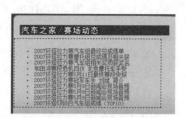

图 18-28　创建文本列表

14 定义"l3_1"Div 标签中<li>标签的 CSS 样式，然后将鼠标光标定位在"l3_1"Div 标签后，插入"l3_2"Div 标签，并设置其 CSS 样式，如图 18-29 所示。

15 清除标签中的内容，插入并选中图像"jyss.gif"，为其创建热点区域链接，完成后的效果如图 18-30 所示。

16 完成左侧页面的制作，按"Ctrl+S"快捷键保存网页。

```
.main .left .13 .13_1 li {
    list-style-position: outside;
    list-style-type: square;
}
.main .left .13 .13_2 {
    float: left;
    height: 170px;
    width: 276px;
    margin-top: 40px;
    margin-right: auto;
    margin-bottom: auto;
    margin-left: 100px;
}
```

图 18-29　定义"l3_2"标签

图 18-30　插入图像

2．制作页面右侧

制作页面右侧的操作步骤如下：

1 打开"main.html"网页，将鼠标光标定位在"left"Div 标签后，插入"right"Div 标签，其样式定义如图 18-31 所示。

2 删除标签中的内容，插入"r1"Div 标签，其样式定义如图 18-32 所示。

3 删除标签中的内容，并将鼠标光标定位在标签后，插入"r2"Div 标签，其样式定义如图 18-33 所示。

```
.main .right {
    float: left;
    width: 228px;
    margin: auto;
}
```

图 18-31　定义"right"标签

```
.main .right .r1 {
    background-image: url(pic/1f_r__r1_c1.jpg);
    margin: auto;
    float: left;
    height: 49px;
    width: 228px;
}
```

图 18-32　定义"r1"标签

```
.main .right .r2 {
    margin: auto;
    float: left;
    width: 228px;
    background-image:url(pic/tu_bg.jpg)
}
```

图 18-33　定义"r2"标签

4 清除"r2"Div 标签中的内容，并将鼠标光标定位在其中，插入"r2_1"Div 标签，其样式定义如图 18-34 所示。

5 删除"r2_1"Div 标签中的内容，并将鼠标光标定位在其中，在其中输入文本"[酷 图

应用点睛

右侧页面用于显示网站中的一些经典图片，其栏目叫做"酷图赏析"。

赏　析　]"。

6　将鼠标光标定位在"r2_1"Div 标签后，插入
3 行 1 列、宽度为 165 像素、间距为 27 像素
的表格，并分别在各单元格中插入相应的图像
并创建图像链接，完成整个"main.html"页
面的制作。

```
.main .right .r2 .r2_1 {
    background-image:
url(pic/lf_r__r1_c1_2.jpg);
    float: left;
    height: 10px;
    width: 228px;
    margin: auto;
    text-align: center;
    padding-top: 4px;
    padding-right: 0px;
    padding-bottom: 0px;
    padding-left: 0px;
}
```
图 18-34　定义"r2_1"标签

18.4.5　制作首页

本节使用<iframe>标签将已制作好的"top.html"、"main.html"和"bottom.html"网页
组合成首页"default.html"。其操作步骤如下：

 光盘\实例演示\第 18 章\制作首页　≫≫≫≫≫≫

1　启动 Dreamweaver CS6，新建空白网页文档"default.html"，并链接"style.css"
样式表文件。

2　将其标题修改为"汽车世界"，然后将鼠标光标定位在<body>标签后，插入一个 ID
名称为"default"的 Div 标签，并设置其 CSS 样式，如图 18-35 所示。

3　将鼠标光标定位在"default"Div 标签中，选择【插入】/【HTML】/【框架】/【IFRAME】
命令，插入一个<iframe>标签，并设置其大小和链接页面的属性，如图 18-36 所示。

4　使用相同的方法插入其他两个<iframe>标签，并设置其大小和链接的页面，如图 18-37
所示。完成后保存并预览首页。

```
<iframe src="main.html" name=
"main" width="1002" marginwidth=
"0" height="774" marginheight="0"
scrolling="no" frameborder="0">
</iframe>
```

```
#default {
    width: 1002px;
    margin-right: auto;
    margin-left: auto;
}
```

```
<iframe src="top.html" name="top"
width="1002" marginwidth="0"
height="349" marginheight="0"
scrolling="no" frameborder="0">
</iframe>
```

```
<iframe src="bottom.html" name=
"bottom" width="1002" marginwidth=
"0" height="211" marginheight="0"
scrolling="no" frameborder="0">
</iframe>
```

图 18-35　定义标签　　　图 18-36　定义"iframe"标签　　　图 18-37　定义其他标签

18.4.6　发布站点

完成网站的制作后，即可将站点发布到网络中，以便其他用户进行访问。下面将直接
通过 Dreamweaver CS6 自带的功能进行站点的发布。其操作步骤如下：

 光盘\实例演示\第 18 章\发布站点　≫≫≫≫≫≫

用户可以直接在 HTML 代码中添加"iframe"标签的代码，并对其属性进行设置。需要注意的
是，每个标签的大小要与页面的大小一致，否则网页显示不完整。

1 选择【窗口】/【文件】命令，打开"文件"面板，在其中可查看到当前站点所包含的所有文件。

2 选择站点中需要上传的文件，这里选择站点根目录"car"，单击"文件"面板中的"向'远程服务器'上传文件"按钮 ⬆️，如图 18-38 所示。

3 Dreamweaver CS6 将自动连接 FTP 服务器，然后在打开的提示对话框中单击 确定 按钮，开始上传文件。此时，将查看到文件的上传进度，如图 18-39 所示。

图 18-38　上传文件　　　　　　　图 18-39　查看上传进度

4 上传完成后，单击"文件"面板中的"展开以显示本地和远端终点"按钮 ⬚，如图 18-40 所示，在打开的窗口中即可看到服务器中上传完成的效果。

图 18-40　查看上传效果

18.5　拓展练习

为了使用户对该网站的制作方法有进一步的了解，下面以制作汽车之家和赛场动态网页为例，继续完成该网站的制作。

18.5.1　制作汽车之家网页

本练习将制作汽车之家网页，对"top.html"和"bottom.html"网页的设置保持不变，只对"main.html"页面进行修改，将其划分为左、右两部分，并在左侧添加文本和图像，

　　在使用 Div 标签进行布局时，Dreamweaver CS6 编辑窗口中的显示效果与在浏览器中预览的效果可能不太一致，此时需要多次预览，并根据预览效果调整 Div 标签的相关属性。

在右侧显示文章列表，其效果如图 18-41 所示。

图 18-41　汽车之家网页效果

参见
光盘

光盘\素材\第 18 章\car
光盘\效果\第 18 章\car\qczj.html
光盘\实例演示\第 18 章\制作汽车之家网页　>>>>>>>>>

该练习的操作思路如下。

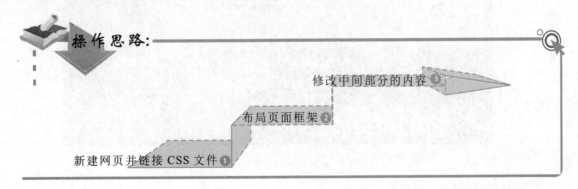

操作思路：

修改中间部分的内容 ❸

布局页面框架 ❷

新建网页并链接 CSS 文件 ❶

操 作 提 示

　　在使用 Div 标签布局网页时，有时为了使页面的效果达到理想的状态，可能需要反复多次尝试修改样式中各属性的值的大小，如在定义 <li> 标签样式时，行高属性值的大小即要反复设置后才能确定。

18.5.2　制作赛场动态网页

　　使用与制作汽车之家网站类似的方法，制作赛场动态网页，使网页中显示赛场的最新动态，其效果如图 18-42 所示。

图 18-42　赛场动态网页效果

　　赛场动态与汽车之家网页相似，在创建标题样式时，可以通过复制样式".main .left .left1 .left1_title"为".main .left .left1 .left1_title_1"，再修改样式的背景图像来完成。

光盘\素材\第 18 章\car
参见　光盘\效果\第 18 章\car\scdt.html
光盘　光盘\实例演示\第 18 章\制作动态赛场网页　＞＞＞＞＞＞＞＞

该练习的操作思路如下。

操作思路:

修改中间的内容 ❸

通过 Div 和 iframe 标签布局页面 ❷

新建网页并链接 CSS 文件 ❶

操作提示

按照相同的方法，用户可以再进行其他网页的制作，如动态视频、时事新闻、酷图欣赏和在线论坛等。

第19章

制作个人博客网站

制作博客首页

创建数据库文件

创建用户登录页面

制作信息显示页面

制作日志发布页面

制作日志编辑页面

本章将综合运用本书所学的知识，制作一个"甜蜜糕点"网站。它是一个个人博客网站，主要用于体现个人对糕点的喜爱。在该网站中可以查看网站管理员发布的信息，其他人对信息的评论等。该网站为动态网站，需要用到创建数据库、链接数据源和创建记录集等动态网页知识。

本章导读

19.1 实例说明

本章将制作甜蜜糕点网站，使其显示出网站中发表的所有信息。该网站不同于一般的页面，而是由拥有用户管理员权限的用户进行管理的；一般用户则只能对信息进行查看和回复等操作，如图 19-1 所示。

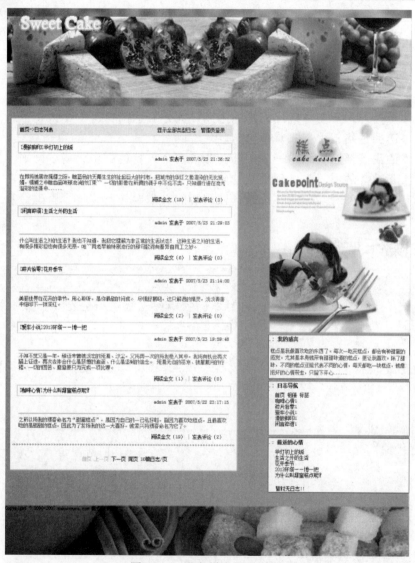

图 19-1 甜蜜糕点网站效果

参见 光盘\素材\第 19 章\cake
光盘 光盘\效果\第 19 章\cake\index.asp

本网站是一个简单的博客网站，只提供了发表日志、显示日志、编辑日志、删除日志和发表评论等功能。这是一个动态网站，采用 ASP VBScript 进行编写。

19.2　行业分析

本例制作的甜蜜糕点网站属于个人网站。它是指互联网上一块固定的面向全世界发布消息的地方。它相当于布告栏，用户可以通过网站来发布自己想要公开的资讯，或者利用网站来提供相关的网络服务。

个人博客网站是指个人因某种兴趣、拥有某种专业技术、提供某种服务或把自己的作品、商品展示而制作的具有独立空间域名的网站。它与一般的商业网站的不同在于，它是由个人创建的网页，一般不包含具有商业性质的内容，也不是个人性质的公司、组织或机构的代表。

个人博客网站的制作目的一般是为了分享自己的兴趣爱好，在设计网页时，除了要吸引访问者的注意力外，还要体现出网站的主题，充分表达出自己的个人特色，让访问者通过网页了解自己的性格、爱好和其他信息。

本章制作的甜蜜糕点网站是一个能够充分代表个人特色的个人博客网站，该网站色彩丰富，以文字和图片的形式来体现网站的内容。该网站还有一个特点就是，需要由用户管理员权限的用户进行管理。因此，在设计该网页时，需要先制作一个管理员登录页面。

19.3　操作思路

本例将涉及本书讲解的很多知识，通过灵活运用这些知识，制作出别具特色的个人网站。下面将对本例的操作思路进行介绍，以掌握制作的大致流程。

为更快完成本例的制作，并尽可能运用本书讲解的知识，本例的操作思路如下。

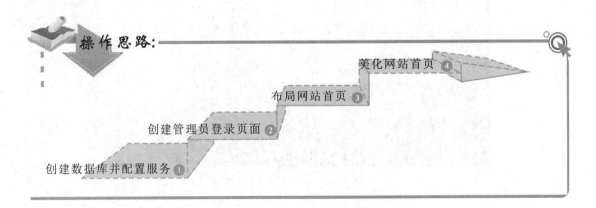

操作思路：

美化网站首页 ④

布局网站首页 ③

创建管理员登录页面 ②

创建数据库并配置服务 ①

应 用 点 睛

个人网站包括博客、个人论坛、个人主页等，它是一个可以发布个人信息和相关内容的小型网站。

19.4 操作步骤

制作动态网站前，应先创建好需要的数据库文件，并配置 IIS 服务器，再在 Dreamweaver CS6 中创建站点，包括测试服务器的配置，最后才开始制作各动态页面。

19.4.1 创建数据库文件

下面将创建制作本例需要的数据库。其操作步骤如下：

 参见光盘 光盘\实例演示\第 19 章\创建数据库文件

1 启动 Access 2003，选择【文件】/【新建】命令，新建一个名为"myblog"的空白数据库。

2 在数据库窗口的"对象"列表框中选择"表"选项，双击右侧的"使用设计器创建表"选项。

3 打开"表 1：表"窗口，在"字段名称"、"数据类型"和"说明"栏中输入表格对应的字段属性。

4 完成后按"Ctrl+S"快捷键，打开"另存为"对话框，在"表名称"文本框中输入表格的名称为"blog_comments"，单击 确定 按钮，如图 19-2 所示。

5 使用相同的方法新建"blog_posts"表格，并设置其字段属性，如图 19-3 所示。

图 19-2 创建"blog_comments"表

图 19-3 "blog_posts"表

6 再使用相同的方法新建"blog_type"和"users"表格，并设置其字段属性，如图 19-4 和图 19-5 所示。

7 完成后保存数据库，并将数据库复制到需要创建为站点文件的根目录中，修改其扩展名为".asa"，完成数据库的创建。

 操作提示

默认状态下，asa 文件是不允许被用户修改的，此时可将其扩展名再修改为.mdb，使其变为 Access 数据库的可编辑格式即可。

图 19-4 "blog_type"表

图 19-5 "users"表

19.4.2 配置 IIS 并创建站点

打开"Internet 信息服务器"窗口，在其中创建一个名为"cake"的虚拟目录，其本地路径为"F:\DW\光盘\效果\第 19 章\cake"。其操作步骤如下：

 参见光盘 光盘\实例演示\第 19 章\配置 IIS 并创建站点 ⟫⟫⟫⟫⟫⟫⟫

1. 打开"Internet 信息服务"窗口（打开方法请参考第 14 章），在窗口左侧展开"网站/Default Web Site"目录树，在"Default Web Site"选项上单击鼠标右键，在弹出的快捷菜单中选择"添加虚拟目录"命令。

2. 在打开的"添加虚拟目录"对话框的"别名"文本框中输入"cake"，在"物理路径"文本框中输入新建的文件夹的位置为"F:\DW\光盘\效果\第 19 章\cake"，单击 确定 按钮，如图 19-6 所示。

3. 关闭"Internet 信息服务"窗口，启动 Dreamweaver CS6，选择【站点】/【新建】命令，在打开的对话框中进行如图 19-7 所示的本地站点设置。

图 19-6 添加虚拟目录

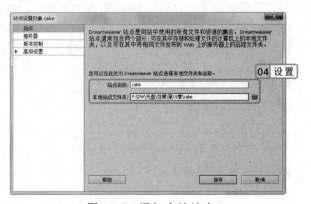

图 19-7 添加本地站点

 **应用点睛**

为了测试动态网页制作是否正确，应预先在表中输入一些数据。

4 选择"服务器"选项卡，在右侧单击"添加新服务器"按钮 ➕，在打开的对话框中设置"服务器名称"为"cake"，"连接方法"为"本地/网络"，再设置其他参数，如图 19-8 所示，完成后单击 保存 按钮。

5 返回"服务器"选项卡界面查看新建的服务器，然后取消选中"远程"栏中的复选框，选中"测试"栏中对应的复选框，单击 保存 按钮完成设置，如图 19-9 所示。

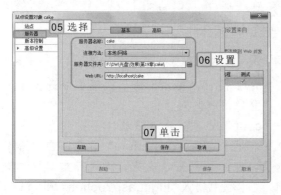

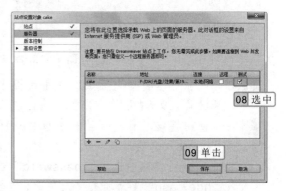

图 19-8　设置服务器　　　　　图 19-9　查看新建的服务器

19.4.3　创建用户登录页面

下面制作用户登录验证页面。其操作步骤如下：

参见光盘　光盘\实例演示\第 19 章\创建用户登录界面　▶▶▶▶▶▶▶▶▶

1 在 Dreamweaver CS6 中打开"F:\DW\光盘\效果\第 19 章\cake"文件夹中的"login.asp"网页，然后选择【窗口】/【数据库】命令，打开"数据库"面板。

2 单击面板上方的 ➕ 按钮，在弹出的下拉菜单中选择"自定义连接字符串"命令，如图 19-10 所示。

3 打开"自定义连接字符串"对话框，在"连接名称"文本框中输入"conn"，在"连接字符串"文本框中输入""Provider=Microsoft.Jet.OLEDB.4.0;Data Source="&Server.MapPath("/ myblog.asa")"，选中 ⦿ 使用测试服务器上的驱动程序 单选按钮，如图 19-11 所示。

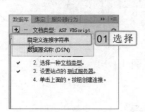
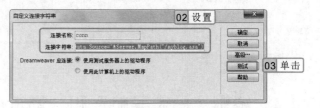

图 19-10　选择命令　　　　　图 19-11　自定义连接字符串

4 单击 测试 按钮，查看数据库是否连接成功，然后单击 确定 按钮返回"自定义连接字

如果在配置 IIS 时是直接修改的默认站点的本地路径，则在"URL 前缀"文本框中只需输入"http:// localhost/" 即可。

符串"对话框，再在打开的提示对话框中单击 确定 按钮完成设置，如图 19-12 所示。

图 19-12　测试连接是否成功

5 打开"服务器行为"面板，单击面板上方的 + 按钮，在弹出的下拉菜单中选择【用户身份验证】/【登录用户】命令，打开"登录用户"对话框。

6 在"使用连接验证"下拉列表框中选择"conn"选项，在"表格"下拉列表框中选择"users"选项，在"用户名列"下拉列表框中选择"username"选项，在"密码列"下拉列表框中选中"password"选项，在"如果登录成功，转到"文本框中输入"index.asp"，在"如果登录失败，转到"文本框中输入"login.asp?action=relogin"，如图 19-13 所示。

7 单击 确定 按钮完成"登录用户"服务器行为的添加，然后将鼠标光标定位在编辑窗口中红色文本"登录错误：必须输入正确的用户名及密码，请重试！"前，选择"ASP"插入栏，单击 if 按钮。

8 此时，将自动添加<%if　Then%>代码，将鼠标光标定位在光标闪烁的位置，输入代码 "Trim(Request.QueryString("action"))="relogin""，如图 19-14 所示。

9 保存网页，完成页面的制作。

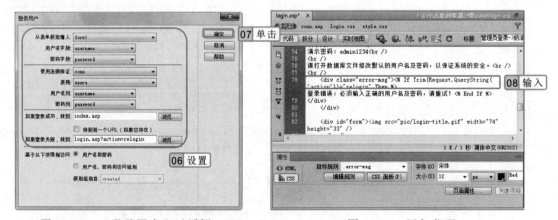

图 19-13　"登录用户"对话框　　　　　图 19-14　添加代码

19.4.4　编辑"日志导航"和"最近心情"

本页面需要为"日志导航"和"最近心情"两个栏目添加动态内容，应先创建记录集，

如果测试数据库链接不成功，可检查数据链接字符串是否书写正确，注意符号的中英文和路径。

再添加动态文本等。其操作步骤如下：

 光盘\实例演示\第 19 章\编辑"日志导航"和"最近心情"

1 用 Dreamweaver CS6 打开"right.asp"网页，选择【窗口】/【绑定】命令，打开"绑定"面板。单击面板上方的 ➕ 按钮，在弹出的下拉菜单中选择"记录集（查询）"命令。

2 打开"记录集"对话框，在"名称"文本框中输入"rs_type"，在"连接"下拉列表框中选择"conn"选项，在"表格"下拉列表框中选择"blog_type"选项，单击 确定 按钮，如图 19-15 所示。

3 选中编辑窗口中的"咖啡心情"文本，单击编辑窗口左上角的 代码 按钮切换到代码视图，从"绑定"面板将"type_name"字段拖动到选中的文本上后释放鼠标，如图 19-16 所示。

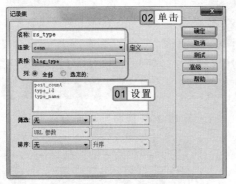

图 19-15 定义记录集

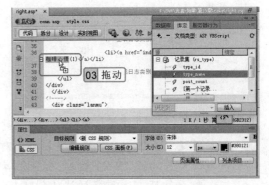

图 19-16 添加动态文本

4 选中其后文本"（1）"中的"1"，从"绑定"面板中将"post_count"字段拖动到选中的文本上后释放鼠标。

5 将鼠标光标定位在"<a href="index.asp?type_id="后，从"绑定"面板中将"type_id"字段拖动到光标处后释放鼠标，然后选中文本所在的整个列表项，如图 19-17 所示。

6 选择"数据"插入栏，单击"重复区域"按钮 ▣，在打开的"重复区域"对话框的"记录集"下拉列表框中选择"rs_type"选项，在"显示"栏中选中 ◉ 所有记录 单选按钮，如图 19-18 所示。

图 19-17 选择整个列表

图 19-18 "重复区域"对话框

在"index.asp?type_id="后绑定动态文本是为了单击该链接时，打开网页的同时为其传递参数"type_id"及值，首页"index.asp"则根据"type_id"的值只显示该类型的日志。

7　单击 确定 按钮，完成重复区域的创建。然后使用相同的方法创建记录集 "rs_new"，其 "记录集" 对话框的设置如图 19-19 所示。然后单击 确定 按钮，完成记录集 "rs_new" 的创建。

8　选中文本 "华灯初上的城"，从 "绑定" 面板中将 "title" 字段拖动到选中的文本上后释放鼠标；选中 "2013-5-23 21:36:52"，从 "绑定" 面板中将 "created" 字段拖动到选中的文本上后释放鼠标；将鼠标光标定位在 "info.asp?post_id=" 后，从 "绑定" 面板中将 "post_id" 字段拖动到定位处后释放鼠标。

9　完成后选中文本所在的整个列表项，如图 19-20 所示。

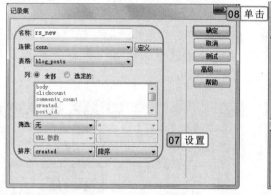

图 19-19　创建记录集 "rs_new"

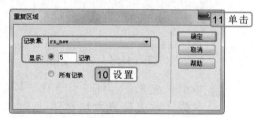

图 19-20　选择整个列表项

10　为其创建重复区域，其 "重复区域" 对话框的设置如图 19-21 所示。完成后单击 确定 按钮完成重复区域的创建。

11　按 "Ctrl+Home" 快捷键返回到代码视图顶部，删除 "<%@LANGUAGE="VBSCRIPT"%>" 代码后进行保存，完成整个 "right.asp" 页面的制作。

图 19-21　"重复区域" 对话框

19.4.5　制作博客首页

首页 "index.asp" 的主要功能是显示日志列表，默认显示所有类型的日志，每页显示 10 条记录，可能记录会很多，因此需要制作分页。其操作步骤如下：

 参见 光盘　光盘\实例演示\第 19 章\制作博客首页　➤>>>>>>>

1　在 Dreamweaver CS6 中打开 "index.asp" 网页，创建记录集 "rs_list"，其设置如图 19-22 所示。

2　将鼠标光标定位在 "管理员登录" 前，切换到代码视图，再将鼠标光标定位在 "<a

　　"重复区域" 对话框中的设置是只显示 5 条记录，而在创建 "rs_new" 记录集时根据创建日志的时间进行降序排列。因此，这里会显示最新的 5 条日志标题。

href="login.asp" target="_top">管理员登录" 前，输入代码 "<%if Session("MM_Username")="" then%>"，然后将鼠标光标定位在 "管理员登录</a>" 后，输入代码 "<% Else %>"，最后将鼠标光标定位在 "注销退出</A>" 后，输入代码 "<% End If %>"，完成后的效果如图 19-23 所示。

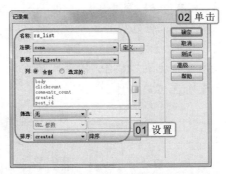

图 19-22　创建 "rs_list" 记录集

```
target=_self>显示全部类型日志</A> <%if Session("MM_User
name")="" then%><a href="login.asp" target="_top">管理员登录</a> <% Else %>  <A
href="quit.asp" target=_top>注销退出</A><% End If %>
```

图 19-23　输入代码

3 选中 "[漫旅脚印]" 文本前的 "index.asp?type_id=4" 文本中的 "4" 文本，从 "绑定" 面板中将 "rs_list" 记录集的 "type_id" 拖动到选中文本上后释放鼠标。

4 选中 "华灯初上的城" 文本前的 "info.asp?post_id=5" 文本中的 "5" 文本，从 "绑定" 面板中将 "rs_list" 记录集的 "post_id" 拖动到选中文本上后释放鼠标。

5 选中 "华灯初上的城" 文本，从 "绑定" 面板中将 "rs_list" 记录集的 "title" 拖动到选中文本上后释放鼠标。

6 选中 "admin 发表于 2013-5-23 21:36:52" 文本中的 "admin" 文本，从 "绑定" 面板中将 "rs_list" 记录集的 "usr_name" 拖动到选中文本上后释放鼠标。

7 选中 "admin 发表于 2013-5-23　21:36:52" 文本中的 "2013-5-23　21:36:52" 文本，从 "绑定" 面板中将 "rs_list" 记录集的 "created" 拖动到选中文本上后释放鼠标。

8 选中 "在即将被黑夜掩埋之际，暗蓝色的天幕生生的扯起巨大的衬布，把城市的华灯之像渲染的无比妩媚，模糊之中暗自品味那流淌的灯束~~一切的影像在所谓的调子中不伦不类，只知道行进在流光溢彩的街景中......" 文本，从 "绑定" 面板中将 "rs_list" 记录集的 "body" 拖动到选中文本上后释放鼠标。

9 选中 "编辑日志" 文本前的 "edit.asp?post_id=5&type_id=4" 文本中的 "5"，从 "绑定" 面板中将 "rs_list" 记录集的 "post_id" 拖动到选中文本上后释放鼠标；选中 "edit.asp?post_id=5&type_id=4" 文本中的 "4"，从 "绑定" 面板中将 "rs_list" 记录集的 "type_id" 拖动到选中文本上后释放鼠标。

10 选中 "del.asp?post_id=5" 文本中的 "5"，从 "绑定" 面板中将 "rs_list" 记录集的 "post_id" 拖动到选中文本上后释放鼠标。

用户也可通过查找和替换的方法来进行代码的修改。

11　分别选中两处 "info.asp?post_id=5" 文本中的 "5"，从 "绑定" 面板中将 "rs_list" 记录集的 "post_id" 拖动到选中文本上后释放鼠标。

12　选中 "阅读全文（8）" 文本中的 "8"，从 "绑定" 面板中将 "rs_list" 记录集的 "clickcount" 拖动到选中文本上后释放鼠标。

13　选中 "发表评论（0）" 文本中的 "0"，从 "绑定" 面板中将 "rs_list" 记录集的 "comments_count" 拖动到选中文本上后释放鼠标。

14　单击 设计 按钮切换到设计视图，选中如图 19-24 所示的整个表格，为其创建重复区域，其 "重复区域" 对话框的设置如图 19-25 所示。完成后单击 确定 按钮完成重复区域的创建，即完成列表显示区域的制作。

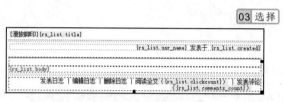

图 19-24　选择表格

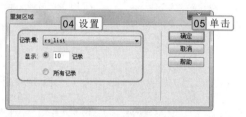

图 19-25　"重复区域" 对话框

15　选中分页区中黑色的 "首页" 文本，按 "Ctrl+F9" 快捷键打开 "服务器行为" 面板，单击面板上方的 + 按钮，在弹出的下拉菜单中选择【记录集分页】/【移至第一条记录】命令，打开 "移至第一条记录" 对话框，进行如图 19-26 所示的设置。单击 确定 按钮，完成 "首页" 链接的创建。

16　选中黑色 "上一页" 文本，在 "服务器行为" 面板中单击面板上方的 + 按钮，在弹出的下拉菜单中选择【记录集分页】/【移至前一条记录】命令，打开 "移至前一条记录" 对话框，进行如图 19-27 所示的设置。单击 确定 按钮，完成 "上一页" 链接的创建。

图 19-26　"移至第一条记录" 对话框　　图 19-27　"移至前一条记录" 对话框

17　使用相同的方法，分别为黑色的 "下一页" 和 "尾页" 文本添加 "记录集分页/移至下一条记录" 和 "记录集分页/移至最后一条记录" 行为。

18　选中黑色文本 "首页 上一页"，在 "数据" 插入栏中单击 "显示区域" 按钮后的 ▼ 按钮，在弹出的菜单中选择 "如果不是第一页则显示" 命令，打开 "如果不是第一条记录则显示区域" 对话框，进行如图 19-28 所示的设置。单击 确定 按钮完成设置。

19　选中灰色文本 "首页 上一页 "，在 "数据" 插入栏中单击 "显示区域" 按钮后的 ▼ 按钮，在弹出的菜单中选择 "如果是第一页则显示" 命令，打开 "如果为第一条记录则显示区域" 对话框，进行如图 19-29 所示的设置。单击 确定 按钮完成设置。

应用点睛

创建记录集分页时，可以直接单击 "数据" 插入栏中的 "记录集导航条" 按钮来进行创建。

图 19-28   设置黑色"首页 上一页"的显示   图 19-29   设置灰色"首页 上一页"的显示

20 使用相同的方法为黑色"下一页 尾页"和灰色"下一页 尾页"文本设置显示情况，
其设置对话框分别如图 **19-30** 和图 **19-31** 所示。

图 19-30   设置黑色"下一页 尾页"的显示   图 19-31   设置灰色"下一页 尾页"的显示

21 选中"漫旅脚印"文本，切换到代码视图，在光标处手动添加代码，如图 **19-32** 所示。

22 将鼠标光标定位在"<A href="post.asp" target=_top>发表日志</A>"代码前，输入
代码"<%if Session("MM_Username") =(rs_list.Fields.Item("usr_name").Value)
then%>"，再将鼠标光标定位在"删除日志</A> |"后，输入代码"<%End IF%>"，
如图 **19-33** 所示。

图 19-32   手动添加代码   图 19-33   手动输入代码

19.4.6   制作信息显示页面

信息显示页面"Info.asp"是显示日志全部内容和发表评论的页面，其中有很多地方与
首页的制作方法相同，如管理员登录、注销退出部分和显示日志的部分等，这些部分的内
容请参考首页的制作方法进行制作，这里不再赘述。制作本页面的操作步骤如下：

参见
光盘   光盘\实例演示\第 19 章\制作信息显示页面   >>>>>>>>>>

1 在 Dreamweaver CS6 中打开"info.asp"网页，新建记录集"rs_list"，其"记录集"
对话框如图 **19-34** 所示。单击 确定 按钮，完成记录集的创建。

2 参照首页的制作方法，完成管理员登录、注销退出部分和日志显示部分的动态内容的
制作，完成后的效果如图 **19-35** 所示。

代码"<%=trim(request("post_id"))%>"中"request("post_id")"的作用是获取传递到本页面
的"post_id"参数的值，trim()函数的作用是删除获取值首尾两端的空格符，使用该函数可以保证数
据的安全。

图 19-34 "记录集"对话框

图 19-35 完成后的日志内容区

3 创建记录集"rs_comments",其"记录集"对话框如图 19-36 所示。完成后单击 确定 按钮关闭"记录集"对话框。

4 选中"2013-5-23 23:59:42"文本,从"绑定"面板中将"rs_comments"记录集的"created"字段拖动到选中文本上后释放鼠标。

5 选中"幸好不是奶油小生,否则你会被扁死的,哈哈哈!!!!"文本,从"绑定"面板中将"rs_comments"记录集的"body"字段拖动到选中文本上后释放鼠标。

6 选中评论所在的表格,并创建重复区域,其对话框的设置如图 19-37 所示。完成后单击 确定 按钮关闭"重复区域"对话框。

图 19-36 "记录集"对话框

图 19-37 设置重复区域

7 选中"添加评论"按钮后的隐藏域,打开"属性"面板,在"值"文本框中输入"<%=trim(request("post_id"))%>"并按"Enter"键确认。

8 在"应用程序"插入栏中单击 ➕ 按钮,在弹出的下拉菜单中选择"插入记录"命令,打开"插入记录"对话框。

9 在"连接"下拉列表框中选择"conn"选项,在"插入到表格"下拉列表框中选择"blog_comments"选项,在"插入后,转到"文本框中输入"info.asp",其余保持默认设置,如图 19-38 所示。单击 确定 按钮完成插入记录的操作。

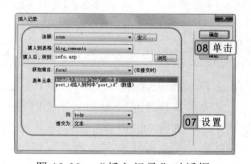

图 19-38 "插入记录"对话框

在"绑定"面板中双击已经创建的记录集,可打开"记录集"对话框,在其中可以对记录集进行修改。

10 保存网页，完成整个"info.asp"页面的制作。

19.5　拓展练习

为了使用户对该网站的制作方法有更进一步的了解，下面以制作日志发布页面和日志编辑页面为例，继续完成该网站的制作。

19.5.1　制作日志发布页面

日志发布页面(post.asp)的制作方法较为简单，需使用 "插入记录"功能将需要添加的表格内容添加到数据库中即可实现。该页面主要用于发布心情，主要有"日志类别"、"标题"和"内容"3 个主要部分的内容，即对数据库中的"blog_posts"表中的内容进行添加。如图 19-39 所示为日志发布页面的主要内容。

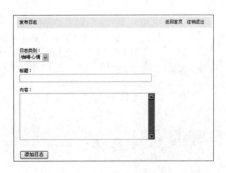

图 19-39　日志发布页面效果

 光盘\素材\第 19 章\coke\post.asp
光盘\效果\第 19 章\ coke\post.asp
光盘\实例演示\第 19 章\制作日志发布网页

该练习的操作思路如下。

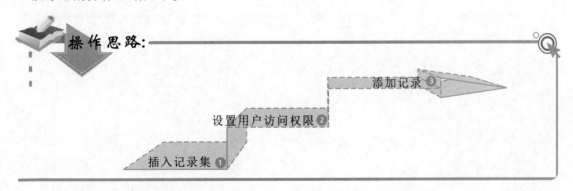

19.5.2　制作编辑日志页面

日志编辑页面（edit.asp）使用"更新记录"功能即可实现，该页面需要管理员登录后才能进行操作，因此需添加"限制对页的访问"，其效果如图 19-40 所示。

设置用户身份验证时，需在"服务器行为"面板中选择【用户身份验证】/【限制对页的访问】命令。

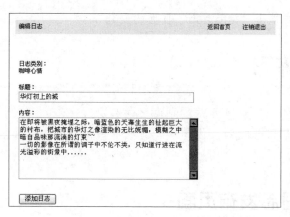

图 19-40　编辑日志网页效果

 光盘\素材\第 19 章\cake\edit.asp
光盘\效果\第 19 章\cake\edit.html
光盘\实例演示\第 19 章\制作编辑日志页面

该练习的操作思路如下。

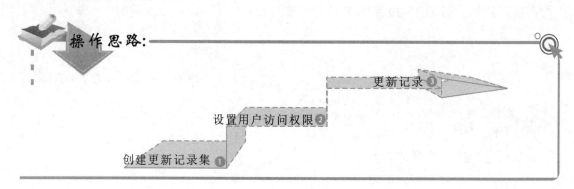

操作思路：

更新记录 ❸

设置用户访问权限 ❷

创建更新记录集 ❶

应用点睛

　　根据本例的制作方法，用户还可以对网站进行完善，如制作删除日志的页面、制作注销登录的页面等。